건설업 종사자를 위한

건축품질관리

배대권 저

예학사

Preface

머리말

지난 50여 년간 건설산업의 품질관리는 TQM, QM, ISO9000 등 제조업에서 출발한 다양한 품질관리기법들이 적용되었다.

그중 1987년 제정된 국제표준화기구의 ISO9000 규격은 국가간 기술장벽 해소와 조직이 제공하는 서비스품질의 상호인증을 추진하기 위한 것이었다.

이 규격은 1994년 ISO9000 패밀리 규격으로 개정되면서 건설산업에 널리 적용하여 왔으나 여전히 제조업 위주의 이미지를 탈피하지 못하였다.

이에 모든 산업 분야에 적용이 가능한 ISO9001:2000 프로세스모델 규격으로 개정되면서 각국마다 자국의 실정에 맞게 적용하여 왔다.

이 규격은 서비스제공 프로세스의 유효성 확립을 위한 품질관리 기법은 PDCA Cycle(PDCA : Plan Do Check Action) 품질계획의 수립과 이행 및 결과산출의 중요성을 다루고 있다.

그 이후 이 규격은 다시 ISO9000:2015 규격으로 전면 제정되면서 모든 산업분야로 적용이 확대되어 건설산업에도 적용이 활성화 되었다. 이 규격은 환경경영(ISO14001)과 안전보건경영(ISO45001) 규격과의 통합적 운영으로 실용중심의 품질경영과 관리기법으로 발전되어 왔다.

그럼에도 불구하고 각각의 규격 요구사항에 대한 이해부족으로 품질경영시스템의 확립이 어렵고, 품질관리활동에 대한 인식변화가 쉽지 않는 것이 현실이다. 이는 오랫동안 각 규격이 인증위주의 형식적인 적용과 각 규격 간 통합의 복잡성 등의 문제를 완전히 극복하지 못하였기 때문이다.

또한 각국마다 규격 인증의 한계를 극복하지 못한 채 교류가 확대되어 상호 간 규격 요구에 대한 인식 오류를 극복해야 하는 문제점이 있어 왔다.

특히 ISO9000 규격에 의한 서비스 제공은 결과 중심에서 과정 중심으로 변화되었고 업무활동도 절차중심에서 프로세스 중심으로 변화됨에 따라 각국가 간에도 품질에 대한 인식의 차이로 품질경영시스템의 체계 확립에 아직도 상당한 어려움이 존재한다.

Preface

본서는 건설산업의 품질경영과 관리 활동이 국제품질규격인 ISO9000에 부합한 품질경영시스템이 확립되도록 다음과 같은 사항에 역점을 두어 집필하였다.

첫째, 품질규격(ISO9000)의 요구사항이 건설업의 특성에 부합되도록 알기 쉽게 기술하였다.

둘째, 품질관리의 목적이 완성된 건축물의 하자관리의 개념이 아니라 품질활동의 과정관리로서 건설공사의 계획(Plan)·실행(Do)·점검(Check)·평가(Action) 등 품질관리기법이 적용되도록 기술하였다.

셋째, 건설사업의 기획부터 설계·시공·유지관리까지 단계별 과정관리로 인식하고 이행하도록 설명하였다.

넷째, 건설기술자의 품질에 대한 인식과 이해증진을 위해 각 부문별 시험문제를 출제하고, 각 문항별 정답에 대한 해설을 두어 품질관리에 대한 이해력이 향상되도록 기술하였다.

다섯째, 조직의 규모와 특성에 따라 품질·환경·안전보건 규격의 통합적인 경영시스템 구축과 운용방법을 기술하였다.

여섯째, 품질관리 활동의 국제화와 현장 중심의 활동이 이루어지도록 규격 중심의 이론과 활동을 병행하여 기술하였다.

본서가 건축품질관리를 학습하는 학생이나 현장 품질관리 담당자들에게 널리 활용되어 품질에 대한 인식 제고와 품질관리 활동을 향상시켜 건설산업 발전에 기여하기를 기원합니다. 감사합니다.

2025년 8월

저자

차 례 contents

표차례

그림차례

제1장

건설산업의 품질관리

1.1 품질이란

1) 품질의 정의

"품질"은 다양한 방법으로 정의될 수가 있다. 즉, 사전적 의미의 "품질"이란" 주어진 요구사항을 만족시키는 능력을 가진 생산품이나 서비스의 전체적인 특징과 성격"으로 설명된다. 또 ISO9000에서 "품질"이란 고객에게 동의된 요구사항의 충족을 위한 것, (Arditi and Gunaydin, 1999)는 "품질"을 결함(Defect)이 없는 제품이나 서비스를 실현하는 것 또는 고유특성의 집합이 요구사항을 충족시키는 정도로 정의하고 있다.

2) 품질환경의 변화

지난 50여 년간 우리나라 건설업의 품질관리는 TQM, QM, ISO9000 등 제조업에서 출발한 다양한 기법들이 적용되어 왔다.

국제표준화기구(ISO)는 1987년 국가 간의 기술장벽 해소와 품질에 대한 상호인증을 추진하기 위하여 ISO9000시리즈를 제정하였다. 그 이후 이 규격은 1994년 ISO9000 패밀리 규격으로 제정되었으나 제조업 위주의 이미지를 탈피하지 못하였다.

이에 따라 ISO9000 규격은 모든 산업분야에 적용이 가능한 ISO9001:2000년 프로세스모델 규격으로 개정되어 각국마다 자국의 실정에 맞게 적용하여 왔다.

또한 2015년에는 ISO9000 규격이 다시 전면 제정되면서 모든 산업분야에 적용을 확대되었다. 또한 품질규격은 환경경영규격(ISO14001) 및 안전보건경영규격(ISO45001)과의 통합적인 규격으로 발전되어 왔다.

그럼에도 불구하고 이 규격의 요구사항에 대한 이해 부족 및 업무의 복잡성과 효율성 문제는 여전히 극복하지 못하였다.

또한 국제화 시대에도 불구하고 각 국가마다 자국 규격의 한계를 극복하지 못한 채 규격 간 이해와 인식의 차이를 극복해야만 하는 단계에 이르렀다.

특히 품질에 대한 인식은 제공되는 서비스가 결과 중심에서 과정 중심으로 변화되었고 업무수행 방식도 절차 중심에서 프로세스(process) 중심으로 변화 되었다.

이와 같이 품질관리에 대한 인식과 환경이 크게 변화됨에 따라 서비스를 제공하는 조직의 역량은 경쟁력 강화의 수단으로 발전되고 있다.

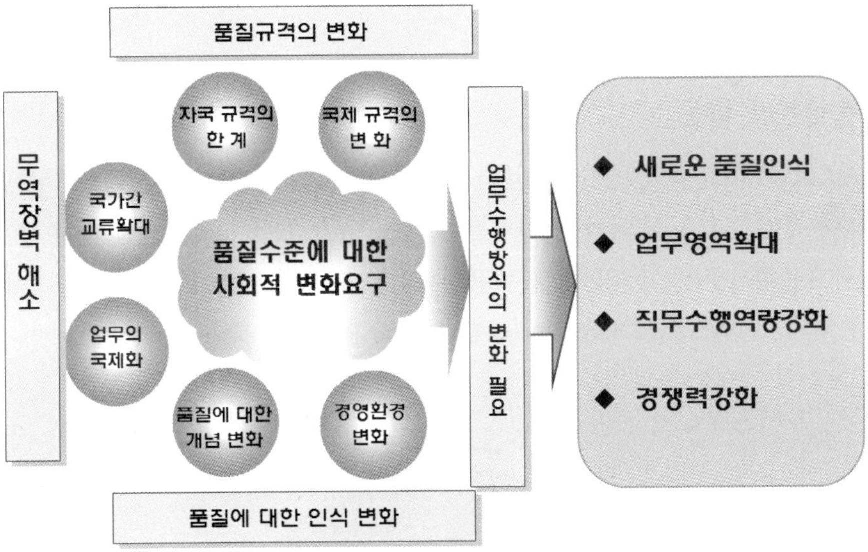

그림 1-1 품질환경의 변화

1.2 품질관리란

1) 품질관리의 정의

사전적 의미의 "품질"이란 "주어진 요구사항을 만족시키는 능력을 가진 제품 전체의 특성과 성격"으로 정의하고 있다. 또 ISO9000:2000, 품질용어에는 품질관리(Quality Control)란 "품질에 대한 요건들을 충족시키기 위해 사용되는 운영기법 및 활동"이란 의미로 설명하고 있다.

2) 품질관리 활동

품질관리란 PDCA Cycle(Plan-Do-Check-Action)에 의한 관리활동으로서 1920년대 Walte Shewhart가 제창했으며, Edwards Deming에 의해 대중화 되었다. 국제표준화기구(ISO9001)에서는 품질관리를 프로세스 모델(Process-Model)에 의한 관리의 방법으로 PDCA Cycle 방법론을 주창하고 있다.

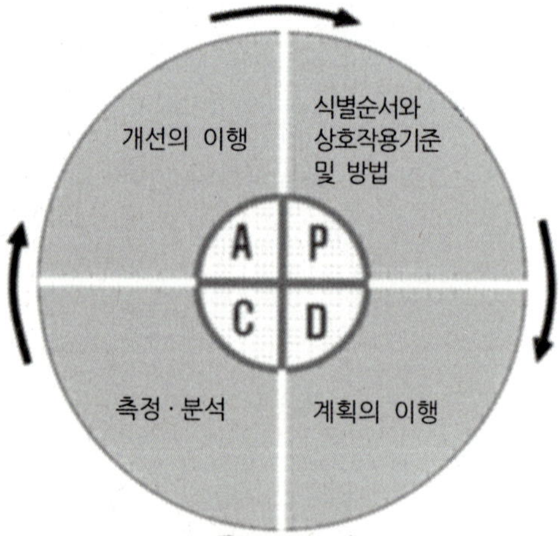

그림 1-2 품질관리싸이클(PDCA Cycle)

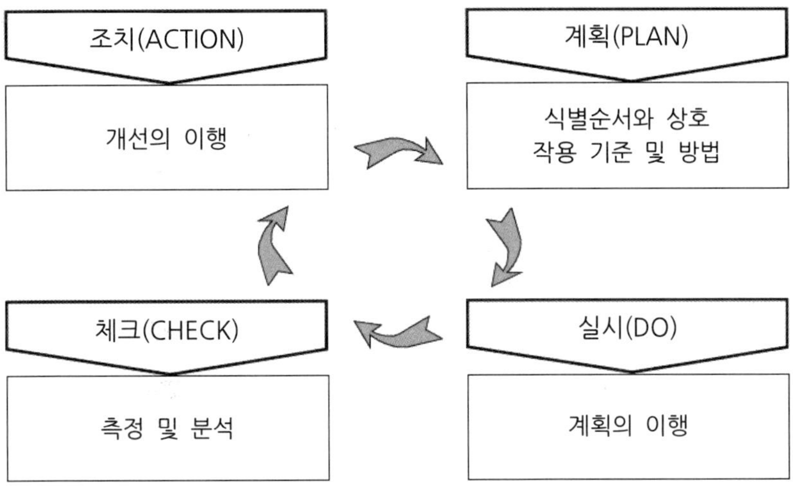

그림 1-3 품질관리싸이클(PDCA)의 실행 구조

3) 프로세스 접근(Process Approach)방법론

ISO9001 규격의 Process Approach에는 "자원을 활용하여 입력(Input)을 출력(Output)으로 변환하기 위하여 관리하는 활동을 프로세스라 할 수 있다." 라고 설명하고 있다. 또 프로세스 접근방법이란 "프로세스의 파악과 상호작용과 그에 대한 관리를 포함하여 조직 내에서 프로세스로 구성된 시스템에 적용하는 접근 방법이라 할 수 있다."라고 기술하고 있다.

4) 품질관리의 목적

건설산업의 품질관리(Quality Control)는 품질규격(ISO 9001) 요구사항의 충족을 위한 품질경영체재 확립과 운용을 말하는 것으로 다음과 같은 목적 실현에 도움을 준다.

(1) 비가격 부문인 품질과 안전, 환경, 신용 등 구매목표 달성에 기여
(2) 건축생산기술의 혁신과 사용기능의 정보화, 다양화 복잡화에 대응
(3) 건축생산과정의 체계적인 관리비용 절감과 고객으로부터 신뢰 확보에 기여
(4) 반복 시공, 재시공 방지와 품질하자 저감 및 유지관리 활동에 기여

5) 품질관리의 연혁

1960년대의 품질관리는 제조업의 전사적인 품질관리 활동(TQC)에서 출발하여 1970년대 품질경영(Quality Management), 1990년대 전사적인 품질경영(TOM), 1994년 이후 품질경영시스템 규격(ISO9001)의 적용으로 발전하여 왔다.

(1) 1960년대의 TQC (Total Quality Control)

(2) 1970~80년대의 QM (Quality Management)

(3) 1990년대의 TQM (Total Quality Management)

(4) 1994년 이후 ISO 9001

1.3 건설산업의 품질관리

1) 건설산업의 분류

건설산업기본법 제2조(정의)에 의한 건설산업은 건설업과 건설용역업으로 구분하고 있으며 건설업은 건설공사를 하는 업(業)으로 규정하고 건설용역업이란 건설공사에 관한 조사, 설계, 감리, 사업관리, 유지관리 등 건설공사와 관련된 용역("건설 용역"이라 한다)을 하는 업(業)으로 설명된다.

또 "건설공사"란 토목공사, 건설공사, 산업설비공사, 조경공사, 환경시설공사, 그밖에 시설물의 설치, 유지보수하는 공사 및 기계 설비나 그밖의 구조물 설치 및 해체공사 등을 말한다.

다만, 전기공사업법에 의한 전기공사, 정보통신공사업법 따른 정보통신공사, 소방시설공사업법에 따른 소방시설공사, 국가유산수리 등에 관한 법률에 따라 건설공사에 포함되지 아니한다.

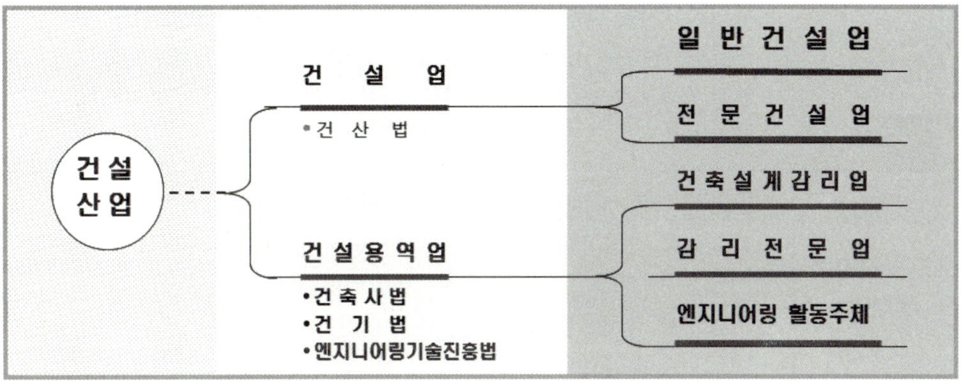

그림 1-4 건설산업의 분류

2) 건설업의 발전역사

우리나라의 건설업은 1950년대 6.25전쟁 직후 전쟁복구를 위한 사업으로 건설업법이 제정된 이래 1970년대 건설업면허제도 도입과 1990년대 책임감리제도 도입을 계기로 건설산업기본법과 건설사업관리 관련 법령 및 국가계약법령이 제정되어 오늘에 이르고 있다.

또한 건설산업은 1945년 해방을 기점으로 태동하여 1960년대의 정비기를 거쳐 1970년대 초반까지 약 10여 년간 도약기를 맞이하였다.

그 후 1980년대 초반에서 1990년대 초반까지 성장기를 거쳐 2000년도 이후에는 전환기와 성숙기를 겪으면서 현재에 이르기까지 발전을 거듭하고 있다.

표 1-1 건설산업의 발전연혁

연도	발전연혁
~1945년 **(태동기)**	• 일본의 한반도 강점과 식민지 통치로 대륙침략, 병참 기지화 및 항만, 철도, 도로 등 수송시설 건설 • 조선총독부 주도하에 계획·설계·시공으로 이루어졌으며 한국의 건설산업 자체가 존재가 어려운 상황
1946~1961 **(정비기)**	• 전후 복구사업과 군납공사에 대한 건설수요 증가 • 건설업체의 난립, 도급 질서 문란 극심 • 1958년 건설업법 제정, 건설업면허제 제도화, 도급한도액제 실시
1962~1971 **(도약기)**	• 제1차 경제개발계획으로 공업단지, 댐, 고속도로 등 국토기반시설 • 사회간접자본 투자 활성화, 건설산업의 국가경제성장 선도 • 월남전 특수로 동남아까지 진출, 해외시장 진출 경험 축적 • 입찰 질서 개선을 위한 공공공사의 발주를 조달청으로 일원화 • 일반경쟁원칙과 담합입찰 처벌 강화
1972~1982 **(발전기)**	• 1972년 제1차 국토건설종합 10개년계획 추진 • 건설업체 난립, 과당경쟁방지 위한 면허기준 강화 • 1975년 해외건설촉진법 제정, 건설업면허제도 도입 • 1970년대 후반 경제성장 및 주택건설의 호조 • 1980년대에 들어서면서 해외 건설 수주액 증가
1983~1993 **(성장기)**	• 1986년 아시안게임과 1988년 서울올림픽 개최로 각종 건설 및 도시계획사업이 집행과 건설산업 활성화 • 대도시의 인구 집중, 핵가족화 등 주택 부족 문제 해결을 위해 200만호 주택건설계획 추진 • 1988년부터 건설업면허 단계적 개방 • 1993년 입찰자격사전심사제도(PQ)도입

연도	발전연혁
1994~2002 (전환기)	• 1994년 UR협정 및 정부조달협정에 따른 WTO체제 이행 • 1994년 성수대교 붕괴, 1995년 삼품백화점 붕괴사고로 책임감리 제도 도입 • 1996년 OECD에 가입으로 정부의 시장경제 지향 • 1996년 건설업법을 건설산업기본법으로 전면 개편하여 건설업 면허를 등록제로 전환, 도급한도액제를 시공능력공시제로 전환 • 건설사업관리(CM) 도입의 근거 및 건설분쟁 조정기구 설치 • 1997년 외환위기 이후 공사물량 감소와 건설시장 진입 완화정책
2003~ (성숙기)	• 건설산업 양극화 해소 및 대중소업체 상생협력방안 추진 • 부실건설업체 증가로 건설산업 구조조정 추진 • 건설산업 경쟁력 강화를 위해 업역체계 타파, 생산체계 개편추진 • 양극화 해소와 참여주체간 산업육성과 상생협력방안 추진

3) 건설업의 특성과 품질관리

건설업은 제조업과 달리 다음과 같은 특성이 있다.

(1) 건설업은 수주산업이다.
(2) 건설업은 옥외 이동산업이다.
(3) 건설업은 프로젝트의 특성에 따라 건설원가의 설정이 어렵다.
(4) 건설업은 생산기간이 길고 생산구조가 복잡하다
(5) 건설업은 상시적인 안전사고와 환경사고 위험성이 존재한다.
(6) 건설업은 사업적 특성 이외 조직의 규모와 역량 및 기타 경영환경에 따라 간접비의 비율이 불균일하다.

따라서 건설업에서 서비스 제공 조직은 발주자의 요구와 기대에 따라 그들의 만족을 실현하기 위해 시공품이 완성되어야 하며, 각 프로젝트의 특성에 맞는 설계와 시공관리와 단계적인 품질관리가 필요하다.

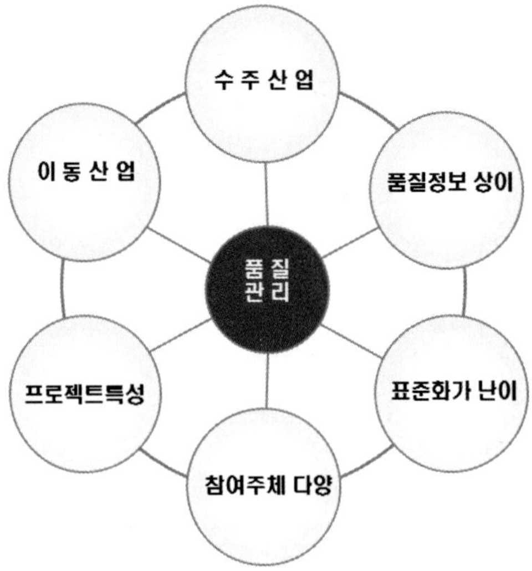

그림 1-5 건설산업의 특성과 품질관리사항

4) 건설사업의 업무영역

건설사업은 사업발굴을 위한 제안 및 기획 단계와 조사·타당성 검토·설계·계약·시공·유지관리 단계까지 생애주기(Life cycle)별 종합적인 건설사업관리의 단계가 있다.

건설사업의 발굴단계에서는 수요자의 요구를 충족할 수 있어야 하며, 이를 위한 그들의 요구에 부합하는 사업기획과 타당성 검토 및 검증이 이루어지면 이에 부합한 설계를 실시하여야 한다.

건설사업의 설계는 설계계획수립, 계획설계, 기본설계, 실시설계로 단계별 구분이 되고, 설계가 진행되는 단계마다 각각의 성과물은 자격이 부여된 자에 의해 검토 및 검증이 이루어져야 한다. 따라서 설계계획수립은 수요자의 요구, 기타 법적·규제적 요구사항을 충족할 수 있는 입력사항과 출력사항을 규정하고, 이를 위해 관련 업무를 수행하는 설계자 및 설계 출력물의 검토자, 검증자를 정하여 해당되는 설계·검토·검증이 이루어져야 한다.

최종적으로 설계도서의 검증과 유효성 확인이 이루어지면 이를 수행할 수 있는 능력과 역량을 갖춘 시공자를 선정하여야 한다.

이때 발주자는 시공자로부터 전체 프로젝트의 시공을 위한 시공계획을 접수받아 검토·승인을 하고, 공사가 진행되는 모든 단계에서 공사감리자는 계획대로 시공되는지 여부를 확인하며 시공이 완료되면 건축물의 유지관리체계를 확립하여 안전한 관리상태를 확립하여야 한다.

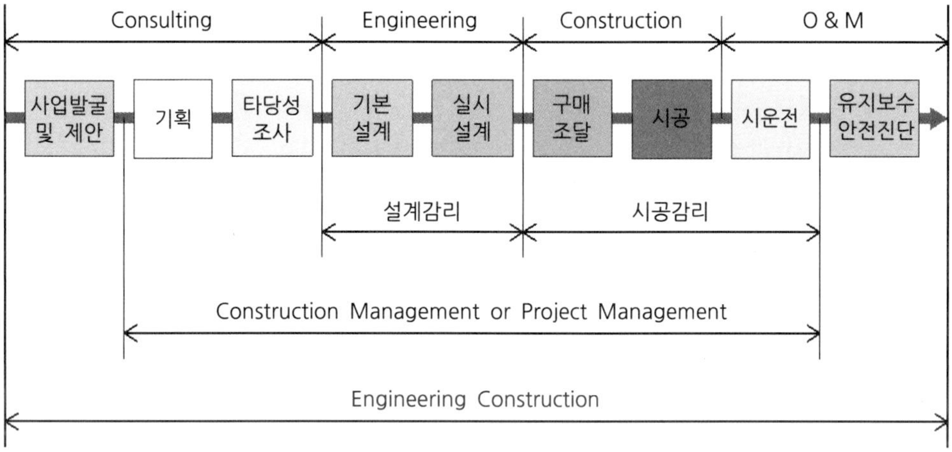

그림 1-6 건설사업의 업무영역

5) 건설산업의 품질관리

건설산업은 제조업과 달리 수주산업이고, 이동산업이며, 작업자나 작업의 표준을 실현하기 어려운 특성이 있다. 또한 건설공사가 진행되는 동안에도 발주자와 시공자의 요구사항이 변동되는 경우, 시공자는 고객 만족 실현을 위한 각각의 진행 단계별 설계변경이나 계약변경 등 관리가 이루어지지 않으면 품질만족을 실현하기 어렵다.

따라서 건설산업의 품질관리기법으로 국제품질규격(ISO9001)과 품질관리사이클에 의한 시공관리가 필요하다.

(1) 현행 품질관리의 문제점

① 건설공사는 제조업과 같이 동일한 장소나 작업 환경 하에서 이루어지는 것이 아니다.

② 발주자의 요구사항과 다르게 변경되거나 불일치하는 경우가 존재한다.

③ 품질통제 업무수행으로 계약상 품질책임이 경감되지 아니한다.

④ 건설공사가 진행되는 과정이나 시공단계를 발주자가 알고 싶어 한다.

⑤ 품질관리에 대한 인식변화가 없이 공사가 완성된 것에 대한 품질 하자로만 인식한다.

(2) 품질관리 개선방안

① 건설공사의 품질통제를 위한 절차를 수립하여 관리한다.

② 품질검토는 프로젝트에 참여하는 모든 팀원들이 추구하여야 한다.

③ 건설프로젝트 특성에 맞는 품질관리기법의 적용이 요구된다.

④ 설계도서에 따라 시공되도록 경영자원을 관리하는 활동이 필요하다.

⑤ 건설산업의 특성을 고려한 품질관리 활동이 필요하다.

(3) 품질관리 시 고려사항

① 고객의 기대와 욕구를 충족하기 위한 품질관리기법 적용이 필요하다.

② 품질관리계획서는 고객요구 및 설계도서에 따라 수립하고 해당 시 검사 및 시험계획서도 또한 같다.

③ 계약상 요구 조건 충족을 위해 필요한 다른 검사 및 시험활동을 포함한다.

④ 현장시험에 대한 조정은 입찰서 작성 시 규정되어야 한다.

1.4 품질경영시스템

1) 품질경영시스템(QMS ; Quality Management System)이란

품질경영시스템이란 품질과 관련하여 조직을 지휘, 관리하는 활동으로서, 방침과 목표를 수립하고 목표를 달성하기 위한 경영시스템으로 정의된다. 품질경영시스템의 도입과 운영은 조직의 성과를 개선하고, 지속가능한 발전(initiative)을 위한 기반을 제공하는 데 도움이 되는 전략적인 의사결정이다.

품질경영시스템의 실행이 조직에 미치는 잠재적인 이점은 다음과 같다.

(1) 고객 요구사항, 그리고 적용되는 법적 및 규제적 요구사항에 적합한 제품 및 서비스를 일관되게 제공할 수 있음
(2) 고객만족을 증진하기 위한 기회를 촉진함
(3) 조직의 상황 및 목표와 연관된 리스크와 기회를 다룸
(4) 규정된 품질경영시스템 요구사항에 적합함을 실증할 수 있음

2) 품질경영시스템의 수립

건설산업의 품질경영시스템 수립을 위해서는 국제표준화기구의 품질규격 요구사항을 이해한 후 조직의 특성에 부합한 경영시스템의 수립이 필요하다.

(1) 품질시스템 체계의 수립에 포함되어야 할 사항

① 표준의 종류 및 명칭
② 상하위 구속관계
③ 번호부여 체계결정
④ 문서별 작성, 검토, 승인권자의 설정

(2) 품질경영시스템 문서의 작성

조직의 품질경영체계는 고객으로부터 신뢰감을 가질 수 있도록 표준화된 원칙을 구비하여 작성하는 것이 필요하다.

품질경영시스템 문서 체계상 Level Ⅰ은 매뉴얼, Level Ⅱ는 절차서·지침서(Procedure/Instruction)이고, Level Ⅲ는 계획서, 시방서이다.

① 품질경영시스템 문서체계의 구성(예)

수준	구 분		비 고
	본사	현장	
Level Ⅰ	품질경영매뉴얼	• 현장품질계획서	회사의 정책(Policy) 및 원칙(Principle), 문서체계
Level Ⅱ	절차서 · 지침	• 현장절차서/지침서	업무를 수행절차, 기준 및 조직 간 업무분담
Level Ⅲ	부서업무지침서	• 검사 및 시험계획서 • 시방서 • CHECK-LIST	구체업무의 수행 방법, 기준 및 수단(How)

② 매뉴얼과 절차서 및 또는 프로세스맵 구성의 기본 원칙

- 업무 수행자에게 잘 이해될 수 있어야 하며, 현실적이어야 한다.
- 품질개선 및 확보에 도움이 되어야 한다.
- 고객의 요구를 충족시킬 수 있어야 한다.
- 부적합의 방지 및 예방에 역점을 두어야 한다.

③ 품질경영시스템 문서 작성 시 유의 사항

- 품질 관련 활동이 조직 내 각 기능·부서 간에 어떻게 운영되는지 정함
- 책임, 권함 및 상호 관계가 명시되어야 함
- 품질 활동의 계획과 통제가 가능하도록 프로세스 중심으로 작성
- 해당업무 주관부서가 작성
- 업무수행절차와 상호관계를 고려함
- 단위 작업, 단위 업무별로 작성

• 누가, 언제, 어디서, 무엇을, 어떻게 하는가를 상세히 기술
• 개정이 용이 하도록 승인 권한의 위양이 필요하다.
• 개별 업무수행 방법과 절차를 고려한다.

④ 현장품질계획의 수립과 활용

현장품질계획서는 특정 프로젝트에 관한 품질관리 업무, 자원 및 활동순서를 세부적으로 규정한 문서로써 품질매뉴얼을 보완하는 문서이다. 사업현장의 특성에 맞게 품질계획서가 작성되어야 한다. 따라서 품질목표, 업무수행을 위한 책임과 권한, 자원, 적용할 절차, 규정, 지침, 시험·검사방법, 기타 수단 등을 고려하여야 한다.
품질계획의 수립과 실행방법은 다음과 같다.

• 현장 품질요구사항 및 목표 달성에 필요한 공정(Process), 검사, 시험장비, 통제(Control) 항목 및 방법 파악
• 고객 요구사항과 품질경영시스템 문서간의 정합성(Compatibility) 확보
• 필요 시 QC, 검사 및 시험기법의 갱신, 측정기기의 개발
• 현재의 기술수준을 고려하여 개발하여야 하는 계측요건(Measurement Requirement)의 파악
• Project 단계 즉, 설계, 구매, 시공, 서비스에 이르기까지의 단계에서 필요한 검사/시험, 검토(Review), 감시(Monitoring) 등의 검증 활동 파악
• 합부 판정기준의 명확한 설정
• 품질 기록의 파악과 유지관리
• 품질 요구 달성에 필요한 제반자원, 수단, 기능을 파악하고, 필요한 통제 행위 및 방법은 해당되는 품질계획서 검사 및 시험계획서(Inspection & Test Plan, 이하 "ITP"라 함)에 반영
• 공사에 관계되는 문서의 모순 또는 상충 여부를 확인과 시정

3) 품질경영시스템의 운영단계

품질경영시스템을 기반으로 한 프로세스모델의 운영단계는 같다.

(1) 제1단계 : '리더십' 단계

품질경영시스템의 첫 번째인 '리더십' 단계에서는 조직의 경영에 직접적인 책임이 있는 자는 조직의 미션과 관련된 고객 또는 이해관계자의 요구와 기대사항을 파악하고 조직 내에서 이들 요구사항의 충족능력을 근거로 한 조직의 방침과 목표를 정하여 효율적인 경영시스템을 구축하는 단계이다.

(2) 제2단계 : '기획' 단계

이 시스템의 두 번째인 '기획' 단계에서는 리스크와 기회를 다루는 조치, 품질목표와 목표달성을 위한 기획, 변경기획의 지원체계를 확립한다.

(3) 제3단계 : '지원' 단계

품질경영시스템의 '지원' 단계에서는 조직 스스로 고객 또는 이해관계자의 요구사항을 충족할 수 있는 경영자원을 갖추어야 한다. 또한 필요하거나 해당되는 경우 제공되는 서비스의 요구수준을 충족하기 위한 역량을 구비하거나 이를 위해 관련 자격을 부여하고 지속적인 학습과 역량을 유지·발전에 활용하는 단계이다.

(4) 제4단계 : '운용' 단계

품질경영시스템의 '운용' 단계에서는 조직이 고객에게 제공하는 제품 또는 서비스 활동을 파악하고 기획하여 설계 및 개발과 제품생산을 실현하는 단계이며 각각의 단위 활동의 입출력사항과 상호관계를 정하여 요구되는 제품 또는 서비스가 유지되도록 하는 단계이다.

(5) 제5단계 : '성과평가 및 개선' 단계

품질경영시스템의 '성과평가 및 개선' 단계에서는 조직이 수행하는 업무 프로세스의 활동의 각 과정과 결과가 효과적으로 수행되는 지의 여부를 주기적으로 점검하고 필요한 경우 개선조치를 취한다. 또한 결과에 대한 고객만족 및 불만족

요소 들을 측정·분석하여 피드백함으로써 제공되는 제품이나 서비스의 질적 수준을 지속적으로 향상하기 위한 단계이다.

이 시스템은 조직의 규모, 형태 및 제공되는 서비스에 관계없이 적용할 수 있도록 개발되었으며 조직의 업무 특성상 이 규격의 특정한 요구사항을 적용할 수 없는 경우에는 규격 제외 사유 근거에 의해 제외할 수가 있다.

또한 현재의 ISO9001 규격은 품질경영의 7대 원칙을 바탕으로 한다. 이 원칙은 고객중시, 리더십, 인원의 적극참여, 프로세스 접근법, 개선, 증거기반 의사결정, 관계관리·관계 경영 등이다.

이러한 원칙들은 조직의 품질목표 달성을 위한 일련의 요구사항을 포함하고 있으며, 프로세스를 기반으로 한 품질경영시스템의 요건으로 구성되어 있다. 또 고객 만족의 증진이라는 목표 하에 지속적인 개선을 위한 품질관리사이클(PDCA Cycle)의 접근 방법으로 품질관리 활동이 수행된다. 이와 같이 품질경영시스템은 조직이 규격 요구사항을 일관성 있게 제공하는 능력을 실증할 수 있고 이를 통해 고객 만족을 증진시킬 수 있게 된다.

4) 품질경영시스템(QMS)과 프로세스(Process)

(1) 프로세스란

프로세스란 입력(Input)을 출력(Output)으로 변환시키는 상호 관련되거나 상호 작용하는 활동의 집합을 의미한다. 프로세스의 입력은 일반적으로 다른 프로세스의 출력이다. 조직에서의 프로세스는 가치를 부가하기 위하여 통제된 조건하에서 계획되고 수행된다. 즉, 프로세스활동의 결과로 산출된 시공품의 적합성을 즉시 또는 경제적으로 검증할 수 없는 경우의 프로세스는 “특별 프로세스”라고 한다.

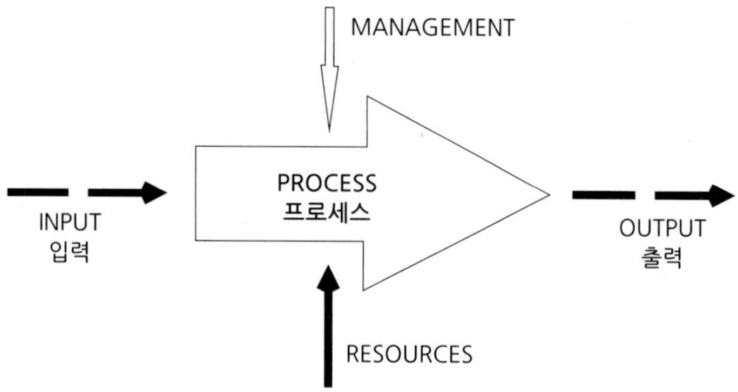

그림 1-7 프로세스 활동도

프로세스는 입력(재료, 정보, 인원)을 취하여 일련의 단계를 거치면서 입력의 형태나 상태가 변하여 출력물로 바뀌게 된다. 모든 프로세스는 입력물이 투입되기 전까지는 작동을 하지 않는다. 따라서 각 단계에서 변환(Transformation)에 소요되는 과업은 절차대로 진행될 수도 있지만 그것은 기계적이거나 화학적일 수도 있는 것이다. 고유의 프로세스는 보편적으로 부서나 기능의 경계에 따라 구분되지 않으며, 고객과 공급자 간의 구분도 중요한 요소가 아니다.

각 프로세스 단계에는 원하는 출력이 나오도록 필요한 자원에 의해 목표가 달성되도록 설계되며, 원하는 출력을 얻기 위하여 프로세스는 정확한 입력의 투입과 각 단계별 요소자원의 종류와 양이 적절한 시기에 정확한 방법으로 투입되어야 함을 의미한다.

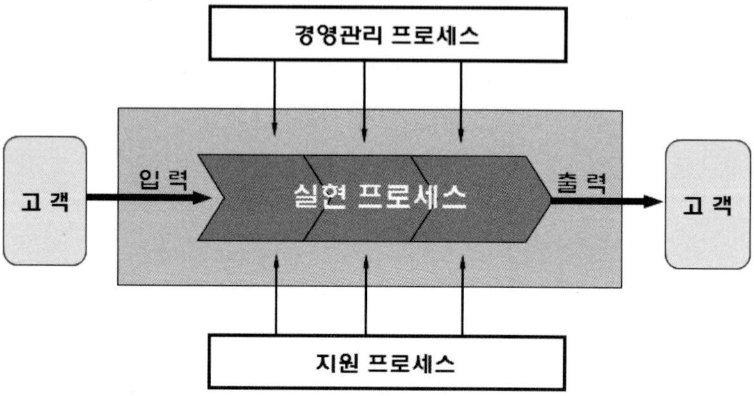

그림 1-8 프로세스 연계성

(2) 프로세스 네트워크

"프로세스 네트워크"란 다양한 프로세스 안에서 상호작용을 하는 각각의 프로세스를 말한다. 프로세스의 입력은 다른 프로세스의 출력으로 사용되며 ISO9001 규격의 핵심관리기법의 하나로서 각 프로세스 마다 PDCA 방법론이 적용된다. 프로세스 활동의 결과는 다른 프로세스의 입력으로 작용하는 프로세스 네트워크가 구축되어 운영되고 있으며, 모든 프로세스는 PDCA 개념을 사용한 품질관리 활동이라 할 수가 있다. 이 프로세스 네트워크는 ISO9001의 핵심기법으로 작용하며, 각각의 프로세스마다 PDCA가 적용된다.

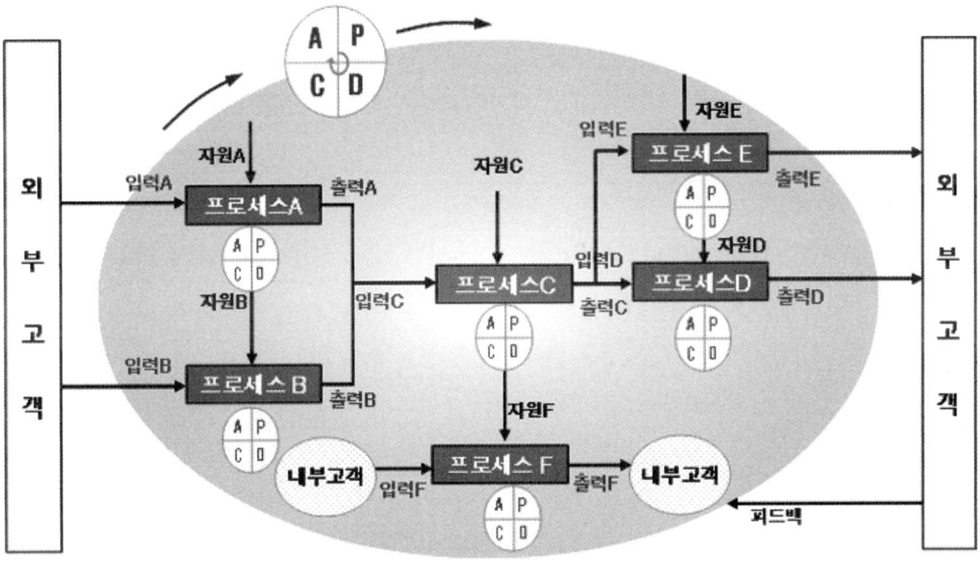

그림 1-9 프로세스 네트워크

5) ISO9001이란

(1) ISO란

ISO(International Organization for Standardization)란 '물질과 서비스의 국제 교환을 쉽게 하고, 지적·과학적·기술적·경제적 활동 분야의 국제 협력을 증진하기 위해 세계적인 표준화 및 관련 활동의 발전의 촉진을 꾀한다'는 목적으로 1947년 2월 23일 설립된 전 세계적인 비정부 기구이다.

ISO는 보통 '아이 에스 오'라고 불리는데 희랍어로 '이소'나 '아이소'라고도 하여 비슷하다·유사하다·표준화란 뜻을 담고 있다.

(2) ISO9001

ISO9001은 1979년 영국의 표준협회인 BSI(British Standard Instidution)가 국제 표준화기구(ISO)에 품질경영규격으로 제안하였고 1987년 ISO 기술위원회(176(T/C)에서 국가 간 기술장벽 해소와 통상의 편리함을 도모할 목적으로 ISO9000 규격을 채택하였다.

(3) 국내 ISO9000 규격의 적용

ISO9000 규격의 발전단계별 국내건설업의 적용과정을 살펴보면 다음과 같다.

표 1-2 규격의 발전 및 적용 범위

<table>
<tr><th>규격 제·개정 연도</th><th>규격 종류</th><th>심사기준</th><th>설계</th><th>조달</th><th>시공</th><th>준공</th><th>서비스</th></tr>
<tr><td>ISO9000 시리즈(1987)</td><td>ISO9001</td><td rowspan="3">• 문서화 여부
• 지시와 통제
• 요건 중심</td><td colspan="5">모든 단계에서 적용</td></tr>
<tr><td rowspan="2">ISO9000 패밀리(1994)</td><td>ISO9002</td><td></td><td colspan="4">설계 제외</td></tr>
<tr><td>ISO9003</td><td colspan="5">검사 및 시험</td></tr>
<tr><td>ISO9000 프로세스모델</td><td></td><td></td><td></td><td></td><td></td><td></td><td></td></tr>
<tr><td rowspan="2">개정</td><td>ISO9000:2000</td><td rowspan="2">• 프로세스유효성
• P-D-C-A
• 계획과 과정 및 결과산출</td><td colspan="5"></td></tr>
<tr><td>ISO9000:2015</td><td></td><td></td><td></td><td></td><td></td></tr>
</table>

(4) ISO9000의 기본개념

ISO9001의 기본적인 개념은 다음과 같다.

① 구매자의 입장에서 공급자 조직에 요구하는 품질경영시스템 요건이다.
② 공정 위주에서 고객충족 중심의 요구사항이다.
③ 고객 만족 모니터링을 통해 긍정적인 결과를 창출한다.
④ 지속적으로 고객요구를 충족시키고 있는지에 대한 기록이다.
⑤ 모든 활동에 프로세스(Process) 접근 방법을 강조한다.
⑥ 조직구성원이 고객요구와 기대사항을 인식하게 된다.
⑦ 제품 및 서비스에 관련된 법적·규제적 요구사항의 숙지가 가능하다.
⑧ 제품·서비스·프로세스 및 품질경영시스템의 지속적인 향상을 요구한다.

(5) ISO9000의 도입과 적용 배경

ISO9000의 도입과 적용 배경은 다음과 같다.

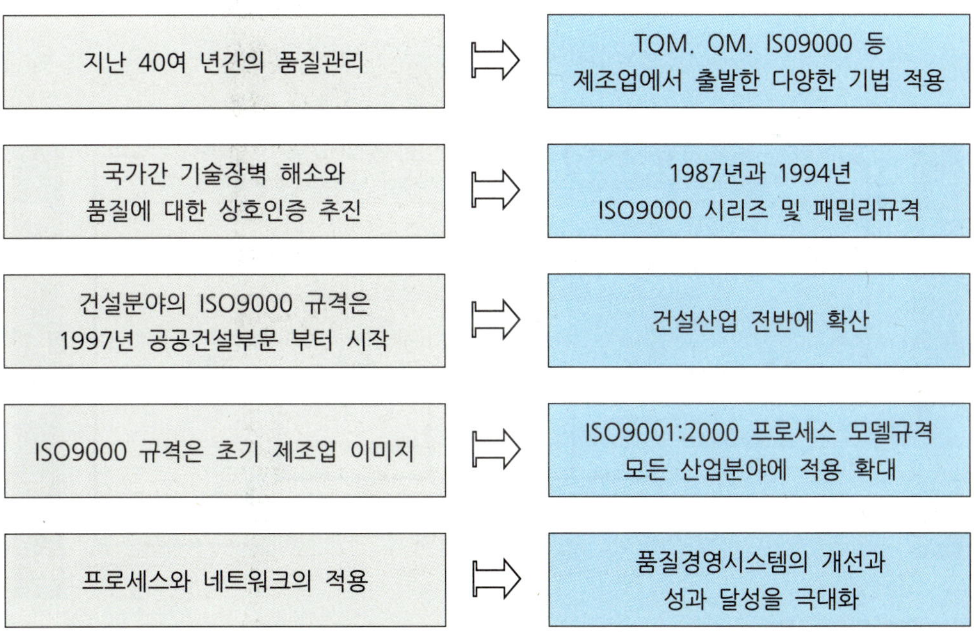

그림 1-10 ISO9000과 품질관리 적용 과정

1.5 ISO9001 요구사항

1) 건설산업에의 ISO9000 적용모델

ISO9001 규격의 '프로세스모델 접근방법'에 의하면, 품질경영시스템이란 '조직의 품질방침에 따른 목표달성을 위한 경영시스템'으로 설명된다.

이 규격은 품질경영 활동의 요구사항을 내포하고 있으며, 이 요구사항은 프로세스 모델을 기반으로 한 품질경영시스템 요소인 조직의 '리더십', '기획 지원', '운용', '성과측정 개선' 등 4가지 프로세스들로 구성되어 있다.

품질경영시스템의 구축과 운영은 고객요구사항에 따라 제품을 일관성 있게 제공할 수 있는 능력을 실증하고, 시스템의 지속적인 개선을 통하여 고객만족을 증진함으로써 기업의 대내·외적인 이미지 제고와 경쟁력 강화에 기여할 수가 있다. 따라서 지속적인 개선을 위해 품질관리싸이클(PDCA : Plan, Do, Check, Act)을 바탕으로 한 프로세스 모델의 구축과 운영으로, 조직의 운영목표 및 성과달성으로 프로세스의 지속적인 개선을 도모할 수 있다.

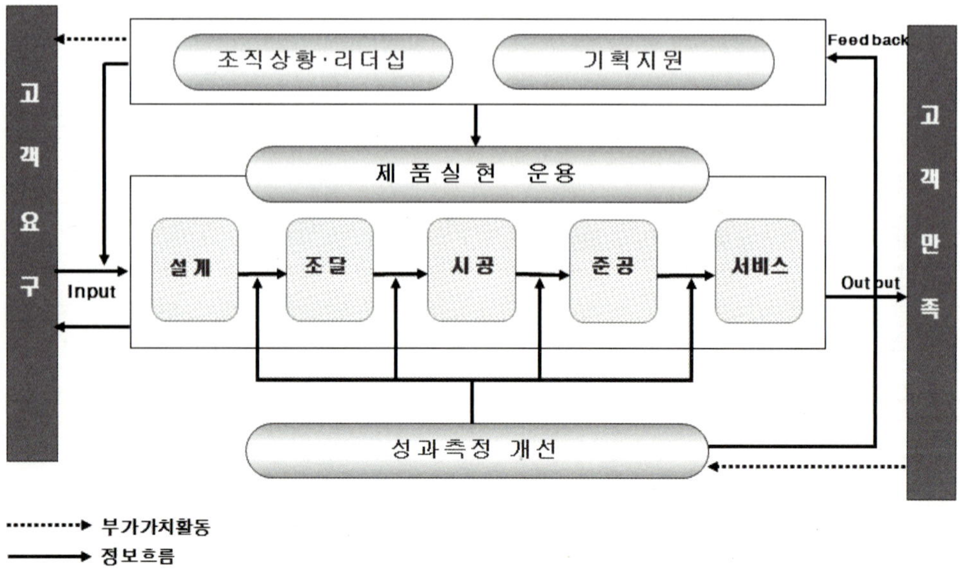

그림 1-11 건설산업의 ISO9000 적용모델

(1) 건설업의 ISO9001 적용

ISO9001:2015년 규격 요구사항과 건설업에 적용하면 다음과 같은 항목으로 적용할 수 있으나 반드시 이에 국한하는 것은 아니다.

이 규격은 제4장 조직상황, 제5장 리더십, 제6장 기획, 제7장 자원, 제8장 운용, 제9장 성과평가, 제10장 개선 항목에 의해 각 요구사항의 카테고리로 분류되고 있으며 이에 해당하는 건설업의 ISO9001 규격 적용을 위한 이행항목들로 구성할 수가 있다.

표 1-3 ISO9000과 건설업의 적용항목

ISO9001:2015년 규격항목		규격항목별 이행항목
4	조직상황	품질요구사항과 조직의 구성 및 역할
4.1	조직과 조직상황의 이해	• 조직 및 업무분장
4.2	이해관계자의 니즈와 기대이해	• 이해관계자의 요구 및 기대사항
4.3	품질경영시스템의 적용범위 결정	• 품질규격 요구사항의 적용범위 이해
4.4	품질경영시스템과 그 프로세스	• 품질경영과 프로세스
5	리더십	품질방침 및 조직 내 업무분장
5.1	리더십과 의지표명	• 경영자의 리더십 구축방안
5.2	방침	• 조직 내 책임자의 경영방침
5.3	조직의 역할, 책임과 권한	• 조직 및 업무분장
6	기획	품질계획 수립 방법과 절차
6.1	리스크와 기회를 다루는 조치	• 조직 내 업무별 리스크 분석
6.2	품질목표와 품질목표 달성 기획	• 품질방침과 목표설정 방안
6.3	변경의 기획	• 목표의 수정 및 변경방안
7	자원	경영자원의 평가 및 업무분장과 자격관리
7.1	자원	• 경영자원의 이해
7.2	역량/적격성	• 조직의 보유역량 파악 및 이해
7.3	의사	• 내부 의사소통 방법과 절차
7.4	의사소통	• 외부 의사소통 방법과 절차

ISO9001:2015년 규격항목		규격항목별 이행항목
8	운용	제품실현계획 수립과 운영
8.1	운용기획 및 관리	• 현장품질계획수립 및 운영 절차
8.2	제품 및 서비스 요구사항	• 사업 및 또는 계약 요구사항 결정
8.3	제품 및 서비스의 설계와 개발	• 설계계획수립 및 설계관리
8.4	외부에서 제공되는 프로세스, 제품 및 서비스관리	• 협력회사 등록 및 평가관리
8.5	생산 및 서비스 제공	• 현장시공관리
8.6	제품 및 서비스의 불출/출시(release)	• 준공관리
8.7	부적합 출력/산출물(output)의 관리	• 부적합품관리
9	성과평가	측정, 분석, 평가 절차 수립 및 운영
9.1	모니터링, 측정, 분석 및 평가	• 검사 및 시험절차 수립 및 운영
9.2	내부심사	• 내부심사절차 수립 및 운영
9.3	경영검토/경영평가(management review)	• 경영검토절차 수립 및 운영
10	개선	개선관리 절차 수립 및 운영
10.1	일반사항	• 개선관리란
10.2	부적합 및 시정조치	• 부적합품 관리 절차 수립 및 운영
10.3	지속적 개선	• 지속적인 개선관리 모니터링

(2) ISO9000 규격의 적용항목과 이행방법

건설업의 ISO9001 규격의 적용항목은 다음과 같다.

표 1-4 ISO9001 적용항목별 이행항목

ISO9001 : 2015년 규격항목		규격항목별 이행항목
1	적용범위	품질경영규격의 적용범위
2	인용표준	품질규격의 이해
3	용어와 정의	품질경영규격 용어

해설

ISO9000 규격은 조직의 특성에 맞게 적용되고, 조직이 제공하는 제품이나 서비스의 품질에 영향을 미치는 모든 활동들을 다루고 있다.

만일 어떠한 이유로 조직이 이러한 활동을 품질경영시스템의 적용 범위 밖에 있다면 설령 제품이 주어진 요구사항을 만족시킨다고 해도 궁극적으로는 고객만족을 달성할 수가 없을 것이다.

조직은 규격의 인증범위에 그들이 제공하는 모든 제품 및 또는 서비스를 반드시 포함시킬 필요는 없다. 그러나 제한된 범위를 갖고 품질경영시스템을 실행하는 경우, 고객과 최종사용자의 혼란이나 오해를 막기 위하여 이러한 내용이 품질경영매뉴얼과 다른 공개적으로 이용될 수 있는 문서에 명확하게 나타나 있어야 한다.

(3) 건설업 ISO9000 '조직상황' 요구사항의 적용항목

건설업의 ISO9000 규격의 '조직상황' 적용항목은 다음과 같다.

표 1-5 건설업의 ISO9000 '조직상황' 적용항목

ISO9001 : 2015년 규격항목		규격항목별 이행항목
4	조직상황	품질요구사항과 조직의 구성 및 역할
4.1	조직과 조직상황의 이해	• 조직 및 업무분장
4.2	이해관계자의 니즈와 기대 이해	• 이해관계자의 요구 및 기대사항
4.3	품질경영시스템의 적용범위 결정	• 품질규격 요구사항의 적용범위 이해
4.4	품질경영시스템과 그 프로세스	• 품질경영과 프로세스

해설

조직은 조직상황에 부합되는 프로세스를 명확히 정의하고 관리되어야 한다. 즉, 조직의 존재 이유는 그들의 입력(Input)을 고객에게 전달할 출력(Output)으로 변환하기 위해서이다. 이는 하나의 프로세스 이외 상호 연관된 프로세스에 의해 달성된다. 본 규격이 의도하는 바는 고객과 규정된 요구사항을 만족시킬 수

있는 시공품 또는 서비스를 달성하는 조직의 능력에 영향을 미치는 핵심 프로세스를 정해야 한다는 것이다. 이러한 프로세스는 조직의 자회사나 지사, 또는 제3자에게 아웃소싱을 하거나 외주를 주는 경우에도 통제되고 관리되어야 한다. 즉 서비스를 제공하는 공급자는 그들의 책임을 그들의 외주업체에 돌릴 수는 없는 것이다.

(4) 건설업 ISO9000 '리더십' 요구사항의 적용항목

건설업의 ISO 규격항목 리더십의 이행항목은 다음과 같다.

표 1-6 건설업의 ISO9000 '리더십'의 적용항목

ISO9001 : 2015년 규격항목		규격항목별 이행항목
5	리더십	품질방침 및 조직 내 업무분장
5.1	리더십과 의지표명	• 경영자의 리더십 구축방안
5.2	방침	• 조직 내 책임자의 경영방침
5.3	조직의 역할, 책임과 권한	• 조직 및 업무분장

해설

ISO9001:2015년 제5항(리더십)은 조직의 최고경영자의 품질경영시스템을 위한 리더십의 필요성을 강조하고 그들의 역할과 책임과 권한을 정하도록 의도한 것이다. 즉 이 규격에서는 최고경영자가 품질경영시스템(QMS)에 대한 의지를 실증하도록 요구하고 있다. 따라서 최고경영자는 품질방침을 정하여 서명하고, 고객만족의 중요성을 포함하여 품질방침과 그 의도의 전개 또는 보급하는데 있어서 본인이 관여하고 있음을 보여주는 것이다. 품질방침에는 품질경영시스템의 효과성에 대한 지속적인 개선의지가 포함되어야 하며 이에 따른 품질목표가 수립되고 이 품질목표의 달성과 관련되도록 방침을 공표하여야 한다.

(5) 건설업 ISO9000 제6항 '기획' 요구사항 적용항목

건설업의 ISO 규격항목 '기획'의 이행항목은 다음과 같다.

표 1-7 건설업의 ISO9000 '기획' 적용항목

ISO9001:2015년 규격항목		규격항목별 이행항목
6	기획	품질계획 수립 방법과 절차
6.1	리스크와 기회를 다루는 조치	• 조직 내 업무별 리스크 분석
6.2	품질목표와 품질목표 달성 기획	• 품질방침과 목표설정 방안
6.3	변경의 기획	• 목표의 수정 및 변경방안

해설

품질목표는 품질경영시스템의 입력사항과 관련되는 각 부분별 기능에서 규정되어야 하며 현실적으로 납득이 갈만한 근거로서 예측이 가능한 미래와 연결되어야 한다. 품질방침과 품질목표를 달성하기 위해서는 필요자원과 방법을 확보하는 품질기획을 수립하여야 한다. 품질기획에는 조직의 전략적 연간사업계획, 예산편성, 그 이외 품질경영시스템의 개선을 위한 프로젝트 또는 시공품의 품질문제를 개선하기 위한 프로젝트를 포함할 수가 있다. 또한 조직 내에서 일어나는 각종 변경에 대해서도 품질에 악영향을 주는 것을 피하기 위해 충분한 품질방침과 목표의 변경기획을 세울 필요가 있다.

(6) 건설업 ISO9000 제7항 '지원'의 적용항목

건설업의 ISO9001'자원' 요구사항의 적용항목은 다음과 같다.

표 1-8 건설업의 ISO9000 '지원' 적용항목

ISO9001:2015년 규격항목		규격항목별 이행항목
7	자원	경영자원의 평가 및 업무분장과 자격관리
7.1	자원	• 경영자원의 이해
7.2	역량/적격성	• 조직의 보유역량 파악 및 이해
7.3	의사	• 내부 의사소통 방법과 절차
7.4	의사소통	• 외부 의사소통 방법과 절차

해설

조직은 품질경영시스템을 수립하고 유지하기 위해 그리고 고객만족을 실현하도록 하기 위한 적절한 경영자원을 구비하여야 한다. 이를 위해 필요한 자원은 계획되고 준비되어야 하며 주기적으로 검토되어야 한다.

경영자원에는 인적자원, 특수한 기능, 기술 및 재정적 지원을 포함한다. 이것에는 계획된 프로세스관리를 위한 것 이외 내부심사, 시정조치, 경영검토 등을 위한 자원도 포함된다. 프로세스의 복잡성과 상호관계 및 성공적인 결과를 위해 필요한 숙련도와 경험을 고려하여야 한다. 또한 조직의 모든 계층 및 기능의 구성원들은 방침과 목표 그리고 이들의 진척사항을 지속적으로 인식하고 있어야 한다. 이 경우 조직의 경영자는 조직 내에서 고객, 공급자, 법적 요구사항, 품질문제 등과 관련된 문제점을 의사소통하여야 한다.

의사소통은 발신자로부터 수신자에게의 의사전달에 대한 프로세스이다. 의사소통의 수단은 상황에 따라 다양한 방법이 있을 수 있으나 팩스, 메모, 전자우편, 회의록, 또는 구두일 수 있다. 따라서 조직은 다양한 계층과 기능들 사이에 품질경영시스템의 문제점을 해소하기 위해 조직 내·외에 다양한 의사소통 수단을 가질 수 있다.

(7) 건설업 ISO9000 제8항 '운용'의 적용항목

건설업의 ISO9000 '운용'의 적용항목은 다음과 같다.

표 1-9 건설업의 ISO9000 '운용' 적용항목

ISO9001:2015년 규격 항목		규격항목별 이행항목
8	운용	제품 실현 계획 수립과 운영
8.1	운용기획 및 관리	• 현장 품질계획수립 및 운영관리 방법과 절차
8.2	제품 및 서비스 요구사항	• 계약 요구사항 결정
8.3	제품 및 서비스의 설계와 개발	• 설계계획수립 및 설계관리
8.4	외부에서 제공되는 프로세스, 제품 및 서비스 관리	• 협력회사 등록 및 평가관리
8.5	생산 및 서비스 제공	• 현장 시공 및 운영관리
8.6	제품 및 서비스의 불출/출시(release)	• 준공관리
8.7	부적합 출력/산출물(output)의 관리	• 부적합품관리

해설

① 품질기획

품질경영시스템의 효과적인 운영을 위해 필요한 경영자원에 의해 수립된 프로세스와 활동은 "품질기획"을 통하여 파악되어 문서화된 절차로 정해지며 이 절차에 따라 실행되어야 한다.

② 프로세스 관리

"프로세스 관리" 접근 방법은 각각의 주요 프로세스가 기대에 일치하는 결과를 낳고 있음을 보장하는 것을 필요로 한다. 프로세스를 명확히 규정할 때는 필요한 입력과 요구되는 출력을 규정하여야 한다. 프로세스의 측정과 감시는 계획대로 수행되어야 할 것이며, 프로세스 관리에 대한 측정기록과 결과의 기록은 유지되어야 한다. 또한 부적합이 발생한 경우나 결과가 바람직하지 않은 경향을 보일 경우에는 프로세스가 요구사항의 충족을 보장하는 후속 조치를 취하여야 한다.

③ 고객과의 의사소통

고객 관련 프로세스로서 조직은 고객 만족을 보장하기 위하여 고객요구와 기대를 파악하여 확정할 필요가 있다. 이러한 요구와 기대는 고객에 의해 규정된 것뿐만 아니라 규정되지 않았다 하더라도 의도된 사용을 위해 당연히 필요한 요구사항이나 법적 또는 강제 요구사항도 포함된다. 이를 위해 조직은 고객과의 다음과 같은 의사소통이 필요하다.

- 제품 및 서비스 관련 정보
- 변경을 포함하여 문의, 계약 또는 주문의 취급
- 고객 불평을 포함하여 제품 및 서비스에 관련된 고객피드백 입수
- 고객재산의 취급관리
- 관련될 경우, 비상조치를 위한 특정 요구사항 수립

④ 제품 및 서비스 요구사항

조직은 고객 만족을 보장하기 위해 고객의 요구와 기대를 확정할 필요가 있다. 이러한 요구와 기대는 고객에 의해 규정된 것 뿐만 아니라 규정되지 않았어도 의도된 요구사항을 위해 필요한 요구사항이나 법적 또는 강제 요구사항도 포함된다. 고객이 완전하게 요구사항을 제시하지 못하는 경우, 조직의 책임으로 해당하는 법적 및 법규요구사항과 시장의 기대, 인도, 퍼포먼스 및 지원에 관한 문제와 같은 묵시적 요구사항을 확정하여야 한다.

또한 고객과의 약속을 이해하고, 그 약속을 충족시키는 능력이 고객 만족을 달성하는 기본적인 부분이다.

⑤ 제품 및 서비스 요구사항 결정

조직은 고객과의 약속을 이해하고 그 약속을 충족시키는 능력이 고객 만족을 달성하는 기본적인 부분이다. 따라서 약속을 충족시키는 능력은 지원, 방법, 의사전달과 같은 모든 측면에서 고려해 보아야 한다.

또한 고객과의 약속을 하기 전에 요구사항과 제안이 빠짐없이 완전하게 이해되며 달성할 수 있다는 것을 보장하기 위해 그 요구사항과 제안은 필요한 정보를 갖고 있는 적절한 인원에 의해 검토되어야 한다.

또 후속되는 변경의 경우도 동일한 절차를 거쳐야 한다. 이를 위해 고객에게 제공될 제품 및 서비스에 대한 요구사항을 결정할 경우, 조직은 적용되는 모든 법적 및 규제적 요구사항, 조직에 의해 필요하다고 고려된 요구사항 등이 규정되어 있는지와 조직이 제공하는 제품 및 서비스요구의 충족을 보장할 수 있는지를 확인한 후 고객의 요구사항을 결정하여야 한다.

⑥ 제품 또는 서비스 관련 요구사항의 검토

조직은 그들이 제공할 제품이나 서비스에 관련되는 요구사항을 검토하여야 한다(Contract Rivew)이 검토는 고객에게 공급한다고 조직이 약속(계약 또는 주문의 수락)하기 전에 수행되어야 한다. 이와 같은 검토에 수반되는 조치의 결과는 기록으로 유지되어야 한다.

만약 고객이 요구사항을 문서화 하여 제시하지 않는 경우, 조직은 수락 전에 고객 요구사항을 확인해야 한다. 또한 제품 및 또는 서비스 요구사항이 변경되는 경우, 조직은 관련 문서가 수정됨을 보장하여야 하고 관련 인원은 변경된 요구사항을 인식하고 있음을 보장하여야 한다. 고객과의 약속을 증빙하는 문서는 발주서, 계약검토서, 시방서, 고객이 제공한 표준, 법규 및 규제 관리 대장, 품질계획서, 계약변경검토서 등이 있다.

⑦ 설계 및 개발

ISO9001 : 2015 제8.3.1항의 일반사항으로 조직은 제품 및 서비스의 설계와 개발 이후의 공급을 보장하기 위하여 적절한 설계개발 프로세스 수립, 실행 및 유지하여야 한다. 설계 및 개발 프로세스는 설계기획, 설계입력, 설계 및 개발, 설계출력, 설계검토 및 검증, 설계변경의 각 단계별 다음과 같은 활동을 요구하고 있다.

【제8.3.2항 (설계기획)】

- 설계기간, 설계검토, 검증, 타당성확인, 책임과 권한, 내·외부자원 필요성
- 설계 인터페이스 관리, 고객 관여 필요성
- 설계 및 개발 요구사항 충족정보

【제8.3.3항 (설계입력)】

- 제품 및 서비스의 필수적 요구사항 입력
- 기능 및 성능요구사항
- 이전 유사 설계와 개발 활동 정보
- 법적, 규제적 요구사항
- 조직이 실행을 약속한 표준, 지침

【제8.3.4항 (설계 및 개발)】

- 달성될 결과
- 설계개발 결과가 요구사항의 충족 여부 평가시행
- 요구사항을 규정된 특성 또는 제품의 시방으로 변환시키는 일련의 프로세스
- 설계검토·검증·타당성(실현성) 확인 시행

【제8.3.5항 (설계출력)】

- 입력요구사항 충족
- 모니터링 및 측정요구사항을 포함한 합격 판정기준 포함 및 인용

【제8.3.6항 (설계와 개발변경)】

- 설계와 개발변경, 검토 결과, 변경의 승인, 부정적 영향을 예방하기 위한 조치

⑧ 외부에서 공급되는 프로세스, 제품 및 서비스 관리

ISO9001:2015년 제8.4항 외부에서 공급되는 프로세스, 제품 및 서비스관리, 제8.4.1항(일반사항), 8.4.2항(관리의 유형과 정도), 8.4.3항(외부공급자를 위한 정보)로서 외부에서 제공되는 프로세스, 제품 및 서비스관리 절차를 요구하고 있다.

즉, 조직은 프로세스, 제품 및 서비스의 공급업체의 공급능력을 근거로 업체를 평가·선정하고, 모니터링 및 측정, 재평가하여 협력업체를 관리하여야 한다. 또 외부공급자를 평가하여 선정하고 계획된 주기로 재평가하여야 하며, 협력업체에서 공급되는 프로세스, 제품, 서비스는 기준에 따라 평가되어야 하며, 프로세스가 계획대로 실행되었다는 문서화된 정보를 유지하여야 한다.

이와 같이 조직은 구매품과 서비스의 중요도를 명확히 하고, 공급자의 선택과 평가기준을 구비하여 이 기준이 충족되거나 혹은 업무수행이 만족스럽지 못한 경우 적절한 조치가 취해졌다는 증거를 요구하고 있다.

【문서화된 정보】

- 협력업체 실태조사서
- 협력업체 평가표
- 구매요청서
- 발주서, 도급계약서
- 수입검사기준서, 수입검사성적서, 시험성적서

⑨ 생산 및 서비스 제공관리

생산 및 서비스 제공 관리란 조직의 프로세스와 관리방법으로 적합한 시공품을 제공하기 위해 프로세스를 관리하는 조직의 능력을 결정하는데 있어서 중요한 변수가 정해져야 한다는 것을 의미하고 있다. 따라서 ISO9001:2015년 제8.5항 생산 및 서비스 제공 제8.5.1항(생산 및 서비스 제공관리), 8.5.2항(식별과 추적성), 8.5.3항(고객 또는 외부공급자 재산), 8.5.4항(보존), 8.5.5항(인도 후 활동), 8.5.6항(변경관리)의 각 요구사항의 핵심사항은 다음과 같은 관리 기준을 설정하여 관리할 것을 요구하고 있다.

【관리기준과 실행】

• 생산 및 서비스관리(시공관리) 절차를 수립하여 운영

• 식별관리
부적합품이 적합제품 및 서비스에 혼용되는 것을 방지하기 위하여 모든 제공되는 제품 및 서비스 단계마다 주요 자재의 이름표를 붙여 관리

• 추적성관리
제품 및 서비스가 어디에 투입되었는지 또는 어느 고객에게 인도되었는지 관리

• 고객 및 공급자의 재산
고객자산이 분실, 손상 또는 사용하기에 부적합한 것으로 판명된 경우, 이를 고객에게 알리고, 문서화 된 정보보유

• 보존
제품, 자재 및 서비스의 제공 또는 보관의 경우 열화·손상 방지

• 인도 후 활동
인도 후 활동에 대한 요구사항을 관리(제조물책임법, 리콜 등)

• 변경관리
생산 및 서비스 제공에 대한 변경검토
변경사항 발생 시 변경승인권자, 검토결과, 조치사항 문서화 정보 보유

【문서화된 정보】

- 작업일보, 공사일보, 작업지시서, 공정표, 시공계획서
- 식별 및 추적성관리대장
- 고객지급품관리대장
- 자재수불대장
- 시험성적서

⑩ 생산 및 서비스 불출 / 출시 관리

ISO9001:2015년 제8.6항 생산 및 서비스 불출은 조직이 제품 및 서비스 요구사항이 충족되었음을 검증하기 위하여 적절한 단계에서 계획된 결정을 실행하도록 요구하고 있다. 또한 결정사항이 만족스럽게 완료될 때까지 제품 및 서비스는 고객에게 제공되지 않아야 한다. 라고 요구하고 있다.

【문서화된 정보】

- 검사 및 시험계획서(ITP)
- 검축체크리스트

⑪ 부적합품 관리

부적합품 관리란 부적합품이 고객에게 인도되어 사용 후에 발견되는 경우, 조직이 적절한 조치를 취하여야 한다는 요구사항이며, 이것은 특정한 제품에 결함이 발견되는 경우, 회수나 추가 서비스 활동이 취해져야 한다는 것을 암시하고 있다.

【문서화된 정보】

- 부적합에 대한 기술
- 취해진 조치에 대한 기술
- 승인된 특채에 대한 기술
- 부적합에 관한 활동결정 책임식별

⑫ 기타 운용 관련 문서화된 절차

건설업에서 ISO9001:2015년 품질규격 요건 제8항(운용)을 이행하기 위한 절차는 다음과 같은 것들이 있으나 반드시 이에 국한하는 것은 아니다.

① 품질계획수립과 운영
② 계약관리절차 수립과 운영
③ 설계관리절차 수립과 운영
④ 협력회사 평가 및 등록절차 운영
⑤ 시공 및 운영관리 절차 운영
⑥ 검사 및 시험계획 수립과 운영
⑦ 부적합품 관리절차 수립과 운영
⑧ 준공관리 절차 수립과 운영

(8) 건설업 ISO9000 제9항 '성과평가'의 적용항목

건설업의 ISO9000 '성과평가'의 적용항목은 다음과 같다.

표 1-10 건설업의 ISO9000 '성과평가'의 적용항목

ISO9001:2015년 규격항목		규격항목별 이행항목
9	성과평가	측정, 분석, 평가절차 수립 및 운영
9.1	모니터링, 측정, 분석 및 평가	• 고객만족도 조사절차 수립과 운영 • 검사 및 시험절차 수립 및 운영
9.2	내부심사	• 내부심사절차 수립 및 운영
9.3	경영검토/경영평가 (Management review)	• 경영검토절차 수립 및 운영

해설

① 고객만족도조사

ISO9001:2015년 제9.1.2항 고객만족은 가능한 결정되고 모니터링 되어야 한다. ISO9000에서는 고객의 범위는 계약적인 고객뿐만 아니라 소비자, 고객, 중간도매업자, 수익자 및 구매자와 같은 내외부 고객을 모두 포함

한다. 즉 조직은 고객만족과 불만족 평가에 사용되는 모니터링 매커니즘을 구비하고 이들 정보가 어떻게 피드백되어 이용되는지에 대한 문서화된 절차를 구비하여 운영하여야 한다.

② 내부품질심사

ISO9001:2015년 제9.2항 '내부품질심사'는 조직이 구축한 품질경영시스템의 유효성 및 적절성을 확인하는 것이다. 따라서 이는 품질경영시스템의 품질관리 싸이클에서 중요한 요소로서 독립적이고 적격한 인원에 의해서 명확히 규정된 방법에 따라 실행되어야 하며 이는 조직이 독립적으로 내부심사 프로그램에 따라 수행하고, 심사지적사항은 개선조치를 취함으로써 이 시스템의 지속적인 발전에 도움을 준다.

③ 경영검토

ISO9001:2015년 제9.3항의 '경영검토'란 최고경영자가 품질경영시스템의 지속적인 적절성과 충족성 및 효과성을 보장하기 위하여 계획된 주기로 조직의 품질경영시스템을 검토하는 행위를 말한다. 경영검토 입력사항은 심사결과, 고객피드백, 프로세스성과, 시정 및 예방조치 결과, 이전 경영검토사항, 품질경영시스템에 영향을 주는 변경사항, 개선을 위한 제안사항을 활용하여 경영검토보고서를 작성하여 운영할 수 있다.

(9) 건설업 ISO9000 제10항 '개선' 요구사항의 적용항목

건설업의 ISO9000 '개선'의 적용항목은 다음과 같다.

표 1-11 건설업의 ISO9000 '개선'의 적용항목

ISO9001:2015년 규격항목		규격항목별 이행항목
10	개선	개선관리 절차 수립 및 운영
10.1	일반사항	• 개선관리란
10.2	부적합 및 시정조치	• 부적합품 관리 절차 수립 및 운영
10.3	지속적 개선	• 지속적인 개선관리 모니터링

해설

① 부적합품의 관리

일반적으로 부적합품의 관리란 조직이 운영하는 품질경영시스템의 내부심사 결과에 따라 규정된 요구사항에 위반되는 것에 취하는 조치 활동이다. 즉, 조직이 의도하지 않는 사용이나 인도를 방지하기 위하여 시공품이 요구사항에 적합하지 않는 것을 식별하고 관리됨을 보장하는 것이다. 이와 관련하여 부적합품 처리의 책임과 권한은 부적합품 관리 절차에 규정하고 있다.

이 절차에는 부적합이 발견되면 발견된 부적합을 제거하기 위한 조치, 관련된 권한을 가진 자나 고객에 의한 특채, 본래 의도된 용도나 적용을 배제하는 조치 등이 포함된다.

② 지속적인 개선

지속적인 개선이란 현재 운영되고 있는 시스템의 문제점뿐만 아니라 적용되는 활동 프로세스나 시장의 기대에 대비하는 것에 기반한 시스템의 운용결과의 증진 가능성을 입증하는 것이다.

③ 시정조치와 예방조치

시정조치는 현재의 발견된 부적합에 대한 조치를 취하는 것으로서, 서비스를 제공하는 공급자 조직은 부적합의 재발방지를 위해 부적합이 발견되면 먼저 부적합의 원인을 제거하기 위한 조치를 취하여야 한다. 이러한 조치방법은 당면한 현재의 부적합에 대한 검토와 부적합의 원인 결정, 재발방지를 위한 조치의 결정, 취해진 조치결과의 기록 등이 있다.

예방조치는 시정조치와 절차는 동일하나 향후 발생될 수 있는 잠재적인 부적합의 발생을 방지하기 위하여 잠재된 부적합의 원인을 제거하기 위한 조치 활동이다.

제2장

미션 및 비전과 전략의 수립

2.1 미션(Mission)과 비전(Vision)

2.2 사업환경 분석

2.3 품질방침과 품질목표

2.1 미션(Mission)과 비전(Vision)

1) 개요

미션(Mission)은 조직의 정체성, 존재의 의미, 사명 등을 서술한 것이고 비전(Vision)은 미래의 목표, 지향점 등 달성하고자 하는 바를 서술한 것이다. 즉 미션과 비전은 조직이 지향하는 바를 정의하고 조직이 염원하는 바람직한 모습과 변화하고자 하는 방향을 제시하는 것이다. 따라서 미션과 비전은 서로 밀접한 관련이 있지만 다음과 같이 서로 구별된다.

표 2-1 미션과 비전의 정의 비교

미션(Mission)	임무, 목표, 과제를 뜻하며, 조직의 정체성, 존재의 의미, 사명 등을 서술한 것이다.
비전(Vision)	달성해야 할 목표를 가시화한 것으로서 미래관 또는 꿈을 갖고 앞일을 생각하는 것이나 미래의 형상화된 개념이다.

2) 미션(사명)

미션(Mission)이란 조직의 존재 이유를 말한다. 즉, 사람이 태어난 이유와 같이 기업이 '설립된 이유'가 미션이고 사명이다. 따라서 미션이나 사명은 사익 추구를 넘어, 공익성을 내포할 때 조직 내의 구성원의 충성심과 단결심, 고객의 충성도를 모으는 힘이 생긴다. 다시 말해 미션은 영원히 완성될 수 없는 성격을 가지고 있으므로 시간 개념은 포함하지 않으며 그 어떤 완성을 향해 무한히 수렴할 수는 있어도 완결에는 쉽게 도달할 수 없는 것이 바로 미션이다. 따라서 단기간에 완성될 미션은 회사가 지향하는 미션으로는 적정하지 않다. 그 이유는 미션이 달성되었다면 회사의 존재 이유도 사라지기 때문이다.

3) 비전(Vision)

비전(Vision)은 원래 상상력, 직감력, 통찰력 등을 뜻하거나 미래상, 미래의 전망, 선견지명을 뜻한다. 또한 비전은 조직이 장기적으로 지향하는 목표, 가치관,

이념 등을 통칭하는 개념이다. 따라서 비전은 조직 내 구성원들에게 동기를 부여하고 명백한 방향성을 제시한다.

또한 비전(Vision)은 일정한 시간이 지난 후의 기업의 모습으로 시간의 개념이 들어가는 것이 원칙이다. 즉, 기업들이 비전을 설명하면서 시간적 개념을 포함하지 않는다면 이는 적정한 비전이 아니다.

비전은 망원경으로 먼 곳을 내다 보듯이, 5년 후, 10년 후의 기업이 이루고자 하는 모습을 상징하는 것이다. 따라서 시간적인 개념을 포함하지 않은 비전은 언제쯤 달성이 가능한지 모호하고 불확실하다.

비전에 시간개념이 없는 이유는 그들이 이루고자 하는 일에 대한 자신감이 없기 때문이다. 따라서 비전은 달성이 가능하고 도전적인 선언문으로 작성하는 것이 바람직하다. 마치 망원경으로 멋진 오아시스를 발견하였는데, 어제쯤 도착할지도 모르는 거리에 있다면 비전이 아니라 이는 하나의 신기루와 같은 것이다.

또 모호한 비전 선언문은 조직의 사명과도 구별하기도 쉽지 않다. 비전이 잘 기술되었는지 확인하는 방법은 비전 선언문을 미션으로 옮겨도 그럴듯하다면 이는 잘못 작성된 것이다. 시간적인 개념의 미션은 가장 오래 걸리는 개념임에 틀림이 없고, 시간 목적을 가지는 비전은 이의 달성에 필요한 핵심가치(Core Value)는 맨 아래에 위치하는 개념이다.

즉, 미션을 바꾼다는 것은 삶을 다시 시작하는 일과 같다. 반면 비전과 핵심가치는 사업환경에 따라 미션보다 좀 더 융통성 있게 변화함이 적정하다. 미션, 비전과 핵심가치는 "WHY"에 해당하는 개념으로 기업의 모든 활동의 적합성을 판단하는 기준이 된다. 따라서 미션은 존재 이유, 왜 이 세상에 사는지와 왜 그 일을 하는지이며 비전은 특정 년도나 미래의 나의 모습, 내가 되고 싶은 상황이라 할 수가 있다.

4) 미션과 비전의 설정목적

조직의 최고경영자는 그들의 리더십과 의지에 따라 조직의 현재와 미래의 임무와 방향을 미리 결정함으로써 조직이 운영하고자 하는 목적을 실현할 수 있다. 이는 품질경영시스템의 구축과 운영을 통하여 조직의 사업적 방침과 목표 실현이 가능하다.

건설업의 품질관리 활동이 종래의 건설현장 공사담당자에게만 시행하는 것이 아니라 전사적인 품질경영시스템의 틀 속에서 조직의 미션과 비전에 따른 추진 계획을 세우고 각 기능별 계층에 의해 전사적으로 추진될 때 품질관리도 이루어질 수 있는 것이다.

다시 말해 건설업의 품질관리란 품질요구사항을 충족시키기 위해 수립된 품질경영시스템 적용함으로써 요구사항의 충족 실현되기 때문이다.

표 2-2 미션과 비전 설정 목적

1. 방침과 목표는 조직역량 결집과 시너지(Synergy) 창출에 도움을 준다. 2. 조직은 기능, 계층 간 미션 및 비전과 방침과 목표 및 추진계획의 수립이 가능하다. 3. 조직의 체계화된 경영시스템의 운영은 방침과 목표달성에 기여한다. 4. 추진전략은 일정한 기한 내에 그 실적을 평가·환류되어야 성과 달성에 기여한다. 5. 방침에 따른 목표달성 수준은 자율적으로 정하여야만 주기적인 점검이 가능하다.

5) 공유된 비전의 특징

조직에 의해 공유된 비전은 조직구성원 상호 간에 신뢰감을 형성(Build Trust)하여 어려운 문제에 대한 도전 의식을 제고(Willing to take Risk)와 새로운 변화를 수용하고 조직의 목표 달성에 참여할 수 있다.

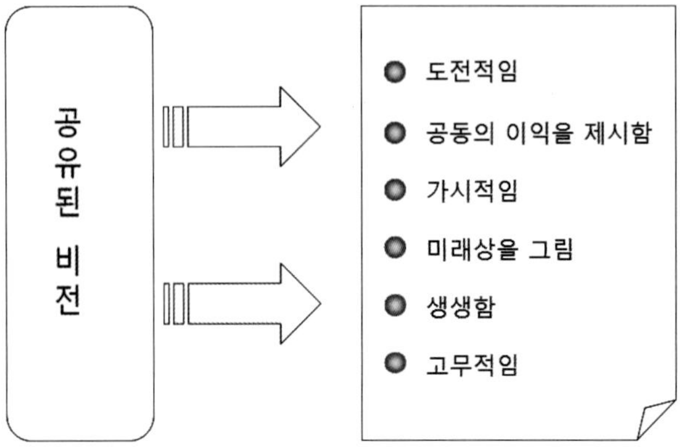

그림 2-1 공유된 비전의 특징

6) ISO9000의 미션과 비전

ISO9001:2015년 규격에서 미션이란 '조직의 사업적인 특성과 제공되는 제품이나 서비스를 정하는 것이다. 이를 위해 조직은 고객의 요구사항이 무엇인지를 파악하고, 이들 요구사항이 충족되도록 하기 위한 품질경영시스템을 갖추어 효과적으로 운영함으로써 서비스를 제공하는 것'이다.

즉, 조직이 고객요구사항을 파악하는 이유는 조직의 존립 목적에 부합한 미션과 비전을 갖추어 조직의 방침과 목표설정 및 추진전략과 실행계획의 추진으로 일관성 있는 활동이 이루어져 고객만족을 실현할 수 있기 때문이다.

품질경영시스템은 고객이 요구 및 기대사항과 법적 또는 규제적 요구사항의 충족 능력 및 일관성 있는 서비스를 제공하는 능력을 입증하는 것이다. 따라서 조직은 그들 스스로 미션(Mision)과 비전(Vision)을 설정하여 그들의 방침과 목표에 따른 활동을 수행하기 위한 것이다.

품질규격 (ISO9001:2015)에서는 조직의 존립 목적을 조직이 고객의 요구사항과 법적 또는 규제적 요구사항을 충족하는 제품이나 서비스를 제공하는 것이며, 이를 위해 조직은 일관성 있게 제품 및 또는 서비스를 제공하도록 하기 위한 품질경영시스템을 수립하고 운영하는 것이다.

따라서 조직은 미션 및 비전에 따른 품질방침과 목표설정하고 이를 실행하기 위한 강력한 의지력을 표명함으로써 조직이 추진하고자 하는 전략적 방향을 명확하게 제시할 수 있고 실행 의지를 보여 줄 수 있는 것이다.

0. 적용범위(ISO9001:2015)

이 규격은 다음과 같은 경우, 조직의 품질경영시스템에 대한 요구사항을 규정한다.

a) 조직이 고객 요구사항과 적용되는 법적 및 규제적 요구사항을 충족하는 제품 및 서비스를 일관성 있게 제공하는 능력을 실증할 니즈가 있는 경우

b) 조직이, 시스템 개선을 위한 프로세스를, 그리고 고객 요구사항과 적용되는 법적 및 규제적 요구사항에 적합함을 보증하기 위한 프로세스를 포함하는, 시스템의 효과적인 적용을 통하여 고객만족을 증진시키고자 하는 경우 이 표준의 모든 요구사항은 일반적이며, 조직의 형태, 규모 또는 제공되는 제품 및 서비스에 관계없이 모든 조직에 적용될 수 있다.

5.2 방침(ISO9001:2015)

5.2.1 품질방침의 수립

최고경영자는 다음과 같은 품질방침을 수립, 실행을 유지관리 하여야 한다.

a) 조직의 목적과 상황에 적절하고 조직의 전략적 방향을 지원

b) 품질목표의 설정을 위한 틀을 제공

c) 적용되는 요구사항의 충족에 대한 의지표명을 포함

d) 품질경영시스템의 지속적 개선에 대한 의지표명을 포함

7) 미션과 비전의 설정(사례)

비전(Vision)은 달성해야 할 목표를 가시화한 것으로서 미래관 또는 꿈을 갖고 앞일을 생각하는 것이나 미래의 형상화 된 개념으로 설명할 수가 있다.

또 미션은 조직의 존립목적, 존재이유와 관련된 것으로 아래와 같은 형태로 작성될 수 있다.

예를 들면 비전과 미션은 조직을 둘러싸고 있는 경영환경 등 환경분석에 의해 설정되며, 환경분석은 내·외부적인 여러 환경요인의 분석 결과에 따라 조직이 추구하는 임무와 전략이 수립되는 것이다. 환경분석 기법 중 외부적 환경영향을 기회요인·위협요인, 내부적인 영향을 강점·약점요인 등의 항목으로 분류하고 그러한 영향요인과 환경분석 결과로서 다음과 같은 사례의 비전과 미션을 작성할 수 있다.

비전(Vision) (예)

1. 국가 공공주택공급수요의 지속적 증가와 능동적 대응
2. 국제화, 정보화 시대의 도래와 기술개발시스템의 혁신
3. 경쟁적 종합건설업의 증가로 인한 기관의 독자성, 정체성 확립
4. 품질경영시스템의 지속적 개선을 위한 품질관리 활동 강화

미션(Mision) (예)

1. 전문화된 사업 추진으로 건설 기술 개발과 사업 활성화 도모
2. 기술개발의 자율성과 책임성을 통한 건강한 건설문화 정착 및 활성화에 기여
3. 조직구성원의 상호 신뢰와 존중을 통한 조직문화 촉진

8) 미션과 비전의 구성체계(사례)

미션과 비전, 핵심가치의 구성체계에 대한 "예"로서 관계 법원의 건설분야 감정관리(사례)를 중심으로 수립하면 아래와 같이 구성할 수 있다.

미션(Mision)

건설소송 전문화·고도화로 법원의 조언자 역할을 충실히 수행

비전(Vision)

기술적·과학적인 증거조사를 지원하고 사실에 입각한 의견 제시로 재판부의 판단 지원

명확한 감정기준	과학적 현장조사와 감정결과 활용지원	감정서 및 감정보완서 검토 및 의견서 제시

헌법정신에 충실한 엄정하고 공정한 재판지원 전문가로서의 활동수행

주요 쟁점 파악 및 의견제시	감정 결과의 효율적 활용과 의견 제시	감정 결과 피드백 및 지속적 개선관리

핵심가치(Core Value)

Ⅰ. 초기단계 쟁점정리 및 의견제시	1-1. 소송 초기 주요 쟁점 정리 및 의견제시 1-2. 감정신청에 관한 의견제시
Ⅱ. 진행단계 구두설명 의견제시	2-1. 감정서 검토 및 의견제시 2-2. 감정서 오류 및 사실조회 의견제시
Ⅲ. 재감정, 특수감정 의견제시	3-1. 재감정, 추가 감정 의견제시 및 현장 검증 참여 3-2. 특수감정 사례분석 및 감정 기준 재정립 의견제시

그림 2-2 미션과 비전의 구성체계(사례)

2.2 사업환경 분석

1) 개요

서비스 제공 조직은 조직을 둘러싸고 있는 주변 환경요인에 영향을 받는다. 환경요인은 다양한 환경영향 변수들의 관점에서 도출하여 보고 이러한 환경영향 변수가 조직에 어떠한 영향을 미칠 수 있는지 분석해볼 필요가 있다.

2) 거시환경과 미시환경

일반적으로 서비스 제공 조직에 적용되는 환경요인은 크게 거시환경과 미시환경 두 가지로 분류해 볼 수 있다. 거시환경은 조직이 영위하는 사업적인 범위와 직·간접적으로 연계된 포괄적 환경요인을 의미한다. 즉, 이 분야는 정치적, 경제적, 법적, 사회적, 문화적 또는 자연적, 국제적, 기술적, 지리적인 환경들이다.

미시환경은 조직의 사업적 범위와 직접적으로 연계된 세부적인 환경요인들이며 그것은 산업, 시장, 노동, 기술적 환경 등으로 설명할 수 있다.

표 2-3 미시환경과 거시환경

구분	내용
거시환경	조직이 영위하는 사업적 범위와 간접적으로 연계된 포괄적 환경요인들을 의미한다. 즉, 이 분야는 정치적, 경제적, 법적, 사회적, 문화적, 자연적, 국제적, 기술적, 지리적 환경 등을 의미한다.
미시환경	조직의 사업적 범위와 직접적으로 연계된 세부적인 환경요인을 말하며 이것은 산업, 시장, 노동, 기술적 환경 등이 이에 속한다.

3) 환경분석 방법과 절차

(1) 도메인 맵핑

서비스 제공 조직의 환경분석을 위해서는 다음과 같은 도메인을 맵핑해보는 작업이 필요하다. 즉, 조직의 기능 및 계층별 존재 이유 즉, 미션에 따라 어떠한 핵심사업을 추구하고자 하는지와 이와 관련되는 사업은 무엇인지, 그 사업이 조직의 발전에 어떻게 기여할 수 있는지를 맵핑하여 보는 것이다.

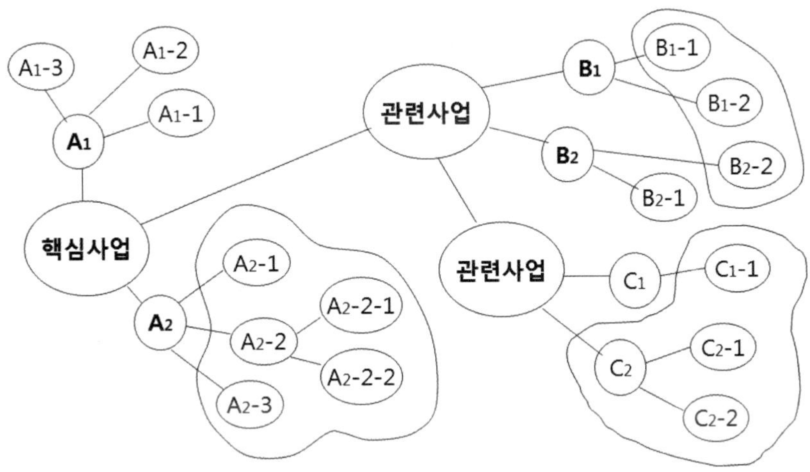

그림 2-3 환경분석 도메인 맵핑도

(2) 환경영향요인 도출

주요 경영환경 요인으로 거시환경, 미시환경 등 분야별 영향요인의 도출과 분석 활동 프로세스는 다음 그림과 같이 도식화해 볼 수 있다.

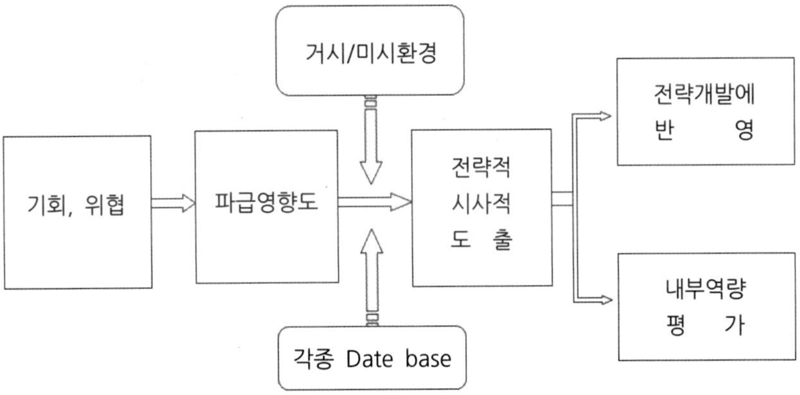

그림 2-4 환경분석 프로세스

(3) 환경영향 분석

조직을 둘러싸고 있는 외부적인 환경요인 즉, 주요 환경변수들에 의한 영향요인과 이들에 대한 각각의 기회요인 및 위협요인별 영향도를 아래와 같이 표현해 볼 수 있다.

표 2-4 환경영향분석표

환경변수	영향요인	환경분석		영향도		
		기회요인	위협요인	높음	보통	낮음
	◦ ◦ ◦ ◦					

(4) 사업적 환경분석

사업적 환경은 사업환경의 불확실성 정도에 따라 그 영향이 나타나며 그것이 낮거나 높은 정도에 따라 아웃풋 이미지(Output Image)로 설명할 수 있다.

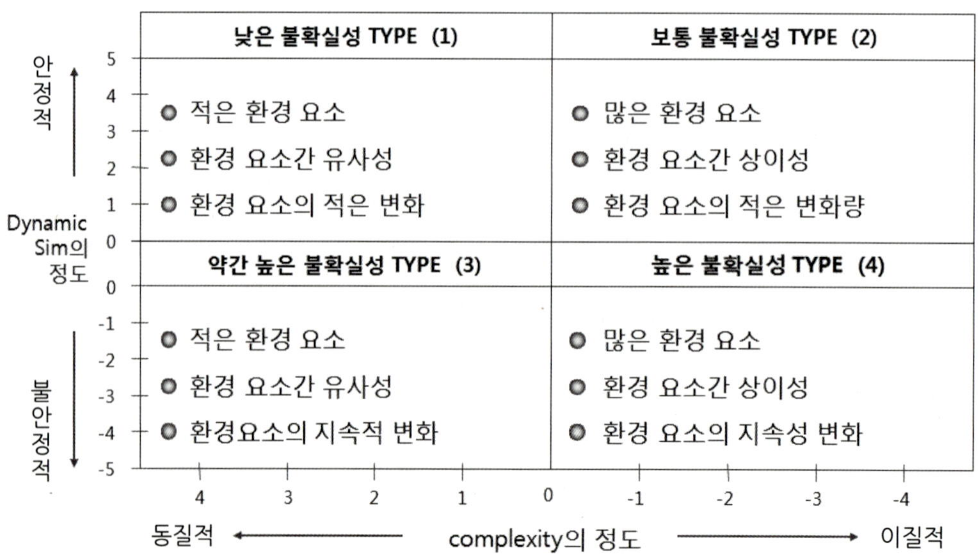

그림 2-5 사업적 환경의 기본형태 분석(Output Image)

※ 자료 : 프로세스경영과 성과관리, 2004, 한국법제연구원, 배대권 인용

4) SWOT 분석

조직의 환경분석 기법 중 외부적인 환경영향은 기회요인·위협요인, 내부적인 영향은 강점·약점요인 등의 항목으로 분류하고, 영향요인별 역할 및 상호관계를 고려하여 조직의 임무와 전략을 수립할 수 있다.

- SWOT : Strength, Weakness, Opportunity, Treatment

강점(Strength)
◦
◦
◦
◦

약점(Weakness)
◦
◦
◦
◦

기회(Opportunity)
◦
◦
◦
◦

위협(Treatment)
◦
◦
◦
◦

그림 2-6 SWOT 기법(양식)

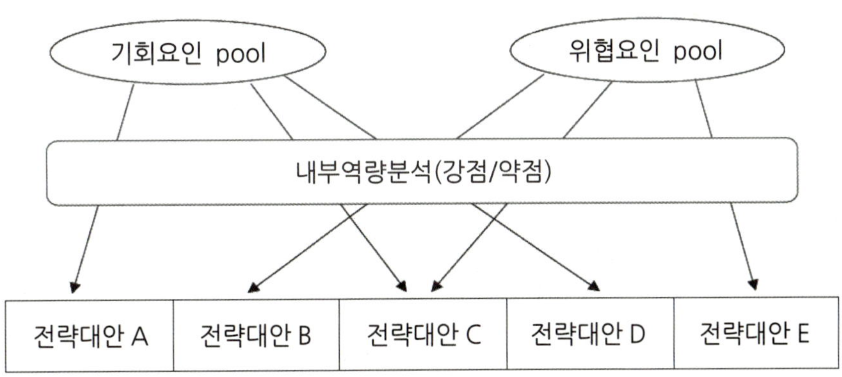

그림 2-7 SWOT 분석 Output Image

2.3 품질방침과 품질목표

1) 품질방침

품질방침이란 경영자에 의해 공식적으로 표명된 품질에 관한 회사의 총체적인 의지와 실천 방향을 뜻한다.

이와 관련하여 ISO9001:2015에서는 품질방침의 수립목적을 명기하고 있으며 이 방침에 대한 조직 내·외부의 의사소통 방법에 대하여 설명하고 있다.

5.2 방침(ISO 9001:2015)

5.2.1 품질방침의 수립
최고경영자는 다음과 같은 품질방침을 수립, 실행 및 유지하여야 한다.
a) 조직의 목적과 상황에 적절하고 조직의 전략적 방향을 지원
b) 품질목표의 설정을 위한 틀을 제공
c) 적용되는 요구사항의 충족에 대한 의지표명을 포함
d) 품질경영시스템의 지속적 개선에 대한 의지표명을 포함

5.2.2 품질방침에 대한 의사소통
품질방침은 다음과 같아야 한다.
a) 문서화된 정보로 이용 가능하고 유지됨
b) 조직 내에서 의사소통되고 이해되며 적용됨
c) 해당되는 경우, 관련 이해관계자에게 이용 가능함

2) 품질목표

품질목표는 조직의 최고경영자가 제시한 품질방침에 따라 목표가 달성되었는지를 측정할 수 있도록 조직 내에서 수립한 정량적인 달성기준을 말한다.

이와 같이 품질목표는 품질방침과 연계된 기획과정의 일부로서, 고객의 요구 및 기대사항과 일치하여야 한다.

따라서 품질목표는 서비스를 제공하는 조직의 경영자에 의한 검토를 효율적으로 하기 위하여 제공하는 제품 및 또는 서비스의 결과, 프로세스의 성과, 그리고 모든 이해당사자의 만족을 고려하여 작성함이 바람직하다.

또 품질목표는 모든 관련 구성원들에게 분명하게 전달되고 목표의 성취를 위하여 각각의 책임이 정함으로써 조직의 목표실현을 기대할 수가 있다. ISO9001:2015년 제6.2항에는 품질목표와 품질목표 달성기획에 명확한 실현 항목의 반영을 요구하고 있다.

6.2 품질목표와 품질목표 달성 기획(ISO9001:2015년)

6.2.1 조직은 품질경영시스템에 필요한 관련 기능, 계층 및 프로세스에서 품질목표를 수립하여야 한다. 품질목표는 다음과 같아야 한다.

a) 품질방침과 일관성이 있어야 함
b) 측정 가능해야 함
c) 적용되는 요구사항이 고려되어야 함
d) 제품 및 서비스의 적합성과 고객만족의 증진과 관련되어야 함
e) 모니터링되어야 함
f) 의사소통되어야 함
g) 필요에 따라 갱신되어야 함. 조직은 품질목표에 관하여 문서화된 정보를 유지하여야

3) 전략의 수립

전략은 조직의 품질방침과 목표를 미래의 위치로 전환하기 위하여 고안된 수단이다. 'Hofer & Schendel(1965)'에 의하면 '추진전략이란 조직이 품질목표를 달성하는 방법으로서 계획된 자원의 배치, 환경과의 상호작용을 하는 패턴'이라고 설명하고 있다.

따라서 추진전략은 품질목표 달성의 중요한 요소로서 어떻게 해야 목표를 실현할 수 있는지에 대한 방안과 전략을 기술한 것이다. 이와 같은 품질목표 설정에는 다음 표와 같은 SMART 기법이 적용될 수 있다.

※ SMART 기법 : Specific Measurable Attainable Realistic Time-bounded

표 2-5 목표설정의 기본원칙(SMART 기법)

적용원칙 항목	적용내용
1. 구체적으로(Specific)	◦ 목표를 달성할 수 있도록 세분화 ◦ 달성 수준을 구체적으로 작성
2. 측정가능하게(Measurable)	◦ 측정이 가능하도록 구체적인 수치를 계량화 ◦ 계량화의 질이나 달성수준을 설정 ◦ 평가지표를 사전에 명확하게 설정 ◦ 평가지표에 의해 평가, 업무방향 제시
3. 실행가능하게(Attainable)	◦ 목표의 수와 질적인 수준은 능력향상과 성취감을 느낄 수 있도록 도전적이고 달성이 가능하도록 설정
4. 현실성 있게(Realistic)	◦ 법적인 규제사항이나 현실적으로 실현 가능한 목표 설정 ◦ 환경변화에 따라 수정 가능해야 함
5. 기한이 명확하게(Time-bounded)	◦ 과정 관리가 가능하도록 구체적으로 표시 ◦ 가능한 기한은 세분화 되어야 한다.

4) 지표설정

'케플란'과 '노튼'은 목표달성도 측정하기 위한 지표의 설정방법으로 지표균형지표(BSC : Blance Scoure Card)가 필요하다. 라고 설명하고 있다. 즉, 조직의 미션과 비전, 목표와 추진전략 수행을 위해 중요하다고 판단되는 지표로서 다음과 같은 4가지 관점을 분류하여 평가를 이행할 것을 제안하고 있다. 즉, 첫째, 재무적 관점, 둘째, 고객 관점, 셋째, 내부프로세스 관점, 넷째, 학습과 성장 관점을 고려하여 목표에 대한 지표를 균형 있게 설정하여 평가함으로써 조직의 달성성과를 확인할 수 있다라고 설명하고 있다.

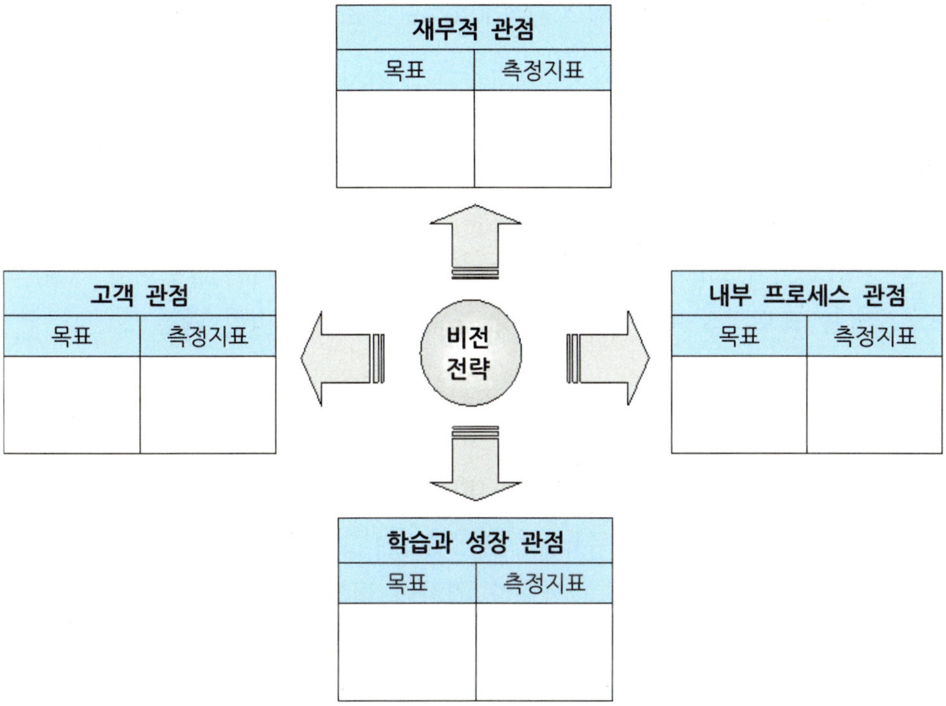

그림 2-8 4가지 목표지표 관점

※ 자료 : 프로세스경영과 성과관리, (한국법제연구원, 2004, 배대권) 인용참조

또한 조직의 미션과 비전에 따른 목표와 균형 있는 지표의 설정은 서비스를 제공하는 조직의 바람직한 품질경영체계 확립과 성과평가에 크게 기여할 수가 있는 것이며 이러한 지표(BSC)는 다음과 같이 네 가지 관점에서 설명할 수가 있다.

(1) 재무적 관점 (financial perspective)

재무적 관점은 매출이나 수익성 측면에서 어느 정도의 성과를 달성했는지를 나타내는 지표로 활용하고 있다. 즉, 투자수익률, 경제적 부가가치, 수익성 등이 있다.

(2) 고객관점(Customer perspective)

고객관점은 목표로 삼은 고객과 세부 사항을 먼저 규명한 후 고객과 시장에 대한 목표와 측정지표를 규정한다. 따라서 고객관점의 목표와 측정지표는 시장에서 고객에게 전달하고자 하는 고유한 가치에 대한 명제가 포함되어야 한다.

(3) 내부 비즈니스 또는 프로세스 관점(Internal business or process perspective)

내부비즈니스 관점은 주주와 고객 만족을 위하여 우리는 어떤 비즈니스 프로세스를 구비하고 실행해야 하는가? 즉, 만족과 성과의 극대화(손익, 매출액)를 위하여 조직이 내부적으로 수행하는 업무프로세스를 평가하기 위한 관점이다.

이러한 의미에서 내부프로세스 관점은 각 서비스를 제공하는 조직마다 국제표준화기구(ISO)의 프로세스 모델을 활발히 활동하고 있다. 이는 조직의 핵심프로세스 개발과 프로세스 유효성 평가 및 프로세스의 지속적인 개선 활동과 연계성을 두고 있다.

(4) 학습과 성장 관점(learning and growth perspective)

학습과 성장관점은 비전과 목표 달성을 위하여 조직구성원이 얼마나 변화되고 개선 능력을 길러야 하는가를 나타내기 위하여 끊임없는 변화의 창출을 주도할 수 있는 활동과 인프라를 평가할 수 있는 관점이다. 이는 필요한 조직의 학습과 성장 역량의 측정이 조직구성원의 역량, 정보시스템의 역량, 조직 역량 등 세 가지 영역이 존재한다.

5) 목표와 실행계획수립

일반적으로 품질경영체계에서 방침과 목표 및 전략수립은 조직의 사명에서부터 비전과 전략수립, 목표·지표의 설정, 추진계획 수립과 평가의 과정을 거치게 된다. 따라서 조직의 경영환경분석에 의한 미션과 비전의 설정, SMART기법, 지표균형지표(BSC)에 의한 목표·지표의 설정, 실행계획수립(Action-Plan) 등은 전략과 성가관리 체계의 기준 항목이라 설명할 수가 있다.

※ BSC : Blance Scoure Card

※ SMART : Speccific Measurable Attinable Realistic Time-bounded

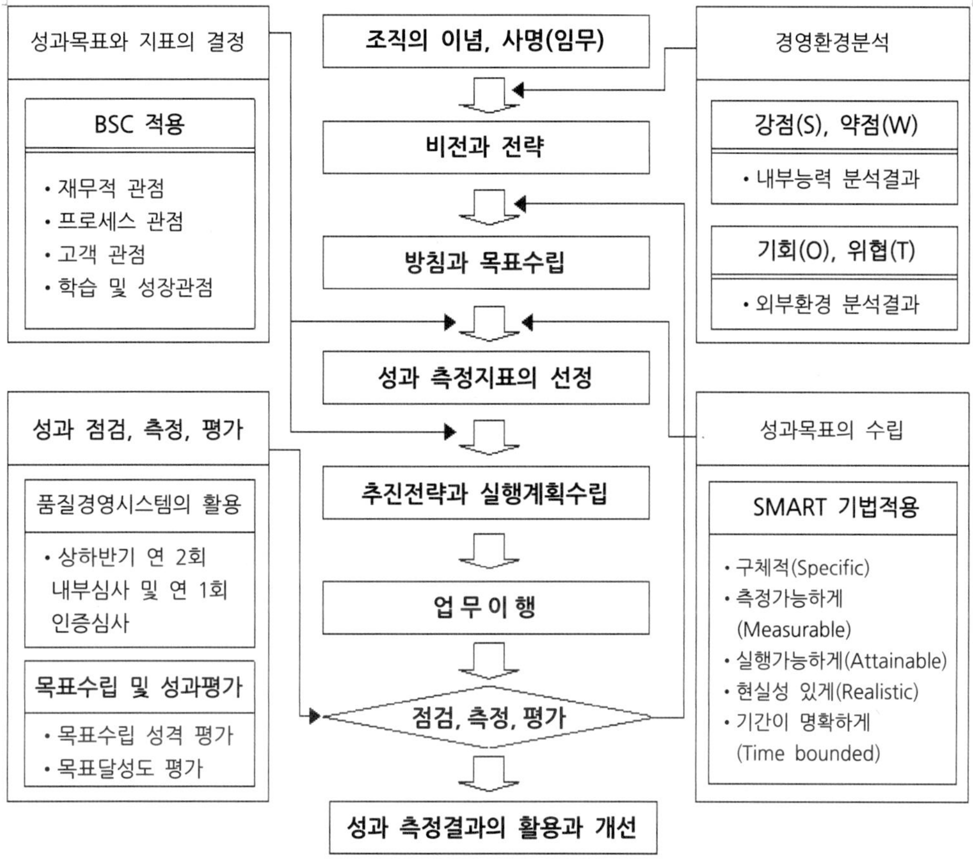

그림 2-9 방침, 목표, 전략수립체계

6) 성과평가와 과정관리

조직의 미션과 비전에 의해 수립된 목표와 실행계획은 조직의 목표 달성을 위한 중요한 틀이다. 따라서 조직에 의해 설정된 목표와 이 목표의 달성을 위한 지표 및 실행계획이 수립되었다면 이를 어떻게 실행하고 실행의 과정을 관리하느냐가 중요하다. 목표설정에서 업무수행 및 과정관리와 결과의 평가는 조직의 성과를 향상시키는데 큰 도움이 될 수가 있다.

또한 목표실현과 성과평가를 통해 달성도가 부족한 부분은 다시 조직 또는 계층에 환류하게 됨으로써 그 성과 달성을 더욱 촉진할 수 있다. 이러한 목표 수립과 성과관리 체계를 활성화하기 위해서는 각 조직 계층 간 원활한 의사소통을 통해서 이루어진다. 의사소통은 다음과 같은 과정 관리가 필요하다.

(1) 조직 계층 간, 직원 상호 간 동기부여
(2) 전 조직구성원의 목표관리 활동에 참여
(3) 조직 내 상·하급자와 부서 간 목표 달성을 지원
(4) 직원의 의견경청 및 개선 활동 전개

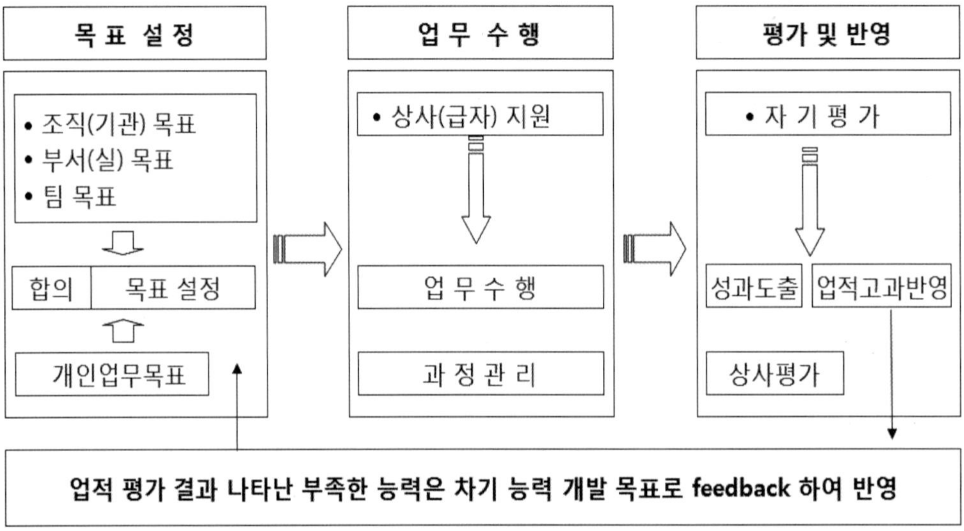

그림 2-10 성과평가와 과정관리체계

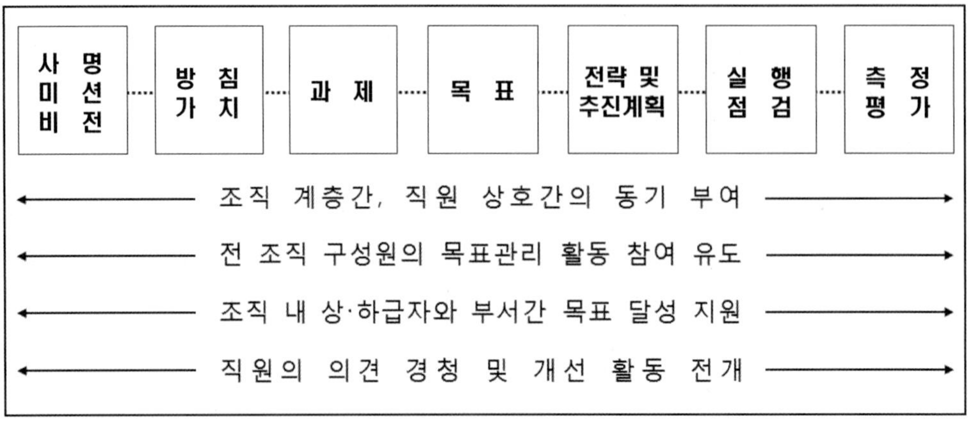

그림 2-11 조직구성원과의 상호관계 및 의사소통구조

7) 품질경영시스템과 의사소통

ISO9001:2015 제5.2 및 5.2.2항에는 방침에 따른 의사소통을 매우 중요하게 다루고 있다. 이를 위해 조직은 품질활동에 대한 대내·외에 대한 정보제공과 내·외부 이해관계자의 정보 및 요구사항을 처리하는 프로세스를 구비하고 있다. 또한 방침과 목표관리는 결국 조직의 내·외부 및 이해관계자들과는 다음과 같은 의사소통에 의한 관리가 중요하다.

(1) 방침과 목표에 대한 성과달성도 전달과 보고 과정
(2) 목표의 수립과정과 의사전달 과정
(3) 내부감사 및 경영검토 결과 전달
(4) 중대한 품질 영향과 관련한 의사소통
(5) 중요한 대관 회신문서 및 정보

5.2 방침(ISO9001:2015)

5.2.2 품질방침에 대한 의사소통

품질방침은 다음과 같아야 한다.

a) 문서화된 정보로 이용 가능하고 유지됨
b) 조직 내에서 의사소통되고 이해되며 적용됨
c) 해당되는 경우, 관련 이해관계자에게 이용 가능함

제3장

경영자원 관리와 의사소통

3.1 경영자원의 관리

3.2 내·외부 의사소통 관리

3.1 경영자원의 관리

1) 개요

ISO9001:2015 제7.1항에서는 조직이 그들의 사업을 효과적으로 추진하기 위하여 품질경영시스템을 수립하고 실행·유지와 지속적인 개선을 위해 필요한 경영자원을 정하여 제공하도록 요구하고 있다.

또한 이러한 경영자원에는 조직이 구비한 경영자원의 능력과 제약사항, 외부공급자로부터 획득할 필요가 있는 것 등을 고려하도록 하고 있다.

즉, 조직은 품질경영시스템의 효율적 이행을 위하여 조직의 전략 및 실행과 성과달성에 필수적인 자원을 파악하여야 한다.

이러한 자원은 구성원(직원), 공급자, 정보, 하부구조, 작업환경 및 재무자원 등을 포함할 수도 있다.

> **7.1 자원(ISO9001:2015년)**
>
> **7.1.1 일반사항**
>
> 조직은 품질경영시스템의 수립, 실행, 유지 및 지속적 개선에 필요한 자원을 정하고 제공하여야 한다. 조직은 다음 사항을 고려하여야 한다.
>
> a) 기존 내부 자원의 능력과 제약사항
>
> b) 외부 공급자로부터 획득할 필요가 있는 것

2) 경영자원이란

서비스를 제공하는 조직의 경영자원에는 품질에 영향을 미치는 업무를 수행, 검증할 인적자원(Man)과 제품실현 프로세스에 제공되는 특수한 기술(Method)이나 기능 및 프로세스 활동에 제공되는 재료 또는 자재(Material), 프로세스 활동의 이행에 필요한 재정적 자원(Money) 등 다음의 자원을 포함할 수 있다.

(1) 기회 및 속박과 관련하여 자원의 적절한 적용
(2) 제품 설비와 같은 유형 자원
(3) 지적재산과 같은 무형자원
(4) 혁신적이고 지속적인 개선을 조장하기 위한 메커니즘과 자원
(5) 프로젝트와 모형 관리 기술을 포함하고 있는 조직
(6) 정보관리
(7) 교육훈련, 학력 및 학습을 통한 경쟁력 향상 역량
(8) 천연자원의 이용 및 환경에 대한 자원의 영향

3) 인원

ISO9001:2015년 제7.1.2항에는 조직의 품질경영시스템을 효과적으로 실행하기 위한 인원을 정하여 제품실현 프로세스를 제공하도록 요구하고 있다.

이러한 프로세스 실현을 위해 조직은 그들의 사업적 목표 달성과 품질경영시스템의 효과적 실행 및 유지관리를 위해 필요한 인원을 정하여야 한다. 이러한 인원은 '적절한 학력과 교육훈련 및 숙련도·경험을 근거로 한 능력이 있는 직원이어야 하며 외주계약이나 직원의 임시고용은 조직(회사)의 목표가 달성된다는 것을 보장하기 위하여 다루어져야 한다.' 라고 규정하고 있다.

7.1.2 인원(ISO9001:2015년) 조직은 품질경영시스템의 효과적인 실행, 그리고 프로세스의 운용과 관리에 필요한 인원을 정하고 제공하여야 한다.

4) 기반구조

ISO9001:2015년 규격의 제7.1.3항에는 기반구조에 관한 요구사항이 규정되어 있다. '서비스를 제공하는 조직은 그들의 프로세스의 운용과 제품 및 서비스의 적합성 달성에 필요한 기반구조를 결정, 제공 및 유지하여야 한다.'라고 규정하고 있다. 이 기반구조는 조직에 의한 프로세스 운영의 기초를 제공하는 것으로서, 그들의 제품이나 서비스에 따라 공사현장, 하드웨어, 소프트웨어, 공구 및 장비, 지원 서비스, 의사소통, 운송과 시설을 포함할 수도 있다. 또 조직은 그들이 통제할 수 없는 자연현상도 기반구조에 영향을 미칠 수 있는데 기반구조의 계획은 이와

관련된 위험을 고려하고 제품 및 서비스의 품질유지를 위한 전략이 포함되어야 한다. 또한 서비스 제공과 관계되는 시설의 적합성 보장을 위해서는 다음과 같은 제품 및 서비스의 적합성을 보장하는 절차를 포함할 수 있다.

(1) 제품 및 프로세스 활동에 필요한 시설의 파악
(2) 파악된 시설의 지속적인 평가
(3) 평가 결과 문제점이 있을 경우 즉시 해결
(4) 적절한 사무실
(5) 제품 및 또는 자재의 보관창고, 반출장소
(6) 제품 및 또는 서비스 활동에 직접적으로 관계있는 플랜트 및 설비
(7) 연구시험실
(8) 전산망 및 정보체계
(9) 주요 프로세스와 직접적으로 관련이 있는 안전시설

7.1.3 기반구조(ISO9001:2015년)

조직은 프로세스의 운용에 필요한, 그리고 제품 및 서비스의 적합성 달성에 필요한 기반구조를 결정, 제공 및 유지하여야 한다. 비고 기반구조에는 다음이 포함될 수 있다.
a) 건물 및 연관된 유틸리티
b) 장비(하드웨어, 소프트웨어 포함)
c) 운송자원
d) 정보통신 기술

5) 경영자원 관리

(1) 개요

ISO9001:2015년 재7.1항에는 자원에 관한 요구사항으로서, 서비스를 제공하는 조직의 경영자원 중 '인적자원의 능력평가에는 필요한 자원 요구사항, 채용, 능력개발 및 지속적인 평가와 각각의 활동에 요구되는 기능을 파악·평가하며, 효과적인 업무수행을 위해 요구되는 자격, 학력, 경력, 교육훈련, 기능 및 경험을 평가하여야 한다.'라고 규정하고 있다.

(2) 교육훈련 필요성 파악

조직은 그들이 운영하는 품질경영시스템의 효과적인 실행과 사업적 목표 달성을 위하여 필요한 인적자원을 파악하고 지정하여야 한다. 이러한 인원은 적절한 학력과 교육훈련 및 숙련도와 경험을 근거로 한 능력이 있는 인원을 배치하여 업무를 수행하도록 하는 것이 중요하다.

(3) 교육훈련계획 수립

조직의 품질경영체재 확립과 유지관리를 위해서는 품질에 영향을 줄 수 있는 조직 내의 모든 부서, 즉 예를 들면, 품질관리부, 영업부, 자재부, 기술부, 설계부 등의 인원을 대상으로 일관성 있고 체계적인 교육훈련계획수립과 교육훈련을 실시하여야 한다. 또 품질검사나 시험, 비파괴검사, 용접, 기타 특수공정 업무를 수행하는 인원은 해당 업무의 수행방법과 기술, 기기, 공구의 조작법 및 각종 문서를 해독하고 숙지하는데 필요한 일정한 수준의 숙련과 자격이 필요하므로 교육훈련을 통한 자격을 부여하여 해당 업무를 수행하게 한다.

(4) 교육훈련 실시와 평가

품질경영체계를 확립하여 운영되는 조직의 교육훈련은 각자에게 부여된 기능별 업무를 제대로 수행하기 위하여 필요한 절차와 지식 및 기능이 있어야 한다. 교육훈련 방법은 사외·사내교육, 직무교육(OJT/관리직·기술직) 등이 있을 수 있다.

그중 내부품질심사, 시험·검사, 설계요원, 특수공정 작업자 등 업무수행에 특별한 지식이나 기술이 필요한 활동에 대하여는 자격요건을 정하고, 적절한 교육훈련을 실시하며, 자격요건에 기초하여 자격평가를 실시한 후 자격을 부여한다.

교육훈련 기록은 그 증거로서 수료증, 교육이수보고서, 교육실시보고서, 교육 일지 등이 있을 수 있으며, 이는 교육훈련을 실시기록을 유지하여야 한다. 교육훈련계획 수립과 운영 절차에는 다음 내용을 포함한다.

① 대상자의 교육훈련 정도, 경험 및 숙련도를 평가
② 평가를 토대로 필요한 교육훈련 분야를 파악
③ 교육훈련계획을 수립하고, 사내 또는 외부기관에 의뢰하여 교육훈련 실시
④ 교육훈련 결과는 기록관리 한다.

(5) 자격관리 절차

일반적으로 서비스를 제공하는 조직구성원들에 대한 자격관리는 업무수행에 필요한 지식, 역량·적격성, 인식 및 교육훈련을 적절히 구비하여 조직이 원하는 품질목표 달성에 효과적·효율적으로 기여하도록 하는데 목적이 있다.

따라서 회사 내 주관부서장은 관련 부서장으로부터 의뢰된 자격관리 대상자의 자격요건을 비교하여 대표자로부터 승인을 받으며 승인된 자격 인정자는 "자격인증관리대장"에 등록관리 하도록 한다.

또 특별업무수행자는 다음의 각호의 1항 이상에 해당하는 자에게 관련 자격 부여할 수 있다. 여기서 특별업무란 제품 및 서비스의 품질기준에 부합 여부를 검사 및 검증하는 업무를 수행하는 자로 교육, 경력 자격관리가 필요하다.

① 내부심사 요원(예)

- 고졸 이상 6년 경력자로서 내부심사교육 16시간 이상 이수자
- 전문대졸 이상 4년 이상 경력자로서 내부심사교육 16시간 이상 이수자
- 대졸 이상 2년 이상 경력자로서 내부심사교육 16시간 이상 이수자
- 품질관련 실무경력 2년 이상 이수자로서 ISO 요건 교육 이수자

② 검사 및 시험요원(예)

- 해당 분야 외부 훈련기관 교육 수료자
- 해당 분야 1년 이상 근무자
- 관련분야 자격증 소지자

③ 특별공정 요원(예)

- 해당 공정에 2년 이상 경력자
- 2회 이상 관련 교육 이수자

3.2 내·외부 의사소통 관리

1) 의사소통

'의사소통'이란 가지고 있는 생각이나 뜻이 서로 통하는 것을 말한다. 품질경영 시스템 수립과 운영 시 조직의 의사소통은 품질요구사항, 목표 및 성취에 대한 정보와 의사의 전달이다. 또 의사소통은 조직의 품질경영 활동에 대한 대내·외부 이해관계자로부터 관련 정보 및 요구사항을 접수하고 문서화하며, 회신함으로써 내·외부 이해관계자들의 의견 사항을 전달하여 고객만족을 실현하는데 목적이 있다. 따라서 효과적인 의사전달은 조직의 목표 및 성과실현에 대한 잠정적인 영향을 갖고 있기 때문에 조직의 모든 이해당사자들에게까지 확대되어야 한다. 또한 조직의 상황에서 이해당사자는 고객 및 조직에 의해 제공되는 제품 및 또는 서비스를 위한 공급자 또는 그 하부프로세스를 위한 내부고객과 공급자일 수도 있다.

서비스 제공 조직의 품질목표 달성은 고객만족을 이루는데 필요한 것이며 관련 성과의 평가 및 전달은 경영자의 책임이다.

내·외부 의사전달체계로서 과거의 조직은 고객으로부터 접수받은 요구사항이나 제공되는 서비스 정보의 전달체계가 각 부서중심의 매우 관료적이며, 권위주의적 이었으나 현재의 의사전달체계는 부서중심이 아닌 기능과 프로세스 중심의 조직으로 변화되면서 의사소통 절차가 매우 빠르고 합리적인 구조로 변경되었다.

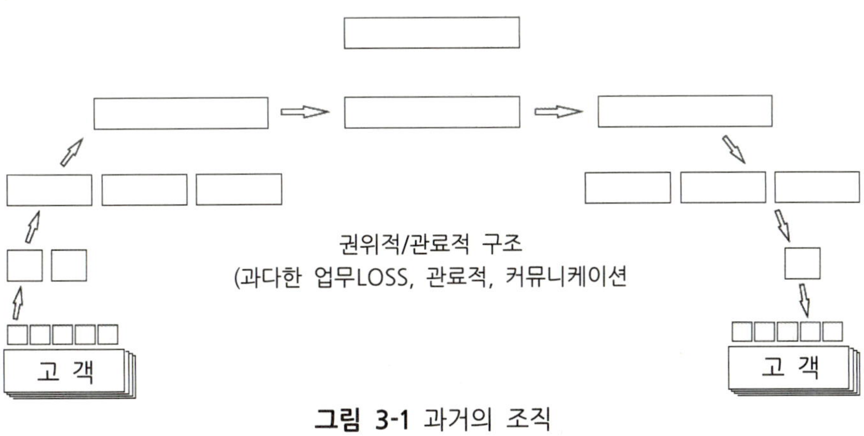

그림 3-1 과거의 조직

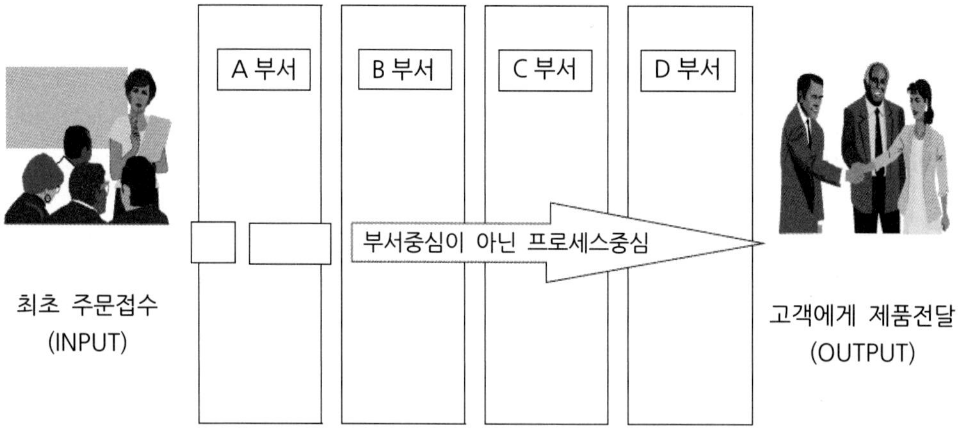

그림 3-2 기능과 프로세스 중심의 조직

ISO9001:2015년 제7.4항 의사소통에는 조직이 운영하는 품질경영시스템의 효과적인 운영을 위하여 조직내부나 외부 간 원활한 의사소통을 요구하고 있다. 의사소통의 요구사항은 의사소통 대상과 내용 및 의사소통 시기, 방법, 담당자 등을 명확히 규정하고 있다.

7.4 의사소통(ISO9001:2015년)

조직은 다음 사항을 포함하여 품질경영시스템에 관련되는 내부 및 외부 의사소통을 결정하여야 한다.

a) 의사소통 내용
b) 의사소통 시기
c) 의사소통 대상
d) 의사소통 방법
e) 의사소통 담당자

2) 의사소통 목적과 범위

의사소통은 조직의 품질경영 활동에 대한 내·외부 이해관계자로부터 제공된 정보와 요구사항을 접수하고 문서화하며, 회신하는 내용을 담고 있다. 따라서 의사소통은 내·외부 이해관계자들의 의견사항을 품질경영에 반영하는데 그 목적이 있으며 의사소통의 중요사항은 다음과 같다.

(1) 품질방침과 성과달성도를 전달하고 보고하는 과정
(2) 목표와 세부목표 등의 수립과정과 의사전달 과정
(3) 내부심사 및 경영검토 결과의 전달
(4) 중대한 품질영향과 관련된 의사소통
(5) 중요한 대관 회신문서
(6) 조직과 고객, 공급자의 법적요구사항
(7) 기타 발신자로부터 수신자에게 의사전달 내용과 정보나 홍보에 관련된 사항
(8) 조직의 품질관련 제안과 응답사항

3) 의사소통 방법과 절차

(1) 개요

서비스를 제공하는 조직은 고객의 품질요구사항, 목표 및 성취에 대한 전달은 경영자의 역할로서 매우 중요하다. 즉, 의사전달은 성과에 대한 잠정적인 영향을 갖고 있기 때문에 조직의 모든 이해 당사자들에게 확대되어야 한다.

조직의 이해당사자는 고객 및 조직에 의해 제공되는 제품 및 또는 서비스를 위한 공급자 또는 하부 프로세스를 위한 내부고객과 공급자일 수도 있다.

품질목표의 달성은 고객만족을 실현을 위해 필요한 사항이며, 관련 평가와 전달은 경영자의 책임이다.

(2) 의사소통방법

의사소통은 발신자로부터 수신자에게 의사를 전달하는 프로세스이다. 의사소통 수단은 상황에 따라 다양한 수단이 있을 수 있다. 즉, 팩스, 메모, 전자우편, 업무연락, 게시판, 차트, 홍보자료 등의 방법이 있다.

의사소통방법은 의견접수, 검토, 전달 또는 홍보의 방법으로 절차화할 수 있으며, 의사소통결과는 의사소통보고서, 의사소통대장 등의 형식으로 유지 확인될 수 있다. 또한 의사소통 절차의 문서화는 규정된 요구사항은 아니나 조직의 규모와 조직 활동의 특성에 의존, 의사소통 절차가 필요하며 정보가 조직원들이 알고 있다는 증거이다. 이러한 증거로서 게시판, 챠트, 업무연락 등은 의사소통이 원활히 진행되고 있음을 검증하는 수단으로서 정보가 하나의 프로세스에 대한 출력으로

부터 다음 프로세스의 입력으로까지의 정확히 전달되는지에 대하여 내·외부 고객 또는 공급자 관계로 확인될 수 있어야 한다.

① 내부 의사소통

- 품질경영시스템에 대한 변경사항을 포함하여 조직의 다양한 수준과 기능 간에 관련된 정보를 적절한 수준에서 내부적으로 의사소통
- 직원들이 지속적인 개선에 기여할 수 있도록 의사소통 프로세스 보장

② 외부 의사소통

- 품질경영시스템과 관련된 정보를 외부적으로 전달
- 조직의 의사소통과정에서 확립된 것과 그것의 법적 요건과 그 밖의 요구사항
- 수립된 의사소통 프로세스와 법적 및 그 밖의 요구사항에 따른 품질경영시스템과 관련된 정보를 외부와 의사소통

(3) 의사소통 시 고려해야 할 사항

조직은 품질경영시스템과 관련된 내·외부 의사소통에 필요한 프로세스를 수립, 구현 및 유지관리 시 고려사항은 다음과 같다.

① 성별·언어·문화·읽기·능력·장애 등 다양성을 고려한다.
② 외부 이해관계자의 관점을 고려한다.
③ 조직은 법규 및 그 밖의 요구사항을 고려한다.
④ 전달되어야 할 비 시각적 정보가 경영시스템 내에서 생성된 정보와 일치하는지 확인하고 신뢰할 수 있어야 한다.
⑤ 어떤 정보로 언제 할 것인지와 의사소통 대상을 고려하여야 한다.
⑥ 다양한 계층과 기능 사이, 근로자와 현장 방문객 간의 관계, 다른 이해관계자 관계인지를 고려하여야 한다.
⑦ 품질경영시스템에 기반하여 관련 의사소통에 대응해야 한다.
⑧ 적용 가능한 경우 문서화된 정보를 해당 의사소통의 증거로 보유하고 있어야 한다.

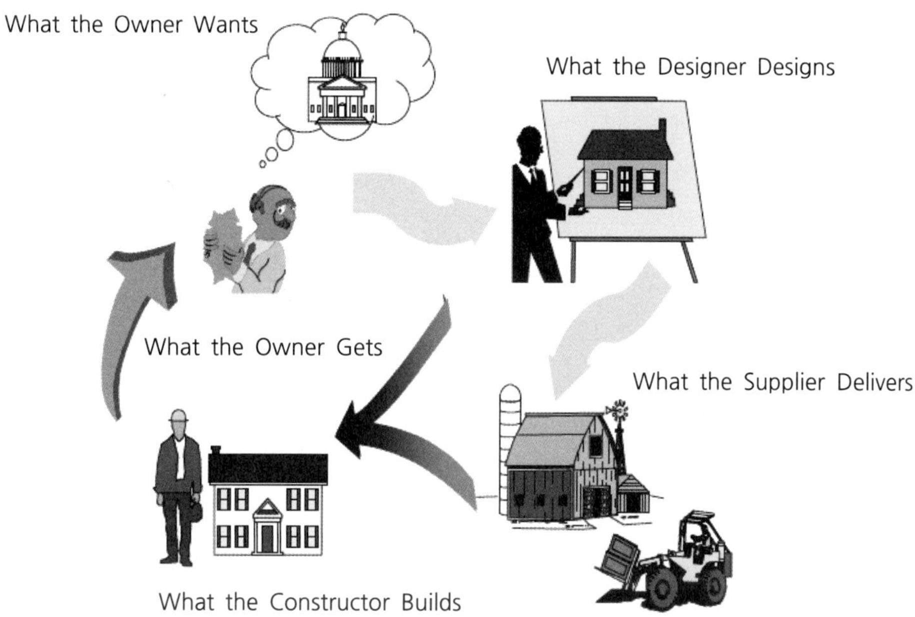

그림 3-3 의사소통의 중요성

제4장

고객정보 · 계약 · 설계관리

4.1 고객정보와 계약관리

4.2 설계계획수립과 관리

4.1 고객정보와 계약관리

1) 고객요구사항

고객요구사항이란 고객의 요구사항 또는 기대사항으로서 묵시적, 의무적 요구나 기대사항을 말한다. 조직은 고객 만족을 보장하기 위하여 그들의 요구와 기대사항을 먼저 정할 필요가 있다. 이러한 요구와 기대는 고객에 의해 구두 또는 계약상 규정된 것뿐만 아니라 규정되지 않았다 하더라도 의도된 본래의 목적에 올바른 사용을 위해 필요한 요구사항이나 법적 또는 강제 요구사항도 포함한다. 따라서 조직의 사업적인 목적에 부합되는 요구사항을 포함하여 규정된 제품이나 시공품은 요구사항을 충족하는 능력을 갖추고 있어야 하며, 이를 위해서는 조직과 고객과의 의사전달 통로가 수립되어 요구사항을 명확히 할 필요가 있다.

ISO9001:2015년 제8.2항의 제품 및 서비스 요구사항과 8.2.1항의 고객과의 의사소통에 반드시 포함하여야 할 사항을 규정하고 있다.

【고객요구사항】

① 고객이 구두로 설명한 것
② 고객과의 계약상 규정된 것
③ 의도된 본래의 목적에 올바른 사용을 위한 필요한 사항
④ 법적 또는 강제적 요구사항

8.2 제품 및 서비스 요구사항(ISO9001:2015년)

8.2.1 고객과의 의사소통

고객과의 의사소통에는 다음 사항이 포함되어야 한다.
a) 제품 및 서비스 관련정보 제공
b) 변경을 포함하여 문의, 계약 또는 주문의 취급
c) 고객 불평을 포함하여 제품 및 서비스에 관련된 고객피드백 입수
d) 고객재산의 취급 및 관리
e) 관련될 경우, 비상조치를 위한 특정 요구사항 수립

ISO9001:2015년 제8.2항의 제품 및 서비스 요구사항과 8.2.1항의 고객과의 의사소통과 관련한 프로세스를 도식화하면 다음과 같다.

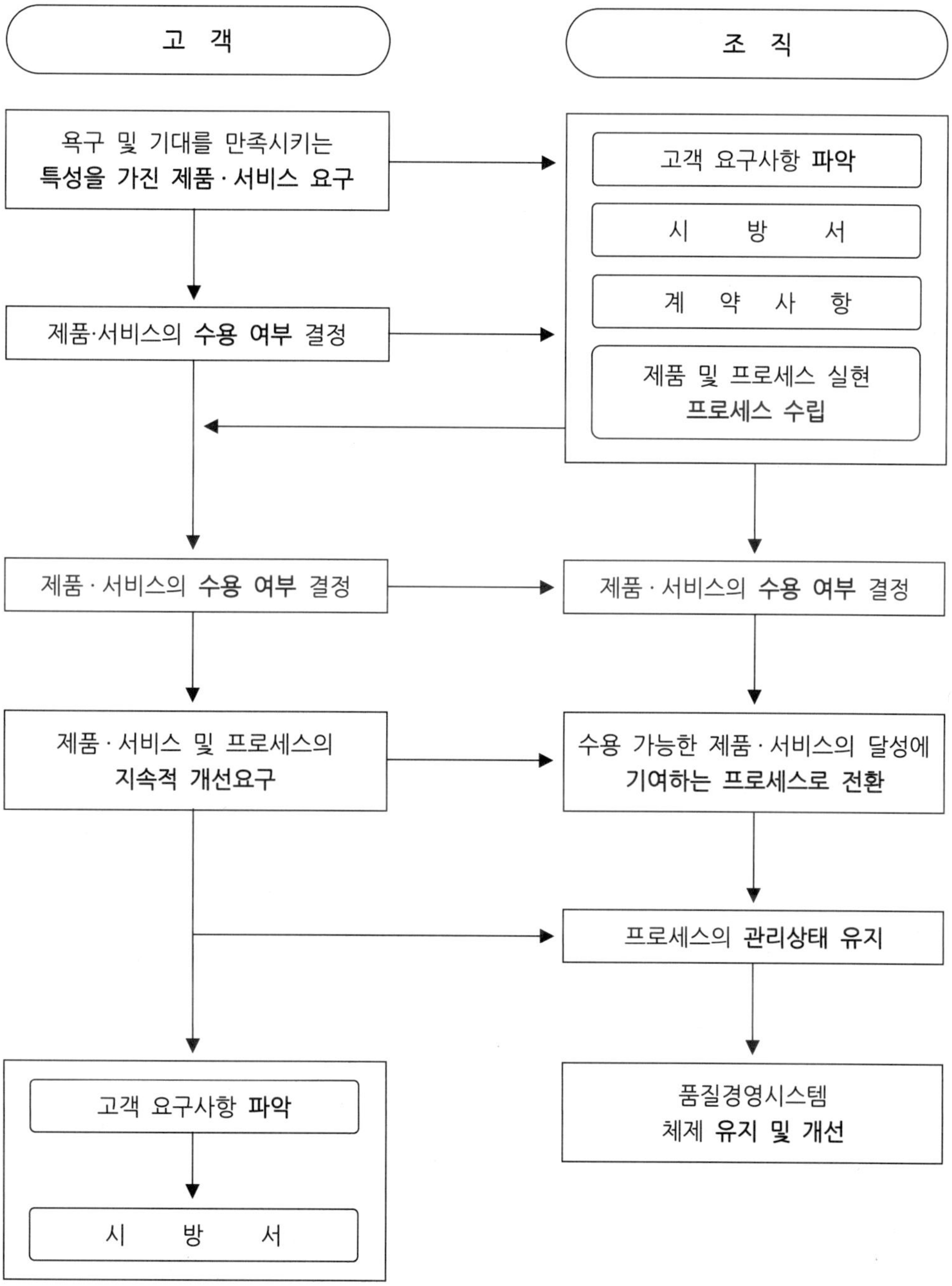

그림 4-1 계약관리 Process

2) 고객관련 정보관리 프로세스

조직은 이해당사자의 요구 및 기대를 보장하기 위하여 고객관련 정보관리 프로세스를 규정하고 실행하며 유지해야 한다. 이러한 프로세스는 고객 요구 및 기대와 정보를 파악하고 검토하는 것을 포함해야 하며, 이와 관련한 고객정보는 다음과 같다.

【고객 관련 정보】

① 시장조사
② 계약 요구사항
③ 경쟁상대 분석
④ 벤치마킹

3) 고객 요구사항 파악과 결정

고객의 표현 또는 계약상 규정된 요구사항은 제품 및 서비스 실현을 위해 시방서에 반영하여야 한다. 즉, 고객요구사항이 잘못된 선택이나 의도하지 않은 사용이 발생되지 않도록 고객의 확인을 반드시 받아야 한다.

고객이 완전하게 요구사항을 제시하지 못하는 경우, 조직의 책임하에 법적 또는 규제적 요구사항, 시장에서의 기대, 인도 및 자원에 관한 문제 등과 같은 묵시적 요구사항을 확정해야 한다.

따라서 건설업을 영위하는 조직은 건축물의 설계도서나 주문서가 입수 가능해야 하고 시장에서의 제품 및 활동 또는 서비스 제공에 대한 법적 및 또는 규제적 요구사항을 알고 있음을 제시해야 한다.

또 조직은 고객에게 제공하는 제품 및 서비스를 파악하고 결정하여야 한다. 이를 위해서는 고객의 요구사항을 먼저 파악하고 검토하여 이 요구사항에 부합되는 프로세스의 구축과 실현 활동이 필요하다.

【고객의 제품 및 서비스 요구사항】

① 주문서, 시방서, 현장설명서, 설계도면 등
② 제품 및 서비스 제공 활동에 적용되는 법적, 규제적 요구사항
③ 고객이 추가적으로 필요하다고 인정한 사항

ISO9001:2015년 제8.2.2항에는 조직이 제공하여야 할 제품 및 또는 서비스 요구사항을 먼저 결정하기 위하여 법적 및 규제적 요구사항을 포함한 조직이 필요하다고 판단한 요구사항을 먼저 결정하도록 규정하고 있다.

> **8.2.2 제품 및 서비스 요구사항의 결정(ISO9001:2015년)**
> 고객에게 제공될 제품 및 서비스에 대한 요구사항을 결정할 경우, 조직은 다음 사항을 보장하여야 한다.
> a) 제품 및 서비스 요구사항은 다음을 포함하여 규정됨
>   1) 적용되는 모든 법적 및 규제적 요구사항
>   2) 조직에 의해 필요하다고 고려된 요구사항
> b) 조직은 제공하는 제품 및 서비스에 대한 요구(claim)를 충족시킬 수 있음

4) 고객요구사항 검토 및 계약관리

조직은 고객과의 약속을 충분히 이해하고 그 약속을 조직 내에서 충족시키는 능력이 고객 만족을 달성시키는 기본사항임을 인식해야 한다. 즉, 고객과의 약속을 충족시키는 능력은 자원이나 서비스의 실현 방법 및 의사전달과 같은 모든 측면에서 고려해 보아야 한다. 즉, 고객의 요구 또는 주문이나 요청을 수락하기 전에 이들 요구사항을 충족시킬 수 있는지 조직 내에서 사전에 검토해야 한다.

따라서 고객과의 약속을 이행하기 이전에 고객의 요구사항과 제안사항이 누락됨이 없이 완전히 이해되고 또한 그것을 달성할 수 있다는 것을 보장하기 위해 그 요구사항과 제안사항의 필요정보를 조직 내의 인원에 의해 검토되어야 한다.

일반적으로 이와 같은 절차 이행을 위하여 제안 또는 수주관리나 계약관리절차를 운영하며, 이 절차에는 고객의 요구사항을 수락하기 전에 이를 제공할 능력이 있는지 여부를 먼저 검토한 후 공사도급계약을 체결하는 것이다.

ISO9001:2015년 제8.2.3항에는 '조직은 고객에게 제공될 제품 및 서비스에 대한 요구사항을 충족시키는 능력이 있음을 보장하여야 한다.'라고 규정하고 있다. 또한 조직은 고객에게 제품 및 서비스의 공급을 결정하기 전에, 인도 및 인도 후의 활동에 대한 요구사항을 포함하여, 고객이 규정한 요구사항, 고객이 명시하지

않았으나 알려진 경우, 규정되거나 의도된 사용에 필요한 요구사항, 조직에 의해 규정된 요구사항, 제품이나 서비스에 적용되는 법적 및 규제적 요구사항, 이전에 표현된 것과 상이한 계약 또는 주문 요구사항 등을 검토하도록 규정하고 있으며 검토결과는 문서화된 정보로 유지하도록 하고 있다.

8.2.3 제품 및 서비스 요구사항 검토(ISO9001:2015년)

8.2.3.1 조직은 고객에게 제공될 제품 및 서비스에 대한 요구사항을 충족시키는 능력이 있음을 보장하여야 한다. 또한 조직은 고객에게 제품 및 서비스의 공급을 결정하기 전에, 다음 사항을 포함하여 검토를 실시하여야 한다.

a) 인도 및 인도 이후의 활동에 대한 요구사항을 포함하여 고객이 규정한 요구사항

b) 고객이 명시하지 않았으나 알려진 경우, 규정되거나 의도된 사용에 필요한 요구사항

c) 조직에 의해 규정된 요구사항

d) 제품이나 서비스에 적용되는 법적 및 규제적 요구사항

e) 이전에 표현된 것과 상이한 계약 또는 주문 요구사항

조직은 이전에 규정한 요구사항과 상이한 계약 또는 주문 요구사항이 해결되었음을 보장하여야 한다. 고객이 요구사항을 문서화된 상태로 제시하지 않는 경우, 고객 요구사항은 수락 전에 조직에 의해 확인되어야 한다.

8.2.3.2 조직은 적용될 경우, 다음 사항에 대한 문서화된 정보를 보유하여야 한다.

a) 검토결과

b) 제품 및 서비스에 대한 모든 새로운 요구사항

5) 계약관리 흐름도(예, 민간공사)

업무흐름도			업무수행절차
주관팀	관련팀	이해관계자	

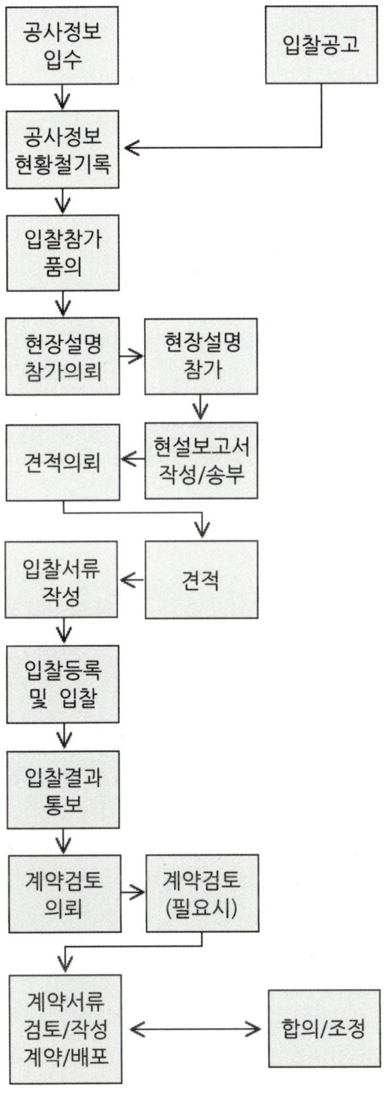

- ◦ 공사개요, 발주시기, 공사금액 등 수주정보 수집
- ◦ 입찰참가 품의서 작성 및 품의
- ◦ 공사명, 현설 일시 및 장소 참가 자격 등을 명시하여 의뢰
- ◦ 공사개요, 참가회사, 협조요청업체, 후속공사 유, 무 여부 파악
- ◦ 설계가, 조사가 등을 파악하여 실행 예산 산정
- ◦ 고객 요구하는 서류 작성
- ◦ 입찰서 및 내역서의 정확성 여부를 확인하여 입찰 참가, 낙찰이 결정되면 계약 관련 서류를 수정
- ◦ 설계가, 조사가, 예정가, 낙찰가, 낙찰사, 당사 투찰가 등에 대한 입찰 결과를 보고
- ◦ 관련팀에 통보한다.
- ◦ 법적사항 또는 기술관련 사항을 관련팀에 검토 의뢰
- ◦ 계약서 및 계약 부속서류 작성하여 관련팀과 협의 후 고객과 협의 조정
- ◦ 전 팀에 계약체결 통보

6) 계약관리 흐름도(예, 관공사)

업무흐름도			업무수행절차
주관팀	관련팀	이해관계자	

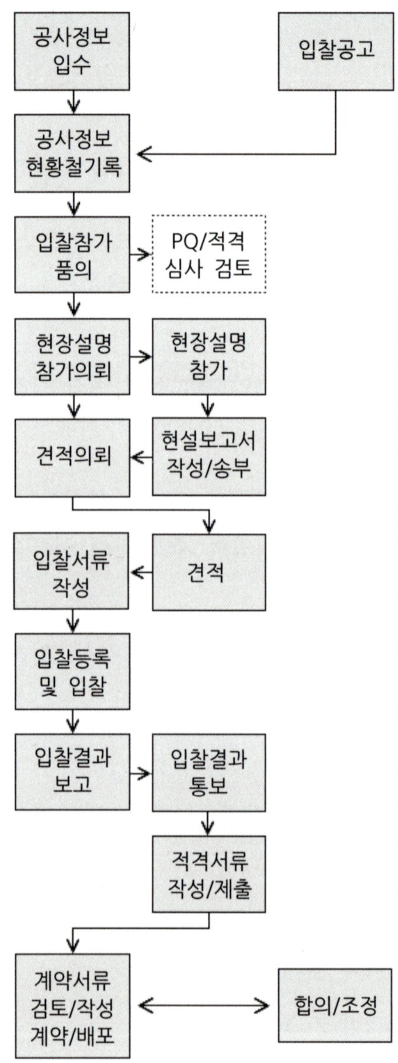

- ◦ 공사개요, 발주시기, 공사금액 등 정보수집
- ◦ 입찰참가 품의서 작성 및 품의
- ◦ 공사명, 현설일시 및 장소 참가자격 등을 명시하여 의뢰
- ◦ 공사개요, 참가회사, 협조요청업체, 후속공사 유, 무 여부 파악
- ◦ 설계가, 조사가 등을 파악하여 실행예산 산정
- ◦ 고객이 요구하는 서류 작성
- ◦ 입찰서 및 내역서의 정확성 여부를 확인하여 입찰참가, 낙찰이 결정되면 계약 관련 서류 수정
- ◦ 설계가, 조사가, 예정가, 낙찰가, 낙찰사, 당사 투찰가 등에 대한 입찰 결과 보고
- ◦ 관련팀에 통보
- ◦ 관련팀에서는 적격심사서류 등 기술관련 서류 작성
- ◦ 계약서 및 계약 부속서류 작성하여 관련팀과 협의 후 고객과 협의 조정
- ◦ 전 팀에 계약체결 통보

4.2 설계계획수립과 관리

1) 설계계획이란

설계계획서는 건축공사를 시작하기 전에 해당 건축물의 설계도서(도면 · 시방서 · 수량산출서 · 내역서 · 계산서)를 작성하기 위한 계획문서를 말한다.

설계계획서는 설계업무의 체계적인 진행이 가능하며, 일의 능률을 향상시킬 수 있다. 따라서 설계계획 수립은 모든 이해당사자의 요구가 만족 될 수 있음을 보장하기 위해 라이프사이클(LC), 안전, 신뢰감, 내구성, 유지력, 환경위험 및 처분을 고려하여야 한다.

설계계획서에 따라 수행되어 완성된 성과물의 위험성 평가는 제품이나 제공된 서비스의 실패 가능성, 이에 대한 효과 및 잠재능력을 평가하기 위해서 수행되며, 설계성과물이 제공된 이후 위험 완화를 위한 예방조치를 규정하고 실행되는데 사용되어야 한다.

또한 조직은 고객의 요구와 기대가 정해진 경우 이러한 요구와 기대에 적합한 제품 및 또는 성과품의 설계, 개발과 기대되는 성능, 기능성이 달성되도록 최적 서비스의 시방으로 변환해야 한다.

결국 설계기획은 좋은 제품 또는 서비스를 제공하기 위한 것이며, 설계단계 이후에 나타날 수 있는 문제점을 감소시키고 조직의 성과 개선뿐만 아니라 고객 만족을 증진시키기 위한 것이다. 설계 및 개발 과정은 복잡하고 여러 가지 관련되는 문제를 야기하므로 설계계획서에는 다음 내용이 포함되도록 한다.

【설계계획서 반영사항】

① 작업 일정
② 설계검토 및 검증, 타당성 평가 방법
③ 건축설계시 고려할 안전성, 성능 및 신뢰성 평가 방법
④ 설계요구사항 충족을 위한 설계수단과 정보
⑤ 건축물의 구조검토 방법 및 합격판정기준
⑥ 설계책임자, 분야별책임자, 설계담당자 지정 및 설계조직별 업무분담 내용

⑦ 설계 및 개발 프로세스

⑧ 고객과의 의사소통 프로세스

⑨ 설계 및 개발에 대한 이해관계자의 기대수준

2) 설계와 개발

ISO9001:2015년 규격 제8.3항에는 제품 및 서비스의 설계 및 개발에 관한 것으로 이는 고객요구 및 기대사항을 성과나 기능에 기초하여 조직에서 실행할 수 있는 제품 또는 서비스를 시방으로 변환할 시 제공될 제품 및 또는 서비스의 설계 및 개발을 다루고 있다. 이는 요구사항을 규정된 특성이나 제품의 시방으로 변환시키는 일련의 프로세스, 명시되거나 관례적으로 암시하거나 혹은 의무적 요구 또는 기대로 정의된다. 따라서 고객의 요구사항과 기대는 제품 또는 서비스에 대한 시방으로 변환시키는 설계 및 개발 활동은 품질경영시스템에서 반드시 다루어져야 한다.

8.3 제품 및 서비스의 설계와 개발(ISO9001:2015년)

8.3.1 일반사항

조직은 제품 및 서비스의 설계와 개발 이후의 공급을 보장하기에 적절한 설계와 개발 프로세스를 수립, 실행 및 유지하여야 한다.

8.3.2 설계와 개발 기획

기획 설계와 개발에 대한 단계 및 관리를 결정할 때, 조직은 다음 사항을 고려하여야 한다.

a) 설계와 개발 활동의 성질, 기간 및 복잡성

b) 적용되는 설계와 개발 검토를 포함하여, 요구되는 프로세스 단계

c) 요구되는 설계와 개발 검증 및 실현성 확인/타당성 확인(validation) 활동

d) 설계와 개발 프로세스에 수반되는 책임 및 권한

e) 제품 및 서비스의 설계와 개발에 대한 내부 및 외부 자원 필요성

f) 설계와 개발 프로세스에 관여하는 인원 간 인터페이스의 관리 필요성

g) 설계와 개발 프로세스에 고객 및 사용자의 관여 필요성

h) 제품 및 서비스의 설계와 개발 이후의 공급을 위한 요구사항

i) 설계와 개발 프로세스에 대해 고객 및 기타 관련 이해관계자가 기대하는 관리의 수준

j) 설계와 개발 요구사항이 충족되었음을 실증하는데 필요한 문서화된 정보

3) 설계 및 개발입력

설계입력이란 설계와 관련되는 각종 법규, 규정, 시방서, 계약문서 및 그 검토 결과, 고객의 불만 사항 분석 결과, 설계 담당 부서에서 정한 설계지침으로 설계 작업을 위한 근거를 말한다.

ISO9001:2015년 규격 제8.3.3항에는 설계와 개발입력이 규정되어 있으며, 이에는 '제품이나 서비스 요구사항에 관련된 입력사항을 결정하고 기록을 유지하여야 한다.'라고 규정하고 있다.

즉, 고객 요구사항인 중대한 정보 소스가 간과되지 않고 어떠한 상충 됨이나 모호한 요구사항이 없음을 보장하기 위해 설계 및 개발프로젝트의 목표가 명확하게 정의 되어야 한다는 것을 의도하고 있다. 일반적인 설계 및 개발입력의 전제조건은 다음과 같다.

(1) 설계입력은 설계와 개발목적에 충분하며 완전하고 모호하지 않아야 한다.
(2) 상충되는 설계입력은 해결되어야 한다.
(3) 설계 및 개발입력에 대한 문서화된 정보를 보유하여야 한다.
(4) 소프트웨어의 설계 및 개발은 최종사용자의 요구사항 입력이 중요하다.
(5) 설계입력은 지속적인 검증 및 유효성 확인이 필요하다.

제품 및 서비스의 설계 및 개발 프로세스 파악에 중요한 입력 요소는 다음과 같다.

(1) 방침, 규격, 시방서, 기술적, 신뢰성 요구사항
(2) 기존의 제품 및 또는 서비스 관련 문서와 데이터
(3) 기타 프로세스 결과와 같은 내부 입력데이터
(4) 고객 또는 시장의 요구 및 기대사항
(5) 이해 당사자의 시방서, 계약적 요구사항
(6) 법적, 규제적 요구사항
(7) 국제 또는 국가 규격, 산업코드와 같은 외부입력
(8) 운영, 보관, 취급, 유지, 처분 요구사항
(9) 프로세스의 적절한 기능과 안전에 중요한 설계 및 개발 특성들을 파악하는 기타 입력사항

8.3.3 설계와 개발입력(ISO9001:2015년)

조직은 설계와 개발이 될 특정 형태의 제품 및 서비스에 필수적인 요구사항을 정하여야 한다. 조직은 다음 사항을 고려하여야 한다.

a) 기능 및 성능 / 성과 요구사항

b) 이전의 유사한 설계와 개발활동으로부터 도출된 정보

c) 법적 및 규제적 요구사항

d) 조직이 실행을 약속한 표준 또는 실행지침

e) 제품 및 서비스의 성질에 기인하는 실패의 잠재적 결과

4) 설계와 개발관리

ISO9001:2015년 규격 제8.3.4항에는 설계와 개발관리에 대하여 규정되어 있으며, 설계와 개발 검토·검증 및 실현성 확인에는 별개의 다른 목적이 있다.

즉, 설계의 검토·검증 및 실현성 확인은 조직의 제품 및 서비스에 적합하도록 별도로 조합하여 시행될 수 있으나 설계검토, 검증, 실현성 확인에서 도출된 문제점은 설계 및 개발내용에 반영되어야 하고 실현성 확인은 실제의 사용조건하에서 실시되어야 한다.

설계검토란 설계결과에 대하여 적절한 설계단계에서 공식적으로 문서화 된 검토가 실행되는지를 확인하는 행위를 말한다.

즉, 설계단계에서 설계입력자료와 설계 결과물이 일치하는가를 확인하는 것으로 대체 계산, 기존에 입증된 설계와의 비교, 시험과 실증, 발행과 설계문서의 검토, 기타 등의 방법이 있다.

또 실현성 확인이란 최종 출력물이 고객의 요구나 기대, 규정된 요건에 부합되는지 확인하는 행위를 말한다.

8.3.4 설계와 개발관리(ISO9001:2015년)

조직은 설계와 개발 결과가 요구사항을 충족하는지의 능력을 평가하기 위한 검토 시행

a) 달성될 결과의 규정

b) 설계와 개발결과가 요구사항을 충족하는지의 능력을 평가하기 위한 검토시행

c) 설계와 개발의 출력이 입력 요구사항에 충족함을 보장하기 위한 검증 활동 시행

d) 결과로 나타난 제품 및 서비스가 규정된 적용에 대한 또는 사용의도에 대한 요구사항의 충족시킴을 보장하기 위한 실현성 확인 활동의 시행
e) 검토 또는 검증 및 실현성 확인 활동 중 식별된 문제점에 대하여 필요한 모든 조치의 시행
f) 이들 활동에 대한 문서화 된 정보의 보유

5) 설계와 개발출력

설계출력물이란 문서화된 출력물로서 설계도면, 시방서, 계산서, 구성요소에 대한 기술적인 요구를 정의하는 설계도서를 말한다. 설계 및 개발출력은 건축물의 기능, 성능, 디자인 등 요구사항이 바르게 해석되고, 실행됨을 확인할 수 있도록 하기 위해 다양한 출력이 작성된다. 따라서 주요한 측면의 생략이 없도록 하기 위해 합격판정기준과 불합격의 권한은 미리 계획되어져야 한다.

각 설계 및 개발의 단계에서의 출력은 그 단계에 대한 모든 입력 요구사항이 충족되었다는 검증이 가능하도록 하기 위한 증거로서 기록되어야 한다.

각 설계단계에서는 설계계획서나 정해진 출력이 이루어진다. 이때 입력요구사항과 출력문서는 서로 연계성이 입증되어야 하고 합격판정 기준에 충족되거나 다른 방법으로 해결되고 수락되었다는 증거가 있어야 한다.

즉, 합격판정기준은 이들이 완전한 것임을 면밀하게 평가되어야 하고, 설계계획과 연관되어야 한다. 조직은 그들이 제공하는 설계출력물이 배포되기 전에 권한이 있는 자에 의해 검토되고 승인되었음을 실증할 수 있어야 한다.

즉, 합격판정기준을 만족하지 못하고 대응하는 단계로서의 검토, 검증 또는 타당성확인 과정에서 발견된 문제가 미해결로 남아 있으면 출력은 승인되지 않아야 한다.

8.3.5 설계와 개발출력 (ISO9001:2015년)

조직은 설계와 개발출력이 다음과 같음을 보장하여야한다.
a) 입력요구사항의 충족
b) 제품 및 서비스 제공을 위한 후속프로세스에 대해 충분함
c) 해당되는 경우, 모니터링과 측정요구사항을 포함 또는 인용 그리고 합격판정기준에 포함 또는 인용
d) 의도한 목적에 그리고 안전하고 올바른 공급에 필수적인 제품 및 서비스의 특성규정
조직은 설계와 개발출력에 대함 문서화된 정보를 보유하여야 한다.

6) 설계검증

설계검증이란 설계출력물이 설계입력요건을 만족시키는가를 확인하는 것을 말한다. 따라서 설계검증은 최종 설계도서가 작성된 후에 수행하거나 설계변경 시에 이루어진다. 설계검증의 책임자는 설계계획시 지정한 설계자나 총괄책임자에 의해 수행하도록 하며 설계검증자는 설계도서의 시공성, 안전성, 중요도, 표준화 정도, 기검증된 설계와의 유사성 등을 고려하여 시험, 비교 또는 실증에 의해 검증이 이루어진다. 설계검증자는 검증 결과에 따라 검증보고서를 작성하고 검증 요약 의견, 검증결과 등을 기록하여 발주자에게 제시할 수 있으며 관계 법규에 의한 건축사, 기술사나 지정된 사업관리자의 승인에 의해 검증업무를 완료할 수도 있다.

7) 설계와 개발변경

(1) 설계변경이란

설계변경이란 당초 계획이 현지의 여건과 설계도서에 부합되지 않거나 공사비 증감, 품질향상·개선사항 등의 사유가 발생되어 설계도서를 변경하는 업무를 말한다. 설계변경은 발주자의 요청·지시와 건설사업관리자(CM)의 기술검토·설계하자 확인, 시공자의 의견제시 등에 따라 이루어지며 변경 절차와 방법은 건설사업관리지침에 따라 적용할 수 있다.

설계변경 사항은 검토, 검증 및 타당성 확인이 이루어져야 하며 실행 전에 승인되어야 한다. 설계변경 검토는 구성되는 부품 및 인도되는 제품에 대한 변경의 영향평가가 포함되어야 하며 설계변경은 미리 파악되고 그 기록은 품질기록으로 유지되어야 한다.

즉, 제공되는 서비스의 설계도서에 취해진 변경사항은 사전에 검토되고, 검증 및 타당성 확인이 이루어지고 있음을 보여줄 수 있는 기록이 있어야 한다.

설계변경의 원인이 되는 제품이나 서비스 프로세스의 부적합함과 그 상호작용 및 설계 전체에 대한 영향은 사전에 조사되어야 한다.

조직은 설계 및 또는 개발이 진행되는 동안 변경관리를 위한 기술적·행정적 규율을 발의해야 한다. 그러한 변경은 이행되기 전에 권한이 부여된 인원에 의해 문서화하고 관련기록은 검토 및 승인되어야 한다.

설계변경 시 주요 고려사항은 설계공정에서 어떻게 설계변경이 이루어지는지와 설계비의 유지 성에 얼마나 영향을 줄 수 있는지를 사전에 제시되어야 한다.

【설계변경과 관계되는 근거법령】

① 국가계약법제19조(계약금액의 조정)

② 영제65조(설계변경 조정)

③ 영제66조(기타 조정)

④ 지방계약법 제22조(계약금액의 변경), 영제74조(설계변경 조정)

⑤ 기재부 예규 공사계약일반조건 제19조·제19조의1~7(설계변경)

⑥ 기재부 예규 공사계약일반조건 제20조 계약금액의 조정 등

⑦ 사업관리방식 검토기준 및 업무수행지침 제81조(설계도서) 제97조(설계변경관리)

(2) 설계변경 사유

건설공사계약 일반조건 제19조에 의하면, 설계변경은 설계업무가 진행 중인 경우에는 별로 문제 되지 않으나, 설계가 완성되어 건축허가 후 공사가 진행되는 경우에는 설계내용이 필요한 경우와 최초 설계도서와 동일한 방법으로 관리하여야 한다. 즉, 다음과 같은 사유가 발생할 때에는 설계변경 사유로 간주할 수 있다.

① 설계서의 불분명, 누락, 오류 또는 상호 모순이 있을 때

설계서의 내용이 명확하지 않거나 일부 내용이 빠져있거나, 잘못되었거나, 서로 모순되는 부분이 발견되어 설계도서대로 시공이 이루어질 수 없는 경우에는 설계를 변경하여야 한다.

② 설계가 현장 상태와 다를 때

지질, 용수 등 실제 공사 현장의 상태가 설계서에 기재된 내용과 다를 경우에는 설계를 수정하여야 한다.

③ 발주기관의 필요에 따라 설계를 변경할 때

발주기관이 공사의 일부 변경, 공정계획의 변경, 시공방법의 변경 등 설계를 수정할 필요가 있다고 판단하는 경우에는 설계를 변경할 수가 있다.

④ 신공법 또는 신기술을 적용할 때

새로운 공법이나 기술을 사용하여 공사비를 절감하거나 시공기간을 단축하거나 품질수준을 향상할 수 있다고 하는 경우에는 설계를 변경할 수 있다.

⑤ 관련 법규나 규정이 변경되었을 경우

관련 법규나 규정이 설계가 완성된 후 변경이 되어 이를 준수해야 하는 경우는 설계를 변경할 수 있다.

(3) ISO9001의 설계 및 개발과 변경

ISO9001 제8.3.6항 설계와 개발변경에 대한 규격요구사항에는 "설계와 개발 과정 또는 그 이후에 고객요구사항에 대한 충족에 부정적 영향이 발생되지 않도록 미리 검토하여 승인되어야 한다." 라고 규정하고 있다. 즉, 설계 및 개발은 그 과정마다 변경되는 사항에 대한 사전검토와 승인이 필요함을 강조하고 있다.

8.3.6 설계와 개발변경(ISO9001:2015년)

조직은 제품 및 서비스의 설계와 개발 과정 또는 이후에 발생된 변경사항을 요구사항의 적합성에 부정적인 영향이 없음을 보장하는데 필요한 정도까지 식별, 검토 및 관리하여야 한다. 이를 위해 조직은 다음사항에 대한 문서화된 정보를 보유하여야 한다.

a) 설계와 개발변경

b) 검토결과

c) 변경의 승인

d) 부정적 영향을 예방하기 위해 취한 조치

(4) 설계변경 방법

설계는 상황에 따라 변경될 수 있기 때문에 변경 시 변경내용의 적절성을 검토하고 권한과 책임을 가진 자가 승인함으로써 명확한 설계변경 절차를 수립할 수 있다. 설계변경은 설계변경 절차와 변경승인권자 및 변경문서 배포 및 구문서 처리절차를 정해야 한다.

필요 시 설계변경의 확정 전에 관련 부서가 변경내용에 대한 타 부분 및 업무에 영향을 미치지 않도록 검토하고, 설계변경에 따라 개정을 필요로 하는 도면, 시방서를 파악하고, 필요한 조치가 시행되도록 한다.

① 설계변경 주체(조직 내 검토 결과, 발주처 또는 고객에 의한 변경)
② 설계변경의 작성, 검토, 승인권자
③ 설계변경실시
④ 변경사항 이력(Revision) 관리
⑤ 수정 방법 명시
⑥ 변경 후 통보, 배포 절차 이행

그 이외 설계변경은 특별히 정한 경우 이외에는 최초 설계를 수행한 조직에서 검토되고 승인되어야 한다.

법적 요구사항, 구조, 안전 등에 상관없다고 판단되는 경미한 설계변경은 현장소장의 승인 및 발주자 또는 발주자 대리인의 검토로서 이루어 질 수 있으며, 준공도면 작성 시 반영될 수 있다.

현장 공무 담당자는 공사 도중 설계도면이 시공 여건에 부적합하거나 도면변경이 필요하다고 판단될 경우 설계변경 보고서를 작성하고, 현장소장의 승인을 득하여 발주처 또는 설계담당 부서에 송부한다.

(5) 설계관리흐름도(예)

업무흐름도			업무수행절차
주관팀	관련팀	이해관계자	
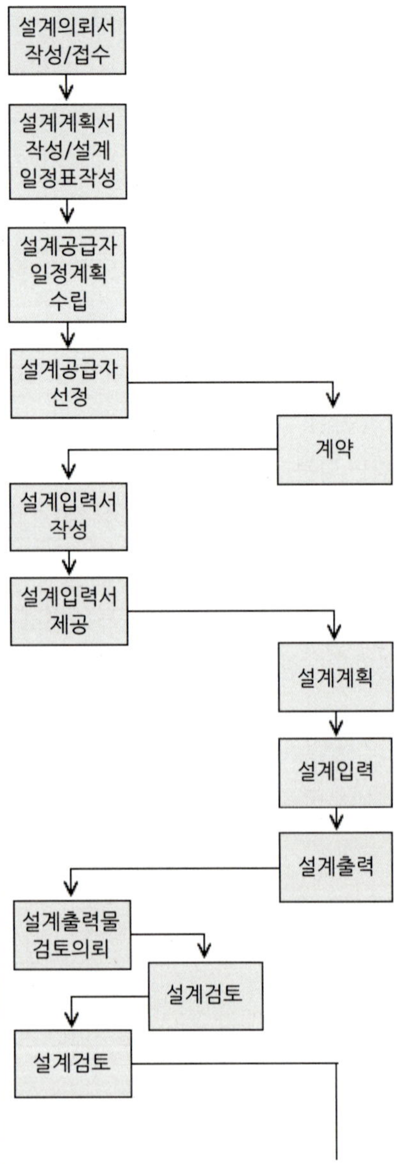			○ 사전준비 • 설계주관팀장은 프로젝트 초기 단계에 설계 용역 계획을 품의하여 관련팀과 협의하여 결정한다. • 설계공급자별 견적 비교표를 비교 평가한 후 주관팀장은 적정업체를 선정하여 해당 업체와의 문제점 및 보완사항을 협의한 후 전결권자의 승인을 받아 최종 설계공급자를 선정 계약한다. • 설계담당자는 설계수행을 위해 아래의 내용을 포함한 설계입력서를 설계공급자에게 제공한다. ○ 설계계획 • 설계의뢰서가 접수되면 주관팀장은 사업의 종류, 당사의 설계능력, 고객의 요구사항에 따라 자체 설계와 용역설계 여부를 결정 • 주관팀장은 설계담당자를 임명한다. • 필요시 관련팀과 기술적 검토를 협의한다. • 설계도면의 검토, 검증자를 선임한다. • 설계계획서에 포함되어야 할 사항 - 공사명 및 공사번호 - 설계일정 및 업무배정 - 설계 기술적 중첩사항, 업무분담 - 설계 출력일정 및 출력물 - 설계검토, 검증시기 및 책임자 - 설계유효성 확인, 시기 및 책임자

<table>
<tr><th colspan="3">업무흐름도</th><th rowspan="2">업무수행절차</th></tr>
<tr><th>주관팀</th><th>관련팀</th><th>이해관계자</th></tr>
<tr><td colspan="3">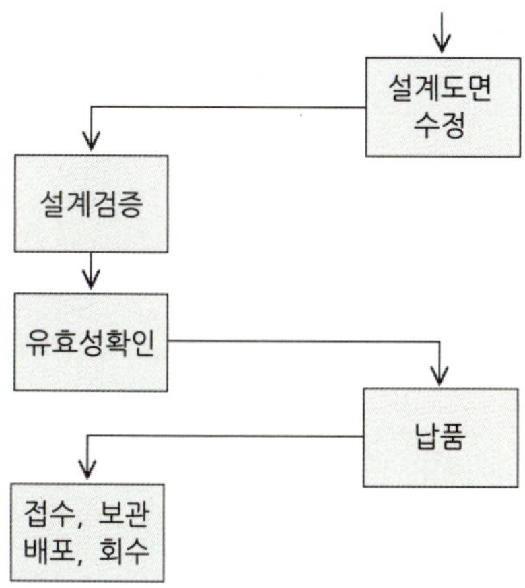
</td><td>○ 설계입력
• 설계담당자는 설계입력 정보를 넘겨받아 설계계획서에 기록.
• 주관팀장은 설계담당자가 작성한 설계계획서와 설계입력요건으로 다음 사항들의 적정성 검토
- 고객의 요구사항 및 불만사한/시장조사 결과
- 설계시방서/설계 시공의 문제점 분석결과
- 설계규격 및 표준, 관련 법규의 요건
- 기타 회사 내부평가에 따른 설계반영요소

○ 설계출력
• 주관팀의 설계출력물은 도면, 시방서, 구조계산서, 설계공종일람표, 각종 보고서 등
• 설계출력물은 설계입력을 만족여부

○ 설계검토
• 주관팀장은 설계를 아래의 단계마다 설계결과에 대한 설계검토
- 사업계획사전결정(기본설계) 접수 전
- 사업승인(건축허가) 접수 전
- 공사착공 전
• 설계검토 참여 인원은 주관팀장, 관련팀장, 공급자대표, 필요 시 고객 등 포함</td></tr>
</table>

제5장

공급자 평가와 구매관리

5.1 공급자 평가와 등록관리

5.2 구매관리절차 수립과 운영관리

5.1 공급자 평가와 등록관리

1) 공급자 관리란

ISO9001:2015년 제8.4.1항의 일반사항에 의하면, '서비스를 제공하는 조직은 구매한 제품이 규정된 구매요구사항에 적합함을 보장하여야 하며, 외부에서 제공되는 프로세스, 제품 및 서비스도 요구사항에 적합함을 보장하여야 한다.'라고 규정하고 있다. 즉, 회사는 고객에게 제공하는 제품 및 또는 서비스의 적합함을 보장하기 위하여 조직 외부에서 제공되는 공급자가 있는 경우, 이들 공급자의 프로세스, 제품, 서비스의 관리 방법을 정하여야 한다.

건설업에서 이 요구사항을 적용하기 위해서는 제공되는 공급자인 협력업체 및 구매관리 절차를 구비할 필요가 있다. 이를 위해 협력업체 모집, 평가, 선정, 등록, 사후평가 기록은 그 증거로서 유지되어야 한다.

또한 구매관리 절차에는 구매정보에 의한 자재수급계획과 구매요청, 구매승인, 공급자 평가, 등록, 선정, 발주 관리가 필요하다.

8.4 외부에서 제공되는 프로세스, 제품 및 서비스의 관리(ISO9001:2015년)

8.4.1 일반사항

조직은 외부에서 제공되는 프로세스, 제품 및 서비스가 요구사항에 적합함을 보장하여야 한다. 조직은 다음의 경우, 외부에서 제공되는 프로세스, 제품 및 서비스에 적용할 관리 방법을 결정하여야 한다.

a) 외부공급자의 제품 및 서비스가 조직 자체의 제품 및 서비스에 포함되도록 의도한 경우
b) 제품 및 서비스가 조직을 대신한 외부공급자에 의해 고객에게 직접 제공되는 경우
c) 프로세스 또는 프로세스의 일부가 조직에 의한 결정의 결과로, 외부공급자에 의해 제공된 경우 조직은 요구사항에 따라 프로세스 또는 제품 및 서비스를 공급할 수 있는 능력을 근거로, 외부공급자의 평가, 선정, 성과 모니터링 및 재평가에 대한 기준을 결정하고 적용하여야 한다. 또한 조직은 이들 활동에 대한, 그리고 평가를 통해 발생한 모든 필요한 조치에 대한 문서화된 정보를 보유하여야 한다.

2) 공급자 관리의 유형과 정도

조직의 공급자 관리의 정도는 구매 품목이나 서비스가 조직이 제공하는 제품의 품질 및 제품의 인도 요구사항을 충족하지 못할 위험성이 있으므로 적절한 상태로 관리되어야 한다.

공급자의 능력은 과거실적, 신용조회, 경력사항, 심사 및 재무조사 등을 포함하는 다양한 수단으로 평가할 수 있으며 또한 구매 활동은 외주업체나 아웃소싱된 활동을 포함해야 한다.

그러한 구매 활동의 성과에 대한 책임은 조직이 필수적인 후속 조치로 수행하는 계획되고 정해진 모니터링 활동을 통해 통제되어야 한다. 따라서 조직은 구매품과 서비스의 중요도를 명확히 하고 공급자의 선택과 평가를 위한 적절한 기준을 구비하여야 할 것이다.

이러한 기준이 충족되거나 혹은 공급자의 업무수행이 만족스럽지 못한 경우에는 적절한 시정조치를 취해졌다는 증거(기록)가 요구된다.

이와 같이 조직은 그들의 공급자의 유형에 따라 다음과 같이 관리하고 있다는 증거자료가 필요하다.

【공급자 관리기록】

① 협력업체 실태조사서

② 협력업체 평가표

③ 구매요청서, 구매발주서, 공급계약서

④ 검사기준서, 검사성적서, 시험성적서

8.4 외부에서 제공되는 프로세스, 제품 및 서비스의 관리(ISO9001:2015년)

8.4.2 관리의 유형과 정도

조직은 외부에서 제공되는 프로세스, 제품 및 서비스가 적합한 제품 및 서비스를 고객에게 일관되게 인도하는 조직의 능력에 부정적인 영향을 미치지 않음을 보장하여야 한다.

이를 위해 조직은 다음 사항을 수행하여야 한다.

a) 외부에서 제공되는 프로세스가 조직의 품질경영시스템 관리 내에서 유지됨을 보장

b) 외부공급자에게 적용하기로 한 관리와 결과로 나타나는 출력에 적용하기로 한 관리모드를 규정
c) 1. 고객요구사항과 법적 및 규제적 요구사항을 일관되게 충족시켜야하는 조직의 능력에
   2. 미치는, 외부에서 제공되는 프로세스, 제품 및 서비스의 잠재적 영향
   3. 외부 공급자에 의해 적용되는 관리의 효율성
d) 외부에서 제공되는 프로세스, 제품 및 서비스 요구사항을 충족시킴을 보장하기 위하여 필요한 검증 또는 기타 활동의 결정

3) 공급자 등록신청 및 평가관리

(1) 공급자 관리 절차 수립

조직은 그들의 책임 하에 수행되는 구매품 및 또는 서비스의 검증을 위한 프로세스를 수립하여야 한다. 검증 활동의 수준은 제품 및 또는 서비스의 성질과 형태 및 공급자의 경력에 따라 다양할 수 있다.

또 구매사양에 대한 적합성을 실증하기 위하여 구매품 및 또는 서비스 검증의 기록, 공급자 의사소통과 부적합의 처리방법이 규정해야 한다.

또한 조직은 공급자의 현장에서 구매품에 대한 입회검사를 하는 경우, 검사기기, 검사방식, 합·부 판정 기준 등 검증에 관한 제반사항을 구매문서에 명시하여야 한다.

계약상 정해진 경우, 고객 또는 그 대리인은 조직 또는 공급자의 현장에서 제품 검증을 할 권리를 부여받아야 한다.

외주제품에 대한 품질의 책임은 어떠한 경우에도 공급자의 책임이며, 구매품 검증에 대하여는 공급자와 구입자가 계약으로 약정 했을 경우에는 구입자가 외주품이 지정 요구사항에 합치하는지 여부를 검증할 수 있다.

그러나 구입자가 구매품의 품질을 검증했어도 공급자는 그들의 최종책임을 면제받는 것이 아니므로 그들의 검증방법 등은 계약 시에 명확하게 해둘 필요가 있다.

(2) 공급자 평가 및 등록

일반적으로 공급자인 협력업체에 대한 신규등록은 연 1회 1/4분기 중에 실시하며, 갱신등록은 사유발생시 또는 등록 유효기간 만료시 실시한다. 독과점품목의 구매나 외지 현장 등 부득이한 사유로 인하여 등록이 정기적이지 못할 때에는 해당시 별도의 서면결재를 득하여 추가로 등록할 수도 있다.

조직의 서비스 제공을 위한 시공 또는 자재 납품의 실적이 있는 업체는 기존 협력업체로 간주하여 평가 없이 등록 관리토록 하고 시공 또는 자재 납품 실적을 확인할 수 없는 기시공 중이거나 납품 중인 업체는 공사수행 중 협력업체 사후 평가서로 평가하여 등록 관리할 수 있다.

협력업체의 등록은 필요업체에 시공협력업체 등록신청서 또는 자재협력 업체 등록신청서를 배포하여 등록신청서를 접수받는다.

신규, 갱신등록으로 구분 신청하며, 신규등록 업체는 현장소장 또는 기술부서의 해당 팀장 이상의 추천으로 협력업체 등록 추천서를 첨부하여야 한다.

일반적으로 협력업체의 평가등록을 위한 구비서류는 다음과 같으나 이에 국한하는 것은 아니다.

① 공통서류

- 회사연혁 1부
- 사업자등록증 사본 1부
- 법인등기부등본 1부(개인일 경우 주민등록등본 1부)
- 인감증명서 및 사용인감계 각 1부
- 재무제표 증명원 1부
- 품질인증서 사본 1부(국내인증기관에서 발급되는 보유업체)

② 시공협력업체

- 건설업 면허증사본 1부
- 건설업 면허수첩 사본 1부
- 기술자 보유현황 및 면허수첩 사본 각 1부
- 공사실적현황 또는 실적증명서 1부(최근 2년간)
- 본 지사 또는 영업소 약도 1부

③ 구매협력업체 서류

- 대리점 계약서 사본 1부
- 공장등록증 사본 1부
- K·S 표시 허가증 사본 1부
- 본사 및 공장약도 1부
- 품질인증서 사본 1부

공급자의 평가방식은 서면평가·실시평가·샘플평가·정기평가가 있으며 조직 내각 기능별 주관조직에서 평가하여 등록할 수 있다. 즉 주관팀장은 공급자 등록 신청서를 접수받아 서류심사 및 실태조사 후 시공협력업체 대상인 경우 시공협력업체 등록 평가서, 자재납품업체 대상인 경우 자재협력업체 등록 평가서를 작성한다.

공급자 평가 시 조직은 경영 일반요건과 품질경영시스템 요건을 만족시킬 수 있는 능력 보유 여부를 평가하여 공급자로 선정하여야 한다. 주요 평가항목은 다음과 같다.

- 품질, 가격, 납기
- 품질시스템 요구사항 등
- 관련 경험의 평가
- 공급자의 건전성을 보장하기 위한 재무평가
- 서비스의 지원 능력
- 보급관리 능력
- 최종제품 품질에 공급자의 제품/용역이 미치는 영향
- 공급받을 제품/용역의 형식
- 사전에 입증된 공급자 능력에 대한 감사보고서 또는 품질기록

공급자 평가의 주관팀장은 협력업체 평가서에 의하여 선정된 협력업체의 관리를 위하여 시공협력업체 관리대장 및 자재협력업체 관리대장에 기재하여 각 등록관리 한다. 공급자 등록서류에 변경사항이 발생한 업체는 변경된 서류를 주관팀으로 제출하고 주관팀은 변경내용을 공급자 관리대장에 기록한다.

시공협력업체의 사후평가는 연 1회 4/4분기 중, 자재협력업체 사후평가는 매 2년마다 공사기간 중에 실시하며 기 시공 중인 업체는 즉시 사후평가를 실시하고

평가기간 동안 실적이 있는 업체를 대상으로 한다.

현장소장은 시공협력업체 사후평가서를 작성하여 기술부서 주관팀에 제출하고 주관팀은 접수된 시공협력업체 사후평가서는 시공협력업체 관리대장에 기록관리 한다.

4) 공급자 관리의 중점적 확인사항

조직은 사양과 일치되는지 보장하기 위해 구매품 및 또는 서비스의 검증을 위한 프로세스를 수립하여야 한다. 검증 활동의 수준은 제품 및 또는 서비스의 성질과 형태 및 공급자의 성과 경력에 따라 다양할 수 있다.

또 구매사양에 대한 적합성을 실증하기 위하여 구매품 및 또는 서비스 검증의 기록, 공급자 의사소통과 부적합에 대한 대응을 위한 필요성을 규정해야 한다. 조직은 공급자의 현장에서 구매품에 대한 입회 검사를 하는 경우, 조직은 검사기기, 검사방식, 합·부 판정기준 등 검증에 관한 제반 사항을 구매문서에 명시하여야 한다.

계약상 정해진 경우, 고객 또는 그 대리인은 조직 또는 공급자의 현장에서 제품 검증을 할 권리를 부여받아야 한다.

외주제품에 대한 품질책임은 어떠한 경우에도 공급자의 책임이며, 구매품의 검증에 대하여 공급자와 구입자가 계약으로 약정 했을 경우에는 구입자가 외주품이 지정 요구사항에 합치하는지 여부를 검증할 수 있다. 그러나 구입자가 구매품의 품질을 검증했어도 공급자가 최종책임을 면제받는 것이 아니므로 이 점에 대해서는 특히 검증의 방법 등을 계약 시에 명확하게 해둘 필요가 있다.

5) 외부 공급자를 위한 정보

ISO9001:2015년 규격의 제8.4.3항의 외부공급자를 위한 정보에서 조직은 외부 공급자와 의사소통을 하기 전에 요구사항이 타당함과 충분함을 보장하여야 한다. 이를 위해 조직은 그들의 요구사항을 외부공급자에게 전달하여야 하고, 조직이 공급받는 프로세스, 제품 및 서비스는 공급하는 프로세스 기준에 적합한 방법으로 관리하여야 한다.

따라서 조직은 그들이 구매되는 제품 및 서비스에 대해 필요한 점검과 검사를 명확히 하고, 필요하다면 공급자의 현장에서 검증업무를 수행하여야 한다.

또한 검증의 정도는 공급되는 제품이나 서비스의 중요도와 공급자에 의해서 실증된 것에 따라야 하고 구매품이나 서비스가 계획대로 검증되었다는 증거를 확보할 수 있어야 한다.

이와 같은 활동을 위해서는 외부공급자와 의사소통 전에 구매업체가 제공하는 제품이나 서비스, 프로세스, 장비, 출하 내용, 관련 인원의 역량·적격성 등에 대한 정보를 구비하여야 한다.

8.4 외부에서 제공되는 프로세스, 제품 및 서비스의 관리(ISO9001:2015년)

8.4.3 외부공급자를 위한 정보

조직은 외부공급자와 의사소통하기 전에 요구사항이 타당함/충분함을 보장하여야 한다.

이를 위해 조직은 다음사항에 대한 조직의 요구사항을 외부공급자에게 전달하여야 한다.

a) 외부공급자가 제공하는 프로세스, 제품 및 서비스

b) 다음에 대한 승인

   1. 제품 및 서비스

   2. 방법, 프로세스 및 장비

   3. 제품 및 서비스의 불출(release)

c) 요구되는 관련 모든 인원의 자격을 포함한 역량/적격성

d) 조직과 외부공급자의 상호작용

e) 외부공급자의 성과에 대하여 조직이 적용하는 관리 및 모니터링

f) 조직 또는 조직의 고객이 외부공급자의 현장에서 수행하고자 하는 검증 또는 실현성 확인 활동

5.2 구매관리절차 수립과 운영관리

1) 구매관리란?

구매관리란 조직의 각 사업 부문과 거래처를 긴밀하게 연결시켜 경영 및 마케팅 계획이 원활하게 수행되도록 필요한 자재·물품·상품 등을 적정한 거래처로부터 적정한 품질, 수량, 납기일을 확보한 다음에 적정가격에 확보함으로써 회사의 이익을 창출하는 품질경영활동이다.

따라서 구매관리절차는 건축생산활동에 필요로 하는 자재 또는 물품구입, 판매를 위한 상품 구입, 내부 비품 등의 구입 등 구매업무에 관련한 업무절차를 표준화하여, 양질의 구매품을 적기에 구매하고 고품질 시공 활동을 원활하게 하는 데 그 목적이 있다.

ISO9001 규격 요구사항에는 '조직은 제공되는 서비스의 고객 만족을 위하여 구매한 제품이 규정된 구매 요구사항에 적합함을 보장하여야 한다.'라고 규정하고 있다.

2) 구매관리 프로세스 수립 시 고려사항

(1) 자격이 부여된 공급자들로부터의 구매
(2) 보급관리 요구사항들
(3) 제품 및 또는 서비스 파악
(4) 제품 및 또는 서비스 보존
(5) 제품 및 또는 서비스 추적성
(6) 문서 및 기록
(7) 의사소통
(8) 합·부 판정기준
(9) 공급자의 약속에 대한 접근관리

3) 구매문서란

구매문서(Data)란 협력업체에 주문 사항을 정확히 전달하기 위한 자료로서 구매업무의 합리적인 수행을 위한 필수요건 중의 하나이다. 따라서 구매요건의 설정 및 전달과 이에 대한 공급자인 협력업체의 이행 활동이 중요하다.

이와 같이 구매문서는 다음과 같이 구분할 수 있다.

(1) 자재 구매데이터

① 주문품 및 규격(치수, 재질, 등급, 형식, 포장 등)

② 적용되는 품질 규격(도면, 시방 또는 관련 표준 번호)

(2) 시공·용역 구매데이터

① 계약서

② 특기시방서/견적 조건

(3) 기타 구매데이터

① 주문서(Purchase Order) 또는 계약서

② 도면(Drawings)

③ 시방서(Specifications)

④ 해당 시 국제, 국가 또는 단체규격

(4) 구매문서의 작성

한편 구매문서를 작성할 때에는 다음 사항을 고려하여야 한다.

① 품질요건의 포함

② 도면, 규격 등 품질문서는 문서번호와 개정번호를 분명하게 표기

③ 시험생산 및 평가가 필요시 샘플크기, 시험방법 및 수행에 관한 사항 명기

④ 입회 검사 : 검사 시기, 검사방식, 합부판정기준 등을 명시

⑤ 중간검사 : 검사시험계획서에 작업 중지점(Hold Point)을 표시

⑥ 규격 및 공차가 엄격히 적용되는 항목이 있으면 이를 명시

⑦ 합부판정 방법과 불합격 시의 처리 절차 등을 명시

4) 구매품 검증

공급자가 협력업체 현장에서 구매품에 대한 입회 검사를 하는 경우, 공급자는 검사 시기, 검사방식, 합·부 판정기준 등 검증에 관한 제반 사항을 구매문서에 명시하여야 한다.

계약상 정해진 경우, 고객 또는 그 대리인은 공급자 또는 협력업체의 현장에서 제품검증을 할 권리를 부여받아야 한다. 이러한 검증을 한 경우, 그 결과를 공급자가 이용하여 관리를 태만히 하거나 책임을 회피하는 수단으로 삼아서는 안 된다. 왜냐하면 외주제품에 대한 품질 책임은 어떠한 경우에도 공급자의 책임이기 때문이다.

구매품의 검증에 대하여 공급자와 구입자가 계약으로 약정했을 경우에는 구입자가 외주품이 지정 요구사항에 합치 여부를 검증할 수 있다.

그러나 구입자가 구매품의 품질을 검증했어도 공급자가 최종책임을 면제받는 것이 아니라, 뒤에 불합격으로 판정받을 수도 있다. 이 점에 대해서는 특히 검증의 방법 등을 계약 시에 명확하게 해둘 필요가 있다.

5) 구매관리 절차

(1) 자재청구

① 현장소장은 현장 착공 시 설계도면, 시방서, 실행내역서, 공정표를 근거하여 실행내역서 승인 후 총 자재수급계획서를 작성 필요시 기술부서 해당팀을 경유하여 자재팀으로 송부한다.

② 현장소장은 자재 소요 시기에 총 자재수급계획서에 의거 납기 가격 등을 검토하여 자재청구서를 작성하여 자재팀으로 송부한다.

③ 자재청구서에는 필요에 따라 아래사항이 적절히 기재되어야 한다.

- 품명, 단위, 규격, 수량, 자재사용처
- 자재 청구 일자, 자재 투입 일자
- 현장명
- 기타 특기 사항

④ 연간 단가구매품 및 계약품목에 한하여 계약 범위 내에서 현장 필요 시기에 현장소장의 결재 후 현장 자재 담당자가 조달한다.

⑤ 긴급구매를 요하는 자재는 유선으로 자재팀에 청구하고 사후에 자재청구서를 작성 송부하여야 한다. 단 실행 내역에 누락된 자재 및 설계변경에 의한 자재는 기안 양식에 작성하며 필요시 관련 기술부서 해당팀을 경유 검토 후 자재팀으로 송부한다.

⑥ 자재팀장은 자재 청구서를 검토하여 자재 전용 또는 구매 여부를 결정 조치하며, 필요시 관련팀의 협의을 거쳐야 한다. 단, 전용할 경우 자재관리 절차에 따른다.

(2) 자재구매

① 자재의 구매행위는 자재팀에서 일괄 구매하는 것을 원칙으로 한다.

② 본사 자재담당자는 자재청구서를 접수하여 기재사항을 검토 후 적정하다고 판단되는 경우 구매하며, 부적당하다고 판단될 경우 이를 유선으로 부적격 내용을 현장에 통보한다.

③ 구매 서류에는 품명, 단위, 규격, 수량, 납품일자와 운송방법, 결재방법 필요 시 도면, 시방서, 기타 관련 기술자료 및 정확한 식별사항 등을 기재한다.

④ 구매는 협력업체로 등록된 업체 중 에서 구매하는 것을 원칙으로 한다.

⑤ 독과점 품목이나 신기술 개발 품목 및 신규 사용자재 또는 협력업체로 등록된 업체의 견적가가 높거나 납품의 문제가 예견된 업체 등을 고려해야 한다.

⑥ 장비구매 및 임대 시 본 절차서에 준한다.

(3) 공급계약

① 본사 자재 담당자는 자재청구서 및 구매승인서에 의해 자재가 발주되도록 하며, 구매 승인 품목 중 필요한 경우 납품업체의 납품 계약서를 2부 작성하여 자재팀장에게 보고 후 계약을 체결한다.

② 계약체결 후 본사 자재 담당자는 계약서를 보관, 관리하며 계약 내용을 현장으로 통보한다.

(4) 자재 검수

'자재검수'란 구매 발주한 자재가 구매발주서에 맞게 현장에 반입 되었는지 여부를 확인하는 행위이다. 현장에 반입되는 자재의 검수는 현장소장 책임 하에 자재담당자가 실시하며, 검수자는 다음 사항을 확인하여 그 적격 여부를 판정 후 인수하여야 하며 부적합품은 반출한다.

부적합품이란 규정된 요구사항(규격, 품질)에 적합하지 않는 자재를 말한다. 현장에 반입된 자재의 인수(반입)검사는 도급계약내용과 송장에 의거 인수검사를 실시하며 부적합품은 반품 처리한다.

부적합품의 관리와 이에 대한 조치는 부적합품 관리 절차에 따른다. 또한 검수가 완료된 자재는 자재담당자가 검수확인서를 작성 현장소장의 결재 후 매월 말 본사 주관부서(자재팀)로 송부한다. 자재 검수 시 반드시 확인하여야 할 사항은 다음과 같다.

① 계약서와 일치 여부
② 수량 및 규격의 정확성 여부
③ 파손 여부 및 포장 상태
④ 기타 검수에 관련된 사항

(5) 구매관리흐름도(사례)

<table>
<tr><th colspan="3">업무흐름도</th><th rowspan="2">업무수행절차</th></tr>
<tr><th>주관팀</th><th>관련팀</th><th>이해관계자</th></tr>
<tr><td colspan="3">

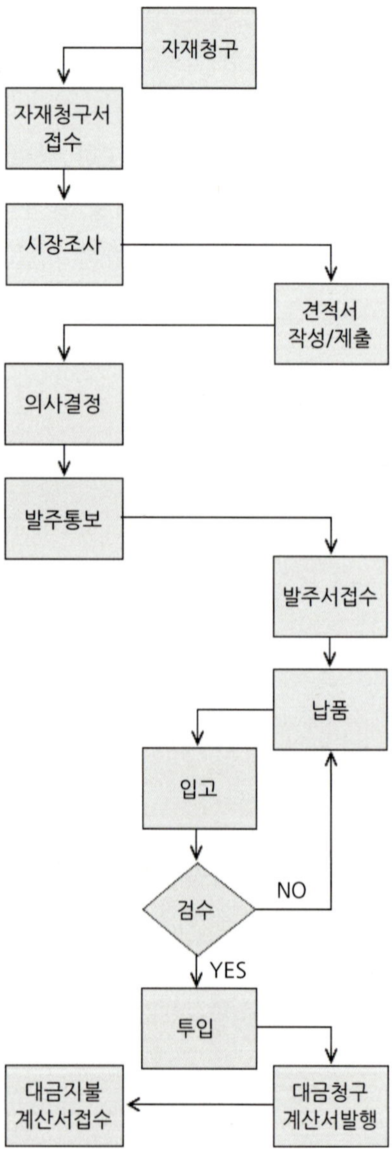

</td><td>

ㅇ 자재소요계획서
해당 현장은 자재소요계획서를 작성하여 주관팀에 송부한다.

ㅇ 자재청구서
해당 현장담당자는 자재청구서를 작성하여 현장소장의 승인 후 본사 주관팀으로 송부한다.

ㅇ 견적접수 · 검토
① 자재청구서를 접수하면 실행예산과 체크 후 납기를 검토한다.
② 전용이 가능한 경우 전용 조치하고, 신규 구매해야 할 경우에는 구매 조치한다.
③ 공급자에게 구매할 자재에 대한 동일한 자료를 제시하여 경쟁적인 견적자료를 요청한다.
④ 견적서가 접수되면 자재청구서와의 차이점을 확인한다. 필요시 관련 팀에 검토 의뢰한다.

ㅇ 구매품의
① 모든 자재는 본사에서 구매함을 원칙으로 하나 소모성 잡 자재는 제외한다.
② 구매품의서에는 품명, 규격, 단위, 수량, 단가, 금액, 납품업체명, 지불조건 및 방법, 인도조건, 납기일 등 필요한 사항을 포함한다.
③ 자재구매담당자는 구매품의서를 전결권자로부터 승인을 득한다.

ㅇ 구매계약
구매품의서 승인 후 선정된 공급자에게 서면 또는 유선으로 통보하고 구매계약을 체결한다.

ㅇ 자재의 검증
① 구매자재의 검증은 인수, 반입검사 또는 공장검사에 의해 수행한다.
② 인수, 반입검사는 검사 및 시험 또는 부적합품 관리 업무 절차에 따라 수행한다.

</td></tr>
</table>

제6장

공사계획수립과 운영관리

6.1 품질관리계획수립

1) 품질관리계획 수립대상

건설공사의 품질관리계획의 수립과 관련되는 법령은 건설기술진흥법 제55조, 건설기술진흥법시행령 제89조이며, 관련 지침은 국토부의 고시로서 건설공사 품질관리업무 지침에 명시되어 있다.

또한 건설공사의 품질관리계획과 품질시험계획은 공사금액이나 연면적에 따라 적용기준이 달라진다. 건설기술관리법에는 건축연면적 660㎡ 이상 건축공사 등은 품질시험계획 적용대상이 되고, 다중이용건축물이면서 연면적 30,000㎡ 이상인 건설공사 품질관리계획 적용대상이다.

품질관리계획은 다음 중 하나에 해당되는 경우에 적용된다.

표 6-1 건설공사 품질관리계획 관계 법령 및 수립대상

관계법령	수립대상
건설기술진흥법 제55조	건설공사의 품질관리
건설기술진흥법 시행령 제89조	품질관리계획 수립대상공사
건설공사 품질관리업무지침	국토교통부 고시

품질시험계획 수립대상은 품질관리계획수립 대상인 건설공사(초급, 중급 품질 등급 공사) 외의 건설공사 중 아래에 해당하는 건설공사이며, 품질관리계획 수립대상 현장은 품질관리계획서 내에 품질시험계획서의 내용을 포함하거나 품질시험계획서를 별도로 작성할 수도 있다. 다음 중 하나에 해당되는 경우 품질시험 적용대상이다.

표 6-2 건설공사 품질시험계획 적용대상

공사부문	수립대상
건축공사	연면적이 660㎡ 이상인 건축물의 건축공사
토목공사	총 공사비가 5억원 이상인 토목공사
전문공사	총 공사비가 2억원 이상인 전문공사

【건설기술진흥법시행령】

제89조(품질관리계획 등의 수립대상 공사)

① 법 제55조 제1항에 따른 품질관리계획(이하 "품질관리계획"이라 한다)을 수립해야 하는 건설공사는 다음 각 호의 건설공사로 한다. 〈개정 2014. 11. 11, 2020. 5. 26.〉

1. 감독 권한대행 등 건설사업관리 대상인 건설공사로서 총공사비(도급자가 설치하는 공사의 관급자재비를 포함하되, 토지 등의 취득·사용에 따른 보상비는 제외한 금액을 말한다. 이하 같다)가 500억원 이상인 건설공사
2. 「건축법 시행령」 제2조제17호에 따른 다중이용 건축물의 건설공사로서 연면적이 3만제곱미터 이상인 건축물의 건설공사
3. 해당 건설공사의 계약에 품질관리계획을 수립하도록 되어 있는 건설공사

② 법 제55조제1항에 따른 품질시험계획(이하 "품질시험계획"이라 한다)을 수립하여야 하는 건설공사는 제1항에 따른 품질관리계획 수립 대상인 건설공사 외의 건설공사로서 다음 각 호의 어느 하나에 해당하는 건설공사로 한다. 이 경우 품질시험계획에 포함하여야 하는 내용은 별표 9와 같다.

1. 총공사비가 5억원 이상인 토목공사
2. 연면적이 660제곱미터 이상인 건축물의 건축공사
3. 총공사비가 2억원 이상인 전문공사

③ 제1항과 제2항에도 불구하고 건설사업자와 주택건설등록업자는 원자력시설공사와 건설공사의 성질상 품질관리계획 또는 품질시험계획을 수립할 필요가 없다고 인정되는 건설공사로서 국토교통부령으로 정하는 건설공사에 대해서는 품질관리계획 또는 품질시험계획을 수립하지 않을 수 있다. 다만, 건설공사의 설계도서에서 품질관리계획 또는 건설공사의 품질시험계획을 수립하도록 되어 있는 건설공사에 대해서는 품질관리계획 또는 품질시험계획을 수립해야 한다. 〈개정 2020. 1. 7.〉

④ 품질관리계획은 「산업표준화법」 제12조에 따른 한국산업표준(이하 "한국산업표준"이라 한다)인 케이에스 큐 아이에스오(KS Q ISO) 9001 등에 따라 국토교통부장관이 정하여 고시하는 기준에 적합하여야 한다.

2) 품질관리계획의 수립

(1) 수립기준

건설공사의 품질관리계획 수립은 건설기술진흥법시행령 제89조이며, 관련 지침은 국토부의 고시로서 건설공사 품질관리업무지침에 명시되어 있는 바와 같이 산업표준화법 제12조에 따른 한국산업표준인 케이에스큐 아이에스오(KS Q/ISO9001:2015년 등에 따라 국토부 장관이 고시하는 기준에 적합하도록 규정하고 있다. 또한 이

기준에는 KS Q/ISO9001:2015년 규격 요구사항을 항목별로 건설업의 특성에 부합되게 점검표로 명시하고 있으며, 작성된 품질계획서는 검토의견서에 의해 검토 및 승인하되, 수립된 내용이 미흡하거나 부족한 경우 시정조치를 취하여 보완하도록 하고 있다.

【건설기술진흥법시행령】

제89조(품질관리계획 등의 수립대상 공사)

④ 품질관리계획은 「산업표준화법」 제12조에 따른 한국산업표준(이하 "한국산업표준"이라 한다)인 케이에스 큐 아이에스오(KS Q ISO) 9001 등에 따라 국토교통부장관이 정하여 고시하는 기준에 적합하여야 한다.

(2) 수립절차

건설기술진흥법 제90조(품질관리계획 등의 수립절차) 제①항에는 건설사업자와 주택사업등록자가 품질관리계획 또는 품질시험계획을 수립하여 발주자에게 제출하면, 공사감독자 또는 건설사업관리기술의 검토·확인을 받아야 한다.

품질관리계획은 건설공사를 착공하기 전에 발주자의 승인을 받도록 규정하고 있으며, 품질관리계획이나 품질시험계획의 내용을 변경하는 경우에도 동일한 절차에 따르도록 규정하고 있다. 또 제②항에는 법 제55조 제1항에 따라 품질관리계획 또는 품질시험계획을 제출받은 발주청 또는 인·허가기관장은 품질관리계획 또는 품질시험계획의 내용을 심사하고, 심사 결과를 확정하여 건설사업자 또는 주택건설등록업자에게 그 결과를 서면으로 통보해야 한다. 이 경우 인·허가기관장은 발주청이 아닌 발주자에게 그 결과를 함께 통보해야 한다. 라고 규정하고 있다.

(3) 품질관리계획 수립 시 고려사항

국토교통부 건설공사 품질관리 업무지침 [별지 제1호서식] 제3항 품질관리계획 작성 기준의 검토항목은 ISO9001/KS Q 항목이 명시되어 있다. 또 이 계획의 검토사항에는 ISO9001 규격요구사항의 항목별 요구사항 만족을 위한 체크리스트가 명시되어 있다. 이 체크리스트는 ISO9001 규격의 요구사항에 부합하는 건설분야 적용항목을 기재한 것으로서, 건설업체의 현실적인 상황을 고려하여 보다 합리적인 품질계획수립 방안을 지원하고자 한 것이다.

표 6-3 ISO9001. 제1, 2, 3항 체크리스트

1. 일반사항 ◦ 품질관리계획서의 작성 근거(영 제89조 제1항의 각 호 등)를 명시하고 있는지? ◦ 품질관리계획서의 제정 및 개정현황을 작성하고 있는지 확인.
2. 적용범위 및 인용표준 ◦ 건설공사의 현장 특성 때문에 이 작성기준의 일부를 적용하지 않은 경우에는 제외기준과 사유를 명시하고 있는지?
3. 용어 정의 ◦ 품질관리계획서 작성에 사용한 용어는 건설공사 품질관리 업무지침 제2조 및 KS Q ISO9000:2015(품질경영시스템-기본사항과 용어)를 참조하였는지?

표 6-4 ISO9001. 제4항(조직상황)

4. 조직 상황
4.1 건설공사의 정보 ◦ 건설공사와 관련된 공사개요 등 계약 일반현황에 관한 요약 정보를 문서화된 정보로 유지하고 있는지?
4.2 이해관계자의 요구와 기대관리 ◦ 건설공사와 관련되는 이해관계자 파악 및 그들의 요구사항을 파악하여 문서화된 정보로 정하고 있는지? ◦ 이해관계자 및 이해관계자 요구사항에 대한 정보를 모니터링하고 검토 관리하는 방법을 문서화된 정보로 정하고 있는지?
4.3 프로세스 관리 ◦ 건설공사 전반의 프로세스를 파악하여 프로세스의 순서와 상호작용을 결정하고 문서화된 정보로 정하고 있는지? (예, 프로세스 맵핑) ◦ 파악된 각각의 프로세스에 대하여 다음 각 호의 사항을 문서화된 정보로 정하고 있는지? • 요구되는 입력과 프로세스로부터 기대되는 출력의 결정 • 프로세스의 효과적 운용과 관리를 위한 필요한 기준과 방법의 결정과 적용 (모니터링, 측정 및 관련 성과지표를 포함) • 프로세스에 필요한 자원의 결정과 자원의 가용성 보장 • 프로세스에 대한 책임과 권한의 부여 • 파악된 리스크와 기회의 조치 • 프로세스의 평가, 프로세스의 결과 달성을 위한 모든 변경사항의 실행

표 6-5 ISO9001. 제5항(리더십)

5. 리더십

5.1 품질방침

◦ 현장 최고책임자는 건설공사의 목적과 발주자의 기대 및 요구에 적절한 현장의 품질방침을 정하고, 문서화된 정보로 정하고 있는지?

◦ 품질방침은 다음 각 호의 사항에 대한 의지표명을 포함하여 문서화된 정보로 정하고 있는지?

- 건설공사 요구사항과 적용되는 법적 및 규제적 요구사항 충족시킴
- 리스크와 기회를 결정하고 처리
- 필요한 자원 지원 및 인원을 적극 참여시키고, 지휘하고 지원
- 고객만족을 위해 노력
- 품질확보를 위한 지속적 개선

◦ 품질방침이 공사수행 구성원에게 의사소통 및 이해되며 적용 하도록 정한 방법을 정하고 있는지?

5.2 책임 및 권한

◦ 품질관리계획을 수립, 실행 및 유지할 수 있도록 본사 조직과 연계된 현장 조직을 구성하고 있는지

◦ 현장 단위조직 및 공사수행 구성원의 책임과 권한에 다음 각 호의 사항을 문서화된 정보로 정하고 있는지?

- 개별 단위조직에 대한 활동의 계획, 실행 및 유지, 모니터링
- 건설공사 관련 모든 조직과의 의사소통, 공사 관련자간 공유영역에서 일어나는 문제의 해
- 내·외부 점검 및 결과 조치(심사, 품질관리 적절성 확인 등)
- 시정조치의 관리

표 6-6 ISO9001. 제6항(기획)

6. 기획

6.1 리스크 및 기회관리

◦ 발주자 및 건설공사 요구사항, 적용되는 법적 및 규제요구사항, 이해관계자의 이슈 등을 고려하여 다음 각 호의 사항을 포함하여 문서화된 정보로 정하고 있는지?

- 리스크와 기회 파악
- 파악된 리스크와 기회를 조치하고 효과성 평가

6.2 품질목표관리
◦ 건설공사 요구사항과 발주자의 기대 및 요구사항을 달성하기 위하여 현장의 품질목표를 수립하고 관리하는 방법을 정하고 있는지? ◦ 품질목표는 현장 품질방침과 일관성이 있고, 공사목적물의 적합성과 고객만족 증진과 관련되어 있으며, 측정 가능 하도록 정하고 있는지? ◦ 품질목표는 공사수행 구성원들에게 의사소통되고, 모니터링 및 필요에 따라 갱신하는 방법을 정하고 있는지? ◦ 품질목표를 달성하기 위하여 다음 각 호의 사항을 포함한 품질목표 추진계획을 수립하도록 문서화된 정보로 정하고 있는지? • 품질목표 달성대상 결정과 달성을 위한 일정계획 • 품질목표 달성을 위한 필요한 자원, 책임자 지정, 완료시기 • 달성도 확인 주기 및 결과 평가방법
6.3 품질관리계획의 변경관리 ◦ 현장 내부심사 및 경영검토, 지속적 개선 등의 결과를 근거로 품질관리계획를 변경하도록 정하고 있는지? ◦ 품질관리계획의 변경은 다음 각 호의 사항을 고려하여 변경계획을 수립하고 이행하는 방법을 문서화된 정보로 정하고 있는지? • 변경의 목적과 잠재적결과 • 품질관리계획서 작성기준 • 자원의 사용 가능성 • 책임과 권한의 부여 또는 재부여

표 6-7 ISO9001. 제7항(지원)

7. 자원 7.1 자원관리 ◦ 품질관리계획서의 효과적인 실행, 프로세스의 운용과 관리에 필요한 인원(관련 법령, 발주자 요구 등)의 결정 및 관리에 관한 방법을 정하고 있는지? ◦ 건설공사의 성공적인 수행을 위한 기반구조와 작업환경의 결정, 확보, 유지관리에 관한 방법을 정하고 있는지?
7.2 모니터링 자원 및 측정자원의 관리 ◦ 모니터링 자원 및 측정자원의 관리는 임대 또는 대여하여 사용하거나, 하수급자 또는 개인이 사용하는 장비를 포함하도록 정하고 있는지? ◦ 모니터링 자원 및 측정자원의 관리 방법은 다음 각 호의 사항을 문서화된 정보로 정하고 있는지?

- 필요한 검사 및 시험, 모니터링에 사용될 장비 및 각 장비의 관리기준(정밀·정확도) 결정과 확보에 관한 사항
- 규정된 주기 또는 사용 전에 교정 실시, 교정성적서의검토와 사용여부의 판단, 교정 상태의 식별표시 방법
- 장비별 고유의 식별, 취급, 유지보전 및 보관방법
- 성능저하를 발견하기 위한 적정한 점검주기, 점검기준 및 점검방법
- 장비가 장비의 관리기준에서 벗어난 것으로 판명된 경우 이전의 검사 및 시험과 모니터링 결과에 대한 유효성 평가 및 필요한 경우 적절한 조치방법

7.3 조직의 지식관리

◦ 공사목적물 완성에 필요한 지식을 관리하는 방법에는 다음 각 호의 사항을 문서화된 정보로 정하고 있는지?
- 필요한 지식의 파악 및 결정
- 정해진 지식(내부 및 외부)의 유지관리 및 이용 방법.
- 신규 지식 및 요구 지식이 적용될 경우 입수 또는 이용방법

※ 지식이란 건설공사 수행을 위하여 활용되고 공유되는 정보이다(예 : 계약서, 건설기준, 적용 코드 및 표준, 사내표준, 적용 법규, 공법, 유사공사들의 우수/실패 사례 등)

7.4 역량/적격성관리

◦ 품질관리계획서 및 건설공사 요구사항을 수행하는 인원의 역량/적격성관리에 대하여 다음 각 호의 사항을 문서화된 정보로 정하고 있는지?
- 역량/적격성이 필요한 업무 결정
- 해당 업무수행에 요구되는 적절한 학력, 교육훈련, 숙련도, 경험, 관련법령 등의 역량/적격성 기준결정
- 결정된 역량/적격성이 있음을 보장하는 방법
- 역량/적격성이 보장된 인원의 배치

◦ 교육훈련방법에는 다음 각 호의 사항을 문서화된 정보로 정하고 있는지?
- 교육훈련의 필요성 파악(건설공사 수행과 관련된 법령 및 품질관리계획의 요구사항, 작업방법 및 절차, 검사 및 시험방법, 측량기법, 적용되는 신기술 또는 신공법, 품질관리에 관한 사항 등)
- 자체교육, 위탁교육 등 교육훈련계획의 수립
- 교육훈련의 실시
- 교육훈련결과의 보고
- 교육훈련의 효과성 평가

7.5 의사소통관리

◦ 품질관리계획의 이행 및 건설공사 운영과 관련하여 다음 각 호의 사항을 위한 내부 및 외부에서의 효과적인 의사소통방안(시기, 대상, 방법, 담당자)을 문서화된 정보로 정하고 있는지?
- 건설공사와 관련된 요구사항 및 정보의 교환
- 공사 관계자간의 조직적 및 기술적 연계성
- 부적합 사항, 부적합 공사 등 당면한 문제의 해결
- 민원, 발주자, 공사감독자 또는 건설사업관리기술인을 포함한 건설공사 관계자의 불평 해결, 이에 대한 후속활동
- 비상시 대비 및 대응
- 공사관련자 회의체 구성 등

7.6 문서화된 정보 및 정보의 관리

◦ 품질관리계획서(필요시 절차서, 지침서 등), 시공계획서, 작업절차서 등 내부의 문서화된 정보와 계약문서, 설계도서, 법규, 건설기준 등 외부의 문서화된 정보를 관리하도록 정하고 있는지?

◦ 문서화된 정보의 유지를 위하여 다음 각 호의 사항을 문서화된 정보로 정하고 있는지?
- 작성, 검토, 승인, 식별 및 내용(예 : 제목, 날짜, 작성자, 문서번호 등)
- 형식(예 : 언어, 소프트웨어 버전, 그래픽)
- 매체(예 : 종이, 전자 매체)

◦ 문서화된 정보의 보유를 위하여 다음 각 호의 사항을 문서화된 정보로 정하고 있는지?
- 배포, 접근, 검색 및 사용에 관한 방법
- 가독성 보존을 포함하는 보관 및 보존방법
- 변경관리(예 : 버전관리) 방법
- 법적 및 규제 요구사항을 충족하는 보유 및 폐기방법
- 외부의 문서화된 정보 식별 및 관리방법
- 의도하지 않은 수정으로부터 보호방법

표 6-8 ISO9001. 제8항(운용), 제9항(성과관리), 제10항(개선)

8. 운용

8.1 건설공사 요구사항 검토 및 준비

◦ 건설공사 수행과 관련된 요구사항을 검토하는 시기, 방법 및 책임자를 정하고 있는지?

◦ 상충되거나 모호한 요구사항, 현장 실정과 부합되지 않는 요구사항의 해결방법을 정하고 있는지?
◦ 건설공사 수행과 직접적으로 관련된 제반 준비사항에 대한 관리방법을 정하고 있는지?

8.2 건설공사 요구사항 변경

◦ 설계변경을 포함한 계약변경의 요청 및 처리방법을 정하고 있는지?
◦ 계약이 변경되는 경우, 관련 문서가 수정되고 관련 인원이 변경된 요구사항을 인식하도록 하는 방법을 정하고 있는지?

8.3 설계관리

◦ 설계관리에는 다음 각 호의 사항을 문서화된 정보로 정하고 있는지?
- 설계계획의 수립 및 관리방법
- 설계입력 요구사항의 문서화된 정보 유지방법
- 설계관리(검토, 검증, 실현성 확인)의 수행방법
- 설계출력의 입력요구사항 충족의 문서화된 정보의 보유방법
- 설계변경의 식별, 검토 및 관리방법

8.4 기자재 구매관리

◦ 기자재 구매관리 방법에는 다음 각 호의 사항을 문서화된 정보로 정하고 있는지?
- 기자재 수급계획 수립
- 구매할 기자재명, 규격, 납기, 검사기준 및 관련 구매정보를 포함한 발주서 작성 방법
- 발주 방법
- 구매한 기자재의 검사 및 시험, 또는 검증, 유지관리 방법
- 부적합 기자재의 처리 방법
- 제작품 구매의 경우, 검증방법 및 출하방법을 발주서에 명시

8.5 외부에서 제공되는 프로세스관리

◦ 하도급된 공종을 관리하는 방법에는 다음 각 호의 사항을 문서화된 정보로 정하고 있는지?
- 하도급 계획 수립방법
- 하도급 계약 요구사항을 충족시킬 능력을 근거로 한 하도급업체의 평가 및 선정방법(필요한 경우)
- 하도급 계약과 관련된 요구사항의 결정방법(요구되는 절차, 사용되는 기자재와 장비에 관련된 보고 및 승인에 대한 사항, 인력의 자격 인정에 대한 사항 및 그 밖의 필요한 사항)
- 하도급 계약체결 방법(필요한 경우)

- 하도급자에게 제공하는 교육훈련, 품질관련 절차서, 기자재, 정보 등 하도급자에 대한 지원업무 범위
- 하도급된 공종에 대한 검사 및 시험, 검증과 모니터링 방법
- 필요한 기록의 종류, 기록의 제출 시기 및 방법

8.6 공사관리

◦ 건설공사를 관리하는 방법에는 다음 각 호의 사항을 문서화 된 정보로 정하고 있는지?

- 시공계획 수립 및 관리방법
- 필요한 경우 작업절차 또는 작업지침의 수립방법
- 공사진도 관리방법(필요한 경우 부진공정 만회대책 및 수정공정계획 포함)
- 시공상세도, 준공도의 작성 및 관리방법
- 요구되는 자격 및 역량 있는 인원 선정방법

8.7 중점품질관리

◦ 부적합 공사로 판명될 경우 시정이 어렵고 많은 노력과 경비가 소요되는 공종 또는 부위의 중점 품질관리방법에는 다음 각 호의 사항을 문서화된 정보로 정하고 있는지?

- 중점 품질관리 대상의 결정
- 작업에 이용되는 장비에 대한 기준 및 승인 방법
- 작업자에 대한 자격기준 및 자격인정 방법
- 작업방법 및 모니터링 방법

8.8 식별 및 추적관리

◦ 기자재와 공사 목적물에 대한 식별 및 추적방법에는 다음 각 호의 사항을 문서화된 정보로 정하고 있는지?

- 식별 대상의 결정 및 식별방법
- 추적 요구사항을 고려한 추적 대상의 파악, 추적의 범위, 정도 및 방법
- 기자재와 공사 목적물에 대한 검사 및 시험 상태의 식별방법

◦ 선정된 식별대상 및 추적대상과 방법은 적절하게 정하고 있는지?

8.9 고객 또는 외부공급자의 재산관리

◦ 고객 또는 외부공급자의 재산이 있는 경우, 재산을 관리하는 방법에는 다음 각 호의 사항을 문서화된 정보로 정하고 있는지?

- 재산의 파악 및 수급계획 방법
- 재산의 검사 및 시험 방법과 검증결과 부적합한 경우 처리하기 위한 방법
- 보관 시 재산의 손상, 분실되거나 사용하기에 부적절한 것으로 판명된 경우, 보고를 포함한 처리 방법
- 재산의 입체 또는 대체 사용이 필요한 경우, 그 처리방법

• 잉여 재산의 처리방법

※ 고객 또는 외부공급자의 재산은 고객 또는 조직의 일부분이 아닌 공급자가 지급하는 재산(예 : 자재, 부품, 공구 및 장비, 고객 부동산, 지적 소유권 및 개인 정보 등)

8.10 보존관리

◦ 건설공사를 수행할 때부터 공사 목적물을 인계할 때까지 기자재 및 공사 목적물이 분실, 손상 또는 열화되지 않도록 보존 관리하여야 한다.

◦ 기자재 및 공사 목적물을 보존하는 관리방법은 다음 각 호의 사항을 문서화된 정보로 정하고 있는지?

• 기자재의 운반 및 투입에 있어 필요한 특별한 취급방법
• 기자재의 품질유지를 위한 보관장소 및 보관방법, 반입과 반출방법
• 공사 목적물의 인계전까지 품질보호를 위한 보호방안
• 화재 및 보안관리

8.11 검사 및 시험, 모니터링

◦ 투입되는 자재, 시공공정 및 공사 목적물과 관련된 특성을 검사, 시험 및 모니터링하는 방법에는 다음 각 호의 사항을 문서화된 정보로 정하고 있는지?

• 적절한 공정단계에서 검사 및 시험 계획(ITP)의 수립 방법
• 각 단계에서의 검사 및 시험 항목, 합격판정기준, 빈도, 사용되는 장비 및 기법
• 검증시기, 장소 및 방법
• 발주자, 공사감독자 또는 건설사업관리기술인의 입회시기, 방법 등(필요한 경우에만 해당한다)
• 검사 및 시험, 모니터링의 실시 및 결과 보고 방법
• 검사 및 시험을 외부에 의뢰하는 방법 및 결과의 검토 방법

◦ 수립된 검사 및 시험계획(항목, 판정기준, 빈도 등)은 관련 법령 또는 발주자 요구사항이 반영되었는지?

8.12 부적합 공사의 관리

◦ 품질기준에 적합하지 않은 부적합 공사를 관리하는 방법에는 다음 각 호의 사항을 문서화된 정보로 정하고 있는지?

• 부적합 공사 특성에 따른 식별방법
• 부적합 공사의 상태에 대한 문서화 방법
• 부적합의 검토와 분석, 부적합 원인의 결정 방법
• 유사한 부적합의 존재 또는 잠재적인 발생 여부 확인 방법
• 현상사용, 보완시공 또는 재시공 등 부적합 공사에 대한 조치의 결정 및 실행 방법
• 부적합 공사의 처리방안 결정 방법
• 보완시공 및 재시공시 품질 요구사항에 따른 재검사의 실시 방법
• 취해진 모든 조치의 효과성 검토방법

8.13 공사준공 및 인계

◦ 공사 목적물이 완공되었음을 입증하는 방법에는 다음 각 호의 사항을 문서화된 정보로 정하고 있는지?
  • 필요시 시운전을 위한 계획 및 시운전 절차 수립 방법
  • 준공검사 신청 방법
  • 필요시 부적합공사에 대한 처리 방법
  • 준공도면의 검토 및 제출 방법
  • 준공표지의 설치 방법

◦ 공사 목적물이 완공되었음이 입증되어 인계하는 방법에는 다음 각 호의 사항을 문서화된 정보로 정하고 있는지?
  • 시설물 인계 계획의 수립 방법
  • 본사로 이관될 현장문서 및 기록의 파악 및 인계 방법
  • 건설사업관리기술인 또는 발주자에게 인계할 현장문서 및 기록의 파악 및 인계 방법

9. 성과관리

9.1 고객만족

◦ 발주자 및 이해관계자의 요구 및 기대를 관리하는 방법에는 다음 각 호의 사항을 문서화된 정보로 정하고 있는지?
  • 정보 수집 방법
  • 모니터링(설문조사, 피드백, 미팅, 칭찬, 클레임 등) 및 검토 방법

9.2 분석 및 평가

◦ 품질관리계획의 지속적 개선을 위한 분석 및 평가 방법에는 다음 각 호의 데이터를 문서화된 정보로 정하고 있는지?
  • 발주자 및 이해관계자의 만족도 조사 결과
  • 주요자재의 품질경향
  • 부적합 공사의 발생 빈도 및 특성
  • 내부심사 결과 및 품질관리 적절성 확인 등의 결과

9.3 내부심사

◦ 건설공사 수행에 대한 내부심사를 현장 자체적으로 년 1회 이상 수행하도록 정하고 있는지?

◦ 내부심사 방법에는 다음 각 호의 사항을 문서화된 정보로 정하고 있는지?
  • 심사주기, 심사범위, 심사기준, 역량/적격성에 적합한 심사자 선정을 포함한 심사 계획의 수립 방법
  • 심사 수행방법 및 심사결과 보고 방법
  • 필요한 경우 부적합 사항의 시정조치 수행 방법
  • 취해진 후속조치의 검증 및 검증결과의 보고 방법

9.4 경영검토

◦ 건설공사 운영과 관련된 개선사항의 결정과 조치를 위하여 년 1회 이상 현장 자체적으로 건설공사 운영성과를 검토하도록 정하고 있는지?

◦ 건설공사 경영검토 방법에는 다음 각 호의 사항을 문서화된 정보로 정하고 있는지?

- 전년도 건설공사 경영검토에 따른 조치 결과(해당되는 경우)
- 건설공사 수행에 영향을 줄 수 있는 외부 및 내부 이슈의 변경사항
- 자원의 충족성
- 파악된 리스크와 관련하여 취해진 조치의 효과성
- 문제점, 애로사항의 개선 사항
- 품질관리계획의 성과 및 효과성 정보
  - 고객 만족 및 발주자와 관련 이해관계자로부터의 피드백(불만사항 포함)
  - 현장 품질목표의 달성 정도
  - 부적합 공사의 발생 빈도 및 특성과 시정조치 사항
  - 검사 및 시험, 모니터링 및 측정결과
  - 현장 내부심사 및 품질관리 적절성 확인 등 내·외부의 결과
  - 외부공급자의 성과

◦ 건설공사 경영검토 결과에 따라 후속 조치를 하도록 정하고 있는지?

10. 개선

10.1 부적합 및 시정조치

◦ 건설공사 운영성과 검토 결과, 부적합 또는 잠재적인 부적합이 발견된 경우, 시정조치를 하는 방법을 정하고 있는지?

◦ 건설공사 수행과정에서 부적합 공사, 발주자 및 이해관계자의 불만 등이 발생한 경우, 시정조치 방법에는 다음 각 호의 사항을 문서화된 정보로 정하고 있는지?

- 부적합 원인의 결정
- 유사한 부적합의 존재 여부 또는 잠재적인 발생 여부 결정
- 필요한 모든 조치의 결정 및 실행
- 취해진 모든 시정조치의 효과성 검토
- 필요한 경우, 결정된 리스크와 기회 갱신
- 필요한 경우, 품질관리계획의 변경

10.2 지속적 개선

◦ 품질관리계획을 지속적으로 개선하기 위하여 요구 또는 기회를 결정하는 방법에는 다음 각 호의 사항을 문서화된 정보로 정하고 있는지?

- 분석 및 평가의 결과
- 건설공사 경영검토 결과

6.2 검사 및 시험계획 수립과 운영

1) 검사 및 시험계획서란(ITP : Inspection and Test Plan)

검사 및 시험계획서(ITP : Inspection and Test Plan)란 품목·자재의 반입과 제작·시공이 규정된 설계도면, 시방서, 절차와 관련법규를 만족하는데 필요한 검사 및 시험을 하기 위하여 별도의 검사 또는 시험이 필요한 작업을 선정하고 이를 수행하기 위한 계획서이다.

건설업의 경우 건설공사를 수행하기 위하여 원계약자 및 하도급업자 사이에 시공물에 설치될 제작품 및 자재를 포함한 각 해당 공종의 공사진행 단계별 수행하여야 할 검사 및 시험을 위한 계획서이다. 검사·시험계획은 ISO9000 규격에는 필수적인 문서로 명시되어 있지 않으나 묵시적으로 이 계획서를 작성할 것을 요구하고 있다.

2) 검사 및 시험계획의 종류

(1) 반입 검사용 ITP

구매품인 자재 등의 건설현장 반입검사는 구매시방서 등 구매문서를 참조하여 검사항목을 선정한 검사계획서로서 단순한 자재납품인 경우 규정된 검사 및 시험을, 또한 현장에서 자재를 이용하여 시공을 해야 하는 경우는 설치과정까지의 검사 및 시험을 사전에 계획한 문서이다.

(2) 공장 검사용 ITP

공장제작 품목이 자재의 경우 납품업체에 주문의뢰시 품목 또는 자재의 검사항목과 검사기준 등의 내용을 포함한 검사 및 시험계획서(ITP)를 작성하여 제출토록 요구하고, 요구된 검사 및 시험계획서가 접수되면 이를 검토하되 필수 확인점(Hoilding Point)과 입회점(Wittenss-point)를 지정하고, 필요한 경우, 발주처에 먼저 제출하여 필수 확인점과 입회점 및 검토점의 지정을 받는다. 이러한 것이 완료되면 이를 납품업체에게 재 통보함으로써 주문 제작이 되는 품목, 자재에 대한 검사와 시험관리를 수행할 수 있다.

(3) 시공관리용 ITP

이 '검사·시험계획서'는 건설현장의 시공공정에 대한 작업순서나 절차, 도면, 시방서에 따라 적절히 수행하는지 여부를 확인하기 위한 계획서로서, 이는 발주자, 시공자, 감독자 간 사전에 합의된 대로 공사가 진행되도록 하기 위한 문서이다.

이 계획서의 작성과 합의 절차는 다음과 같다.

① 발주자 또는 감리, 감독자의 검사·시험계획서 요구
② 원도급자(시공자)는 분야별 전문 하도급자에게 요구
③ 하도급자의 검사 및 시험계획서 작성 및 원도급자에게 제출
④ 제출된 검사·시험계획서의 검토
⑤ 시공자, 감리, 감독 또는 발주처와 합의

3) 검사·시험계획서의 작성 목적

'검사·시험계획서'는 각 공사의 작업공종별 자재의 반입 및 작업자의 작업활동 등 건설공사의 진행단계별 검사 및 시험에 대한 요구사항을 일목요연하게 문서화한 계획서로서 시공자가 보다 신뢰성 있는 '검사·시험업무'를 수행하는데 목적이 있다.

건설현장의 공사진행 전 합의된 검사·시험계획이 수립되지 않고는 시공자가 해당 작업에 투입되는 과정 및 결과에 대하여 확인하여 보장받기가 어렵기 때문이다.

ISO 9000:2015년 규격요구사항에는 해당 요건의 검사 및 시험상태의 요구사항에 해당 업무에 대한 계획적이고 체계적인 활동을 요구하고 있다.

4) 검사 및 시험계획서의 특성과 활용방법

ISO9001에서 요구하는 '검사 및 시험계획서'는 발주자와 시공자간 도급계약 내용, 설계도면, 시방서, 현장의 특수성 및 관련 법규 등을 반영하고 해당 공종에서 관리해야 할 품질기준을 작업순서에 따라 검사점(기록검토·입회점·필수 확인점)을

지정하여 시공관리와 품질관리를 위한 계획서이다.

이는 공사가 진행되는 주요 공사공정의 단계에서 적정하게 시공 활동이 이루어지고 있는지에 대한 검사의 포인트에 대한 정의를 통해 중점적 품질관리를 수행할 수 있는 장점을 가지고 있다.

검사 및 시험계획서에 활용되는 검측체크리스트는 발주처의 감독 및 감리가 승인한 검사 및 시험계획서 상의 작업순서에 따라 검사항목별 관리기준과 특성치를 반영하여 체크리스트화 해서 검사기록으로 활용되도록 명시되어 있다.

검사 및 시험계획서의 법적인 의무보다는 (국토해양부 건설공사 품질관리지침 제27조 검사, 시험 및 모니터링 관리) 일부공기업이나 건설사들이 자체적인 품질관리 활동을 강화하는 차원에서 권고되고 있다.

이러한 이유로 검사 및 시험계획서는 건설현장에서 작성되고 있으며, 일선 현장조직에서도 이 검사 및 시험계획서의 작성 방법과 요령에 대한 정확한 이해와 숙지가 부족하다.

따라서 이 계획서는 현장중심의 실용적이고 실제적인 품질관리업무가 이루어질 수 있도록 하기 위해 검사 및 시험계획서(ITP:Inspection& Test Plan)를 시방서 및 체크리스트 등을 통한 품질관리 정보와 연계 가능한 문서로 활용되어야 한다.

5) 검사 및 시험계획서의 구성

일반적으로 검사 및 시험계획서의 구성항목은 다음과 같다.

① ITP번호 · 제목 · 개정번호 · 날짜
② 관련규격(규격/도면/시방), 관련 문서(절차서/지침서/기록)
③ 공사명 · 시공 회사명 · 세부 공정 번호 및 공정명
④ 공사수행조직(협력회사 · 시공회사)
⑤ 합 · 부 판정기준
⑥ 정지점(Hold point), 입회점(Witness point)
⑦ 검사 및 시험의 책임(협력사, 시공회사, 감리회사)

6) 검사 및 시험계획서 작성기준

일반적으로 검사 및 시험계획서의 작성기준은 다음과 같은 구성항목으로 구성된다.

표 6-9 검사 및 시험계획서 작성기준

번호	항 목	작성기준
01	검사·시험 항목	① 공사별 작업과정 및 해당 공종을 파악 ② 법규상의 검사·시험 항목 ③ 발주처에서 요구하는 항목 ④ 자체적으로 정한 항목
02	검사·시험 수행자	① 원도급자(contractor) ② 하도급자(subcontractor) ③ 고객(client) ④ Regulating Authority
03	검사·시험주기, 빈도	① 시방서 ② 발주처 요구사항
04	발행계획 및 현황	① ITP명칭, 문서번호, 발행일자 ② 개정번호, 개정일자 ③ 작성부서, 작성자
05	검사·시험방법(관련문서)	① 해당 작업절차서 또는 작업지침서 ② 시방서 ③ 관계 법률 규정 ④ 한국산업규격(KSD, KSF, KSB 등)
06	합·부판정기준	① 시방서(특기시방서) ② 설계도서 ③ 산업규격 ④ 시공정밀도 기준
07	검사·시험 기록	① 검사·시험결과 기술 양식명 또는 양식번호 ② 검사항목/서명 및 일자 검사DATA(기준치/결과치) 검사 결과 합부 판정 ③ 관련기록은 검사보고서/검측결과 보고서/시험성과표/체크리스트 등

번호	항 목	작성기준
08	입회점 · 필수 확인점	① 필수 확인점 – 검사원에 의한 검사 또는 입회가 완료되기 전 차기공정으론 진행 할 수 없는 단계로서 검사원이 참여치 못하는 경우 서면 동의 ② 입회점 – 검사원에 의한 검사 또는 입회가 필요하거나 검사원이 참여하지 못할 경우 서면 동의 ③ 검토점 – 나타난 기능 요구사항의 정확성을 확인할 목적으로 증거서류를 검토자가 확인하는 공정으로 검토증거로 해당문서를 추적할 수 있는 문서나 기록서
09	작성, 승인, 배포	① 작성은 시공자(원도급자)가 직접 작성 ② 승인은 발주처 또는 대리인의 승인 ③ 배포는 관련 조직에 배포하고 배포기록

7) 검사 및 시험계획서 작성시 고려해야 할 사항

검사 및 시험계획서는 도급계약에 의해 시공회사가 발주자 또는 감독자에게 해당 사업의 공사내용과 공사과정의 신뢰성을 제공을 위해 사전에 검사 및 시험을 하기 위한 계획문서이다. 따라서 이 문서는 건설공사 기준이 되는 모든 문서를 포함하고 있으며, 시공자가 먼저 작성하여 발주자 또는 감독자에게 승인 후, 이 계획에 따라 진행하는 것이다.

(1) 계약서, 설계도서(도면) 및 공사시방서 등 공사기준을 검토
(2) 시험빈도와 주기를 설정
(3) 해당공정의 자재반입 전, 작업 중, 작업완료 시점을 고려
(4) 합격, 불합격 판정기준과 허용오차기준을 확인
(5) 검측서 및 시험성적서의 작성 및 관리
(6) 주요공종 진행시 검사점 확인

표 6-10 검사 및 시험계획서 작성단계

내용	기호내용	비고
작업	자재 또는 제품이 물리적 또는 화학적 변화를 받은 상태(제작 포함)와 다음 공정을 위한 준비	
운반	자재 또는 제품의 위치에 변화	
대기	공정의 시작과 끝	
검사	자재 또는 제품의 품질특성을 시험하고, 그 결과를 기준과 비교하여 합격, 불합격 또는 개개 제품의 양호, 불량을 판정	시험 포함
	자재 또는 제품의 양 또는 개수를 파악하여, 그 결과를 기준과 비교	검수라 함
	품질검사를 주로 하면서 수량검사	
	수량검사를 주로 하면서 품질검사	

8) 검사 및 시험계획서 작성(사례 1)

검사 및 시험(검측)계획서 (INSPECTION AND TEST OF PLAN)			작성	검토	승인
현장명 OOO 신축공사 공종명 OOO 방수공사			/	/	/
품질검사항목	검사빈도/주기	검사방법 및 기준	합부판정기준	검사결과(기록)	비 고
자재반입	반입 시마다	의뢰시험	표준시방서	시험성적서	**반입검사**
바탕처리	바탕처리 완료 시	이물질 제거 여부	표준시방서	검측요청서 검측확인서	
프라이머도포	도포 완료 시	균일한 상태	표준시방서	검측요청서 검측확인서	**중간검사**
시트지 시공	시공 완료 시	겹침/취약부 보강/마감면 확인	표준시방서	검측요청서 검측확인서	
담수시험	시공 후 3일	물채움검사 (누수검사)	표준시방서	검측요청서 검측확인서	**최종검사**
누름콘크리트	시공완료 시	두께/ 와이어메시	60mm 이상 150×150	검측요청서 검측확인서	

9) 검사 및 시험계획서 작성(사례 2)

<table>
<tr><td colspan="1" rowspan="2">검사 및 시험계획서
(Inspection Test of Plan/
Inspection Plan)</td><td>작성</td><td>검토</td><td>승인</td><td>문서번호</td><td>ITP-000</td></tr>
<tr><td rowspan="3"></td><td rowspan="3"></td><td rowspan="3"></td><td>제정일자</td><td>년 월 일</td></tr>
<tr><td rowspan="2">현장명 :</td><td>개정번호</td><td>Rev 0</td></tr>
<tr></tr>
<tr><td>공종명 :</td><td>/</td><td>/</td><td>/</td><td>페 이 지</td><td>1/2</td></tr>
</table>

NO	검사 및 시험항목	시기/빈도/ 방법/장비	합격기준	적용근거	관련기록

10) 검측 체크리스트 작성(사례)

검사 (검측) 점검표

현장명 : OOOO 공사

CODE NO		검사(검측)일	
공 종	OOOO 공사	작 업 부 위	
협 력 업 체		관 련 도 면	

NO	검사 (검측) 항목	검사기준 (시방)	검사 (검측) 결과		조치사항
			시공사	감리원	

시공사 점검	(성명) (인)	감리원 검측	(성명) (인)
시공사 재점검	(성명) (인)	감리원 재검측	(성명) (인)

6.3 시공계획 수립과 운용

1) 개요

시공계획이란 건설공사의 착수에 앞서 시공자가 발주자의 요구사항에 부합한 공사방법과 절차에 대한 계획을 수립하는 것이다. 따라서 시공계획은 시공자에 의해 구비된 경영자원을 활용하여 건설공사계획을 수립하는 문서이다. 이 문서는 건설공사의 시공 및 감독업무의 기반이 되는 문서로서 현장소장과 조직 내 관련 기술자에 의해 작성하고 공사감독관에 의해 검토·승인한 후, 건설공사를 수행하는 과정에 활용한다.

2) 시공계획 수립의 법적 근거

(1) 건설공사 감독업무지침 제25조(시공계획서의 검토·확인)
(2) 건설공사사업관리방식 검토기준 및 업무수행지침 제61조(시공계획의 검토)
(3) 표준시방서 공무행정요건(KCS 10 10 10)
(4) 각 공사별 시방서

3) 시공계획서 수립목적

시공계획서는 시공회사가 사전에 자신의 조직·공정·품질·안전·환경 등 시공에 관계되는 공사계획을 수립하여 관련 감독관의 검토와 승인을 받아 주어진 기간 내 적정비용과 품질로서 안전하고 원활한 공사를 수행하도록 하는 데 목적이 있다.

4) 시공계획서의 작성과 제출시기

시공계획서의 제출시기와 포함내용 및 작성수준은 총괄시공계획서, 공종별 시공계획서, 변경시공계획서로 구분하고 감독자의 승인 후 공사 진도에 따라 다음과 같이 활용한다.

표 6-11 시공계획서 작성과 포함내용

구분	총괄 시공계획서	공종별 시공계획서	변경 시공계획서
제출시기	착공신고서 제출 직후	해당 공종 착수 30일 전	주요내용 변경 시
포함내용	시공계획서 제출대상인 전 공종	해당 공종	변경된 사항
작성수준	개략적인 내용	상세한 내용	기존 작성수준에 따름

5) 시공계획서의 검토

건설공사감독자는 시공사가 수립한 시공계획서를 제출받은 날로부터 7일 이내 검토·승인하여야 한다. 다만 공사 중 시공계획서상 중대한 내용변경이 발생된 경우, 변경시공계획서를 제출하여야 하며, 이때 감독자는 변경시공계획서를 제출받은 날로 부터 5일 이내에 검토·확인 및 승인 후 시공하도록 해야 한다.

6) 시공계획수립과 승인

표 6-12 시공계획수립 책임과 역할

책임과 권한	업무 분담내용
시공자	시공자는 표준시방서(또는 공사시방서)의 각 시방기준의 공사에 대한 시공계획서를 작성하여 감독자의 확인을 받은 후 공사를 착수하여야 한다.
감독자	감독자는 시공자로부터 공사시방서의 기준(공사 종류별, 시기별)에 따른 시공계획서를 공사착수 전에 제출받아 이를 검토 확인하여 7일 내(변경시공계획서는 5일) 승인한 후 시공하도록 하여야 하고 시공계획서의 보완이 필요한 경우 그 내용과 사유를 문서로 통보해야 한다.
발주자	발주자는 시공계획서 중 품질시험계획에 대한 최종승인권자로서 감독자의 품질시험계획 승인요청에 따라 확인 후 승인 여부를 문서로 통보해야 한다.

7) 시공계획수립시 검토사항

시공계획서는 발주자의 요구사항 충족을 위해 도급계약사항을 면밀히 검토한 후 공사현장의 특성에 따라 자사 경영자원과 연계하여 작성하는 것이다.

(1) 계약조건 숙지　　(2) 현장여건 파악
(3) 시공방법과 시공순서 결정　　(4) 사용기계·재료·노무계획
(5) 가설계획의 수립　　(6) 공사일정계획 수립
(7) 공사원가계획 수립

8) 시공계획서에 포함하여야 할 사항(수립기준)

시공계획서 작성기준과 포함내용을 다루는 법적근거는 「건설공사감독업무지침」, 「건설공사사업관리방식 검토 및 업무수행지침」, 표준시방서 공무행정요건 등이 있으며 이 법률에서 주요 내용은 다음과 같다.

표 6-13 시공계획서 작성 항목(국토교통부고시)

작성항목	주요내용(사례)
1. 공사개요	• 공사개요, 시공사, 공사현장, 발주기관, 감독기관, 공사규모, 위치도
2. 조직도	• 원도급사 하도급사 조직도 • 현장대리인, 공사, 공무, 품질, 안전, 환경
3. 공정표	• 전체공정표 월별공정표 • 계획 대비 실적반영
4. 주요공정 시공절차	• 주요공정(중점품질관리공정과 연계) • 공정별 작업수량, 공종별 시공흐름도, 공정관리계획
5. 주요자재 수급계획	• 공정별 투입자재명, 규격, 수량 재원 투입일정, 반입검사, 검수 • 적재, 하역, 자재반입절차, 위치 반입경로, 진입로, 위치도, 관련사진
6. 주요장비 투입계획	• 주요공종, 투입장비, 규격, 수량, 작업내용, 투입일정
7. 인력투입계획	• 인력투입현황(공종, 직종, 인원, 작업내용) • 인력투입일정(공종, 직종, 월별일정)
8. 품질시험계획	• 품질시험개요(공사명, 시공자, 발주청, 감독기관, 공사기간, 공사개요) • 공종별 시험계획(공종, 시험종목, 시험계획 시험빈도 계획, 품질기준 • 실험실 장비현황, 실험실배치도(실험실 규모, 시험실 배치도) • 품질관리자 배치기준(대상, 공사규모, 건설기술자) • 품질관리자 배치현황

작성항목	주요내용(사례)
9. 환경관리계획	• 대상공종, 환경관리조직 및 업무분장 • 환경관리비 (직접공사비) 공사명, 환경보전비, 폐기물처리비 • 환경보전비 (간접공사비)
10. 안전작업(관리)계획	• 작업 전 사전조사결과 (지형, 지반상태) • 위험요인 예방조치 (추락, 낙하, 전도, 협착, 붕괴) • 기타 안전조치 • 안전관리교육 (운전원, 작업지휘자, 작업자)
11. 지장물 처리계획	• 지장물 개요 • 지상지장물 (송전선로 철탑) • 지하지장물 (한국통신케이블, 상수도관, 하수도관, 도시가스관, 미지관로) • 지장물현황도
12. 교통관리계획	• 작업차량 이동경로 • 임시 교통시설 (교통경로 배치계획)
13. 관계기관 협의 계획	• 발주청, 감독기관, 중안재해대책본부, 경찰서, 소방서, 구청, 병원

표 6-14 표준시방서 공무행정요건(KCS 10 10 10)

시공계획서 작성항목	주요 내용(사례)
1. 공사개요	• 공사개요, 시공사, 공사현장, 발주기관, 감독기관
2. 공사 공정예정표	• 전체공정표 월별공정표
3. 현장조직표	• 현장대리인, 공사, 공무, 품질, 안전, 환경
4. 주요자재수급계획	• 공정별 투입자재명, 규격, 수량 재원 투입일정
5. 주요장비 동원계획	• 주요공종, 투입장비, 규격, 수량, 작업내용, 투입일정
6. 인력동원계획	• 인력투입현황 (공종, 직종, 인원, 작업내용)
7. 긴급시의 체재	• 비상시 대비대응 체재
8. 품질관리 또는 품질시험계획	• 공사명, 시공자, 발주청, 감독기관, 공사기간, 공사개요 • 시험계획 (공종, 시험종목, 시험계획 시험빈도, 품질기준)
9. 안전관리계획	• 위험요인 예방조치 (추락, 낙하, 전도, 협착, 붕괴) • 기타 안전조치

시공계획서 작성항목	주요 내용(사례)
10. 환경관리계획	• 대상 공종, 환경관리조직 및 업무분장 • 환경관리비 (공사명, 환경보전비, 폐기물처리비)
11. 교통관리계획	• 작업차량 이동경로 • 임시 교통시설(교통경로 배치계획)
12. 가설계획	• 울타리, 담장, 사무소, 창고, 전기, 상수도 등
13. 수목간이식장계획	• 조경공사계획
14. 관계기관 협의 및 민원처리 계획	• 관계기관 비상연락체계
15. 기타 발주자가 지정한 사항	• 기타 발주자 요구사항 수립계획

9) 시공계획 작성요령

시공계획서는 건설공사와 관련하여 시공자가 공사를 착수하기 전에 발주자, 감독자에게 공사를 수행하기 위한 계획서를 작성하여 검토·승인을 받는 문서이다.

이 문서의 작성요령은 참고문서로서 법적인 근거가 될 수는 없으며 시공자는 이 문서를 활용하여 관련 법령·지침 및 공사시방서 등의 기준에 따라 요구사항에 적합한 시공계획서를 작성할 수가 있다.

일반적으로 시공계획서의 구성목차는 다음과 같다.

(1) 공사개요
(2) 현장조직표
(3) 세부공정표 및 공정관리계획
(4) 주요공종 시공절차 및 방법
(5) 주요장비 투입계획
(6) 주요자재 투입계획
(7) 인력 투입계획
(8) 품질시험계획
(9) 안전관리계획
(10) 환경관리계획
(11) 지장물처리계획
(12) 교통관리계획

10) 시공계획서의 작성(사례)

(1) 공사개요

- 해당공사에 대한 전반적인 사항에 대하여 알 수 있도록 작성
- 시공사 공사현황, 발주, 감독기관, 주요공종, 위치도, 주변시설, 현장전경, 시설물전경 등
- 기타 공사시방서에서 정한 내용 및 발주자, 감독자 요구사항 기재

<table>
<tr><td rowspan="3">시공사</td><td>회사명</td><td colspan="2"></td><td colspan="2">전화번호</td><td colspan="2"></td></tr>
<tr><td>대표자</td><td colspan="6"></td></tr>
<tr><td>소재지</td><td colspan="6"></td></tr>
<tr><td rowspan="3">공사
현장</td><td>공사명</td><td colspan="2"></td><td colspan="2">현장대리인</td><td colspan="2"></td></tr>
<tr><td>현장 소재지</td><td colspan="2"></td><td colspan="2">공사금액</td><td colspan="2"></td></tr>
<tr><td>공사기간</td><td colspan="2"></td><td colspan="2">전화번호</td><td colspan="2"></td></tr>
<tr><td>발주기관</td><td colspan="2"></td><td colspan="2">전화번호</td><td colspan="2"></td><td></td></tr>
<tr><td>감독기관</td><td colspan="2"></td><td colspan="2">전화번호</td><td colspan="2"></td><td></td></tr>
<tr><td rowspan="6">공사규모</td><td colspan="2">주요공종</td><td colspan="2">규격</td><td colspan="2">수량</td><td>단위</td></tr>
<tr><td colspan="2"></td><td colspan="2"></td><td colspan="2"></td><td></td></tr>
<tr><td colspan="2"></td><td colspan="2"></td><td colspan="2"></td><td></td></tr>
<tr><td colspan="2"></td><td colspan="2"></td><td colspan="2"></td><td></td></tr>
<tr><td colspan="2"></td><td colspan="2"></td><td colspan="2"></td><td></td></tr>
<tr><td colspan="2"></td><td colspan="2"></td><td colspan="2"></td><td></td></tr>
<tr><td>위치도
(지도)</td><td colspan="7">관련사진</td></tr>
</table>

(2) 원 하도급 조직도

○ 원도급사 조직표

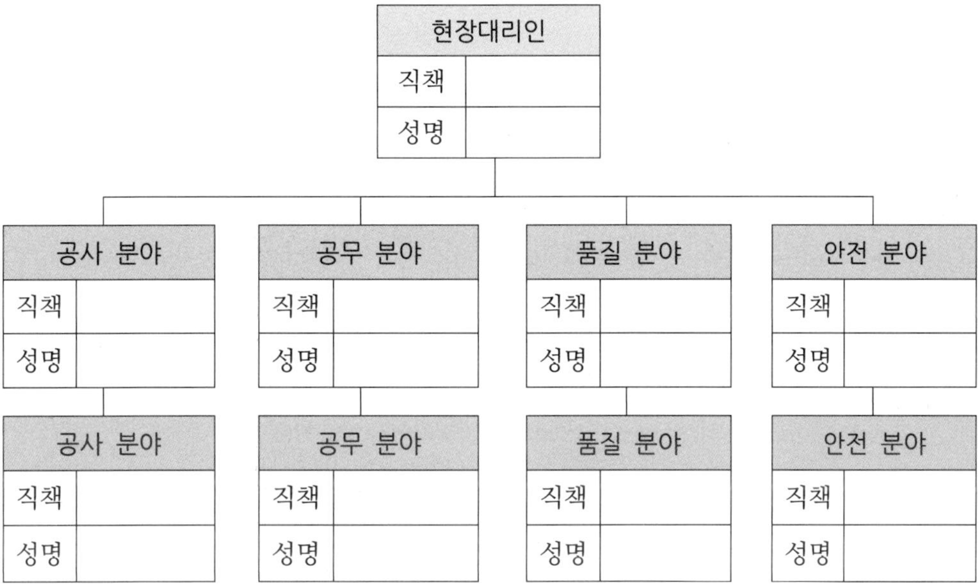

그림 6-1 원도급사 조직도

○ 하도급사(협력업체) 조직표

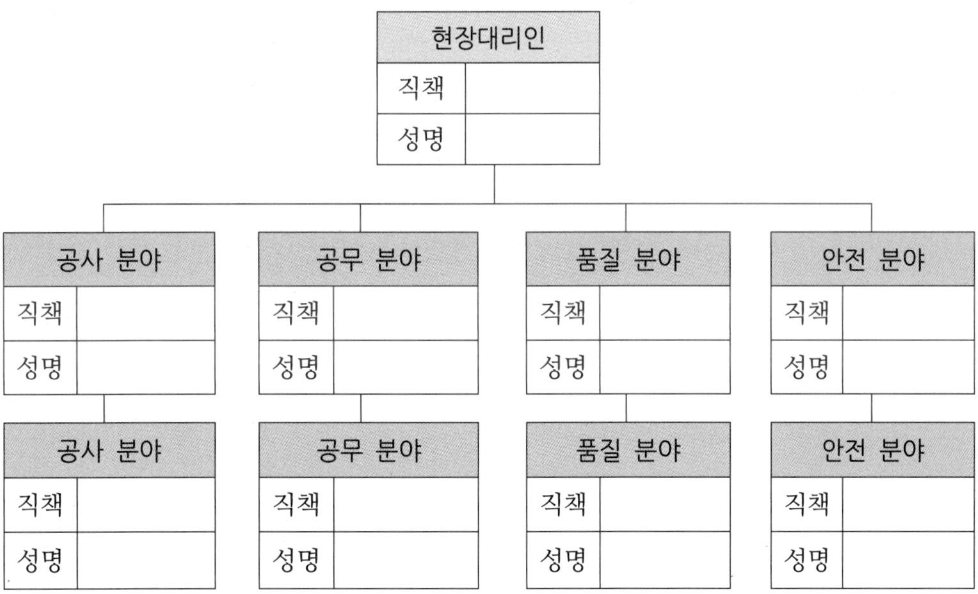

그림 6-2 하도급사 조직도

(3) 유관기관 연락처

ㅇ 발주/감독기관/시공사

구분	기관명	부서명	담당자	연락처
발주청				
감독기관				
시공사				

ㅇ 유관기관

중앙재해대책본부	ㅇㅇㅇ경찰서	ㅇㅇㅇ소방서	ㅇㅇㅇ구청	ㅇㅇㅇ병원
안전보건공단	한국가스안전공사	수도사업소	KTㅇㅇㅇ지사	SK광케이블

(4) 주요공종별 시공절차 및 방법

○ 주요 공종 현황

구분	(주요) 공종명	규격	수량	단위	비고

○ 주요공종 간 시공 흐름도(순서)

단위작업명	단위작업에 대한 설명
↓	
↓	
↓	
↓	

(5) 공정관리계획

공정관리계획은 정해진 공기 내에 설계도서등에 따른 품질을 갖추어 건설공사가 완성될 수 있도록 하기 위해 작성된다. 따라서 공정관리 계획은 현장 여건과 공사 규모, 공종 등 제반 여건을 반영하여 공정계획을 수립한 후 무리 없는 공사 진행을 유도하고 공정분석을 통한 문제점을 조기파악, 대책을 강구함으로써 성공적인 사업수행을 모색하는데 있다. 건설공사가 공정계획에 따라 진행되었으나 진도율에 의한 공정 지연이 발생되는 경우는 공기만회대책을 수립하여야 한다.

즉, 계획공정 대비 실적 공정률이 월간 20% 이상 지연이 발생하는 경우이거나 전체 공정률이 계획대비 10% 이상 차이가 발생되는 경우는 공기만회대책을 수립한다.

공정지연에 따른 공기만회대책은 다음과 같이 절차에 따라 수립하고 정상공정을 진행한다.

공정관리흐름도	비고
공정관리계획수립 및 제출	공사착공 시
⇩ 공정의 진행	공사진행 시
⇩ 계획 대비 실적공정의 비교	공정진도관리(계획대비 실적)
⇩ 공정지연 확인(부진여부판단)	진도율에 의한 공정관리
⇩ 발주처 서면보고	발주기관, 감독기관, 감리원
⇩ 만회대책수립	시공회사
⇩ 공정표 수정(개정)	공기만회대책 반영
⇩ 개정공정표 관리	정상 공기의 진행

그림 6-3 공정관리 흐름도

(6) 주요장비 투입계획(예시)

○ 공종별 투입장비 현황

공종	장비명	규격	수량	작업내용	비고

○ 장비투입 일정

장비명	합계	(　　)월				(　　)월				(　　)월				(　　)월				비고
		1	2	3	4	1	2	3	4	1	2	3	4	1	2	3	4	

(7) 주요 자재 투입계획(예)

ㅇ 공종별 투입자재

공종	자재명	규격	수량	단위	비고
토목공사					지급
					지급
설비공사					사급
					사급

ㅇ 투입자재 주요제원

(자재명)	주요 제원
(관련사진)	

ㅇ 주요자재 반입(요청)/사용 일정

범례 : ▇ 반입 요청(예정)일, ▇ 사용 예정일

공종	자재명	규격	수량	단위	1월				2월				3월				비고
					1	2	3	4	1	2	3	4	1	2	3	4	

○ 자재 반입 절차(예)

자재 반입(준비)	• 반입 일정, 공정, 운반방법 등 협의 • 운반방법, 장비, 보관장소 확보
↓	
자재 반입 검사(검수)	• 자재 상차 상태에서 검수 후 하역을 원칙으로 함 • 현장 여건으로 선 자재 하역시 자재 검수 후 자재 적재 실시 • 하자 확인 시 자재 반출 및 재발주 실시(요청) • 공장생산부재에 대해 생산공장 출하 시 검사필 표시, 제품부호, 제조번호, 수량 및 제품의 파손 유무 등을 확인
↓	
자재 하역	• 적정 장비 및 인력 투입 • 작업동선 및 양중동선 확보
↓	
자재 적재	• 작업장 내 적재 원칙

○ 위치도 및 관련사진

반입경로, 하역위치, 적재위치 등		
A 진입로	B 하역장소	C 보관장소

(8) 인력 투입계획

ㅇ 투입인력현황(예)

공종	직종	인원	작업내용	비고

ㅇ 인력투입일정(예)

공종	직종	합계	8월			9월											비고
			27	28	29	3	4	5	6	7	8	9	10	11	12	13	

(9) 품질시험계획

○ 품질시험개요(예)

공사명	
시공자	
발주청	
감독기관	
공사기간	
공사개요	

○ 공종별 시험계획(예)

연번	공종	시험종목	시험계획물량 (설계물량)	시험 빈도	계 획					품질 기준	비고
					계	현장 시험	시험 의뢰	시험 성적서	KS 인증		

○ 실험실 장비 현황(예)

장비명	규격	수량	단위	비고

○ 실험실 배치도

실험실 규모	
시험실 배치도	

ㅇ 품질관리자 배치기준

대상공사 구분	공사규모	건설기술자	해당여부 (V)
특 급	영 제89조제1항제1호 및 제2호에 따라 품질관리계획을 수립하여야 하는 건설공사로서 총공사비가 1,000억원 이상인 건설공사 또는 연면적 5만㎡ 이상인 다중이용 건축물의 건설공사	가. 특급기술자 나. 중급기술자	
고 급	영 제89조제1항제1호 및 제2호에 따라 품질관리계획을 수립하여야 하는 건설공사로서 특급품질관리 대상 공사가 아닌 건설공사	가. 고급기술자 나. 중급기술자	
중 급	총공사비가 100억원 이상인 건설공사 또는 연면적 5,000㎡ 이상인 다중이용 건축물의 건설공사로서 특급 및 고급품질관리 대상 공사가 아닌 건설공사	가. 중급기술자 나. 초급기술자	
초 급	영 제89조제2항에 따라 품질시험계획을 수립하여야 하는 건설공사로서 중급품질관리 대상 공사가 아닌 건설공사	초급기술자	

ㅇ 품질관리자 배치현황

성명	품질관리업무 수행기간	기술자 자격 및 학력 · 경력 · 교육이수 사항	등급	비고

※ 품질관리자 경력증명서 별첨

(10) 환경관리계획

○ 대상공종 현황

구분	(주요) 공종명	규격	단위	수량	비고

○ 환경관리 조직 및 업무분장

<table>
<tr><th rowspan="2">조직도</th><th colspan="2">업무분장</th></tr>
<tr><th>직책</th><th>해당업무</th></tr>
<tr><td rowspan="4">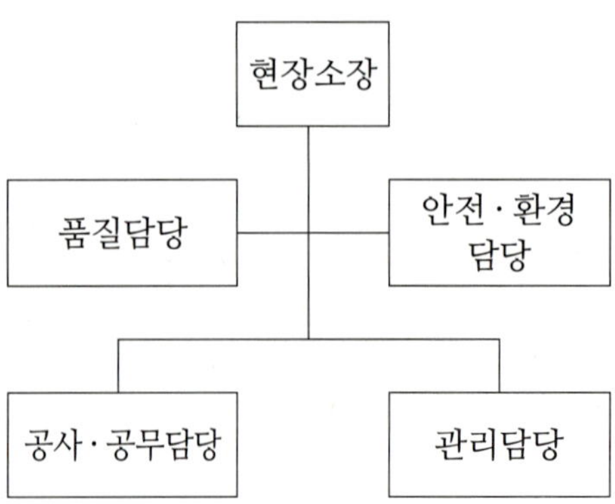
</td><td>현장소장</td><td>현장 환경관리 이행에 관한 총괄 책임</td></tr>
<tr><td>공무담당</td><td>현장 환경관리 업무의 시행 책임</td></tr>
<tr><td>안전·환경담당</td><td>현장 환경계획 수립 및 대관신고 책임</td></tr>
<tr><td>공사담당</td><td>현장 오염배출시설 설치·운영 책임</td></tr>
</table>

■ 환경관리비의 산출기준 및 관리에 관한 지침[별지 제1호서식]

환경관리비 사용(변경) 계획서

공사감독(또는 건설사업관리기술자) 경유 (서명 또는 인)

공 사 명			
소 재 지			
발 주 자		공 사 기 간	
회 사 명		대 표 자	
공사금액		환경관리비	

환경관리비 산출(변경) 내역

항 목	산출(변경) 내용	금 액	비 고
총 계			
1. 환경관리비(직접공사비)			
1) 환경보전비			
a. 비산먼지 방지시설			
b. 소음·진동 방지시설			
c. 폐기물 처리시설			
d. 수질오염 방지시설			
2) 폐기물 처리비			
a. 폐기물 분리·선별 및 배출			
b. 현장재활용			
c. 폐기물처리 용역			
· 건설폐기물처리			분리발주공사 작성 제외
· 사업장폐기물처리			
· 지정폐기물처리			철거대상시설에서 발생하는 폐석면 등
2. 환경보전비(간접공사비)			

「건설기술진흥법」 제66조 제3항 및 같은 법 시행규칙 제61조의 3항의 규정에 의하여 해당 건설공사의 환경관리비 사용계획서를 위와 같이 제출합니다.

년 월 일

첨부서류 : 환경관리비 세부사용 계획서

환경관리비 산출근거(단가산출서 및 수량산출서)

현장대리인 성명 (서명 또는 인)

발주자 귀하

210㎜×297㎜[백상지(80g/㎡)]

(11) 안전작업계획

작업 전 사전조사 결과	지형	■ 평지 □ 경사지(%)		
	지반상태	■ 견고 □ 보통 □ 연약		
위험요인 예방조치	추락			
	낙하			
	전도			
	협착			
	붕괴			
기타 안전조치				
안전교육 실시 (자필서명)		운전원	작업지휘자	작업자

(12) 지장물 처리계획

○ 지장물 개요

구분	지장물명	규격 (심도)	수량	단위	위치	관리주체	처리계획
지상 지장물	송전선로 철탑					한국전력공사	
지하 지장물	한국통신케이블					KT	
	상수도관					상수도사업본부	
	하수도관					환경관리공단	
	도시가스관					대한도시가스	
	미지관로						

○ 지장물 현황도(전체)

현황도면
(현황도면)

6.4 중점품질관리계획의 수립

1) 중점품질관리란

"중점품질관리" 공정이란 공정이 완료되기 전에는 시공품에 대한 검사 및 시험만으로는 그 결과를 사전에 충분히 검증할 수 없는 공사공정을 말한다.

건설사업관리에서 중점 품질관리계획(QMP : Quality Management Plan)은 프로젝트의 성공을 위한 중요한 요소이다. 이 계획은 건설사업의 사업적인 목표와 일치하는 품질기준을 설정하고 이를 달성하기 위한 구체적인 절차와 지침을 제공한다.

즉 중점품질관리란 건설 현장의 시공과정에서 다른 공사공종에 비해 우선적으로 품질관리를 해야 할 공종을 선택하여 규정된 요구사항에 따라 품질기준과 시공지침에 부합하도록 중점적인 품질관리를 수행함으로써 건설공사의 하자발생을 미연에 방지하고 고품질의 시공이 이루어지도록 하는 데 목적이 있다.

2) 중점 품질관리 관련 법규

건설공사 품질관리 업무지침(국토부 고시 제2020-720호) 별표 1항 품질관리계획서 작성기준(제7조 제1항 관련) 제8.7항의 중점품질관리는 품질관리가 소홀해지기 쉽거나 하자 발생 빈도가 높으며, 부적합한 공사로 판명될 경우 시정조치가 어렵고 많은 시간과 노력 및 경비가 소요되는 공사공종 또는 공사 부위에 대하여 중점적으로 품질관리를 하여야 한다.

또한 중점 품질관리 절차에는 다음의 각 호의 사항을 포함하여 문서화된 정보를 유지하고 보유하여야 한다.

(1) 중점 품질관리 대상의 결정
(2) 작업에 이용되는 장비기준 및 승인
(3) 작업자에 대한 자격 기준 및 자격인정
(4) 작업 방법 결정 및 모니터링 방법
(5) 그 밖에 필요한 사항

3) ISO9001규격의 중점품질관리(특별 공정)

국제품질표준(ISO9001:2015), 제8.5항의 '생산 및 서비스 제공'에는 '생산 및 서비스 활동의 결과가 후속되는 모니터링 또는 측정에 의해 검증될 수 없는 경우, 생산 및 서비스 제공을 위한 프로세스의 계획된 결과를 달성하기 위한 능력의 실현성 확인과 주기적인 실현성 재확인이 필요하다.'라고 규정하고 있다.

이는 국토부공시내용인 품질관리계획서 작성기준상의 특수한 공사공정으로서 중점적으로 품질관리계획을 수립함으로서 품질하자를 방지할 수 있도록 한 것과 그 목적상 동일성이 인정된다 할 것이다.

8.5 생산 및 서비스 제공(ISO9001:2015),

8.5.1 생산 및 서비스 제공의 관리

조직은 제품 및 서비스 제공을 관리되는 조건하에서 실행하여야 한다.
관리되는 조건에 해당되는 경우, 다음 사항이 포함되어야 한다.

a) 다음을 규정하는 문서화된 정보의 가용성
   1) 생산되어야 하는 제품의, 제공되어야 하는 서비스의, 또는 수행되어야 하는 활동의 특성
   2) 달성되어야 하는 결과
b) 적절한 모니터링 자원 및 측정 자원의 가용성 및 활용
c) 프로세스 또는 출력의 관리에 대한 기준, 그리고 제품 및 서비스에 대한 합격 판정기준이 충족되었음을 검증하기 위하여, 적절한 단계에서 모니터링 및 측정 활동의 실행
d) 프로세스 운용을 위한 적절한 기반구조 및 환경의 활용
e) 요구되는 모든 자격을 포함하여, 역량이 있는 인원의 선정
f) 결과로 나타난 출력이, 후속되는 모니터링 또는 측정에 의해 검증될 수 없는 경우, 생산 및 서비스 제공을 위한 프로세스의 계획된 결과를 달성하기 위한 능력의 실현성 확인 및 주기적 실현성 재확인
g) 인적 오류를 예방하기 위한 조치의 실행
h) 불출, 인도 및 인도 후 활동의 실행

즉, 시공자는 사용자에게 양질의 시공품을 제공하기 위하여 품질에 직접적으로 영향을 미치는 설계·시공·설치·서비스 공정을 항상 최적 관리 상태로 유지하기 위하여 공사별, 공종별, 작업별 공정순서의 관리 방법을 명확히 정하고, 효과적

으로 관리하기 위한 기준 또는 절차를 구비하여야 한다.

특히 공정관리 담당자는 공정관리 기준 또는 절차가 현장 상황과 일치하여 공정이 다음과 같은 적정한 관리상태에 있는지 체크하여 유지 관리하여야 한다.

(1) 작업지침서·시방서 준비와 작업 수행
(2) 공정 및 품질특성을 파악하고 통계적 기법 등을 이용하여 항상 감시하고 통제
(3) 시공품의 공정 및 품질특성에 적합한 설비를 이용
(4) 작업자의 숙련도를 유지하고 향상시키기 위한 교육·훈련 실시
(5) 공정 및 장비는 사전에 적합성을 검증하고 승인된 것 사용
(6) 적합한 작업조건과 기준을 명확하게 유지
(7) 공정능력의 유지·보장을 위하여 적정한 설비관리

4) 중점품질관리 대상과 관리

(1) 의의

국토교통부의 건설공사 품질관리지침에 명시한 중점품질관리 공종이란 국제표준화기구의 규격 요구사항에서 말하는 특별공정을 말한다. 이는 시공품이 완성되기까지는 그 작업의 결함이 발견되지 않다가 사용 중에 결함이 발견되는 특징을 가지고 있는 공정을 말한다.

예를 들어 용접, 열처리, 주조, 도금, 도장, 염색, 표면처리, 화학적 반응공정, 비파괴 검사공정 등이 이에 해당된다.

그러나 특별공정의 분류는 조직의 업무 특성이나 서비스 활동의 결과공정을 기준으로 하여 시공업체 스스로가 필요에 따라 결정하면 된다.

따라서 공급자는 이러한 특별공정이 규정된 요구사항을 충족시킬 수 있도록 문서화된 절차를 수립하여 지속적으로 관리하고 점검하여야 한다.

(2) 중점품질관리의 목적

건설공사의 중점품질관리목적은 건설공사 신축 현장의 설계서·시방서·공정계획 등을 검토하여 품질 관리가 소홀해지기 쉽거나 하자발생 빈도가 높으며 시공 후 시정이 어렵고 많은 노력과 경비가 소요되는 공종 또는 부위를 중점품질

관리 대상으로 선정하여 타 공정에 비하여 우선적으로 입회·확인하여 품질관리를 유지하기 위함이다.

(3) 중점품질관리 대상선정

건설사업관리 기술인은 해당 공사의 설계도서, 시방서, 공정계획을 검토하여 다음과 같은 경우, 중점품질관리 대상으로 선정한다.

① 품질하자 발생빈도가 높은 공사 공종
② 시공 후에는 시정조치가 어려운 공사 공종
③ 시정조치 시 많은 경비가 소요되는 공사 공종
④ 품질관리가 소홀해 질 수 있는 공사 공종

(4) 중점 품질관리대상 선정 시 고려사항

중점 품질관리대상 선정 시 고려해야 할 사항은 다음과 같다.

① 공정계획에 의한 월별·공종별 시험 종목 및 시험 회수
② 수급자 품질관리자 인원 및 공정 진행에 따른 인력 충원계획
③ 공종의 특성상 품질관리 상태를 육안 등으로 간접 확인할 수 있는지 여부
④ 작업조건의 양·불량상태
⑤ 타 현장의 시공사례에서 하자 발생 빈도가 높은 공종 인지 여부
⑥ 품질관리 불량부위의 시공이 용이한지 여부
⑦ 시공 후 지중에 매몰되어 추후 품질확인이 어렵고 재시공이 곤란한지 여부
⑧ 품질불량 시 인근 부위 또는 타 공종에 미치는 영향의 대소
⑨ 시공이 곤란한 지역에서 이루어져 접근이 용이한지 여부

(5) 주요적용대상 공종(사례)

일반적으로 중점 품질관리대상 공사 분야와 공종은 다음과 같으나 이에 국한하는 것은 아니다.

① 건축공사 : 철근콘크리트공사, 피복두께, 균열관리(재료분리 등)
② 철골공사 : 자재의 변형, 용접상태, 레벨수직도 등

표 6-15 특별공정의 대상과 공종의 분류(예)

구 분		공정명	비 고
시공·설치	일반공사	파일항타공사/ S. I. P 공사 방수공사	재료선정, 운반, 저장, 시항타, 본항타 등 재료, 배합, 바탕처리, 시공, 검사 등
	PLANT 공사	용접작업 도장작업	모살용접, 맞댄용접, 개선면, 홈각, 허용오차 등 재료, 배합, 바탕처리, 시공법, 검사 등
시험·검사	철골공사	비파괴검사	방사선시험(RT), 자분탐상 시험(MT), 침투탐상법(PT), 초음파시험(UT)

(6) 중점품질관리방법

중점품질관리대상으로 선정된 공종의 효율적 품질관리를 위하여 다음과 같이 관리하여야 한다.

① 해당 공종 및 시공 부위를 도면 등에 표기하여 감독, 시공자 모두 숙지
② 중점 품질관리 대상 공종이 동시에 여러 개소에 시공되거나 공휴일, 야간 등 관리가 소홀해질 수 있는 시기에 시공되지 않도록 공정계획을 조정
③ "중점 품질관리 공종"의 해당 부위에 표지판을 설치하고 주의 사항을 명기
④ 콘트리트 타설 시에는 무단 가수 하는 행위 등이 발생하지 않도록 사전 교육 및 감독, 시공업체 담당기술자가 입회
⑤ 사용 자재가 시방기준에 적합한지 확인
⑥ 제작 및 측정설비의 정확도·정밀도를 유지
⑦ 품질요건을 만족시킬 수 있도록 작업자의 기능, 능력, 기술을 향상하고 관리하기 위하여 교육·훈련 실시
⑧ 일정한 지식, 기능, 숙련도에 도달한 작업자에게는 자격 부여
⑨ 품질특성, 공정특성을 파악하고 감시
⑩ 환경, 시간, 온도, 통제요소 등 품질에 영향을 미치는 요인 감시·통제
⑪ 공정 및 설비의 적절성을 검토하고 승인하며, 유자격자가 관리

(7) 중점품질관리 공종관리(사례 1)

공정	공종	문제점	관리대책
토공사	흙막이 가시설공사	• 수직도, 선형 불량 • 용접 불량	• 가이드 빔 설치로 천공기의 수직도 및 선형유지 • 국가공인 자격증 소지자 배치 혹은 용접사 기량 테스트 후 시공투입
건축 공사	슬래브/보	• 슬래브 처짐 • 보의 처짐 및 측벽 배부름 • 타설면 불량	• 거푸집 이음 부위의 턱 발생 방지 • 슬래브 바닥 중앙부를 2~3cm 치켜 올림 • 동바리 설치 간격 준수 및 상부목 고정 • 보의 지지 1개인 경우 편심 발생하지 않도록 지지 • 동바리 수직 설치 및 동일 간격 준수 • 사용 후 불순물 제거 및 박리제 도포
	측벽	• 상하층간 이어치기 부위의 턱짐 • 배부름 및 터짐 • 수직상태 불량	• 층간 이음콘크리트 턱짐 방지 • 배부름 및 터짐 방지를 위한 프랫 타이 및 타이핀 고정 철저 • 수직 유지를 위한 버팀대 및 당김줄 설치
	발코니	• 수직상태 불량 • 비틀림, 배부름 및 터짐	• 수직, 수평을 유지하기 위한 버팀재와 당김 철선의 설치 보강 • 배부름 및 터짐 방지를 위한 타이핀 및 볼트 보강 • 마구리면의 거푸집 조립은 콘크리트 타설시 측압에 견딜 수 있도록 보강
	개구부 기타	• 수직·수평 상태 불량 • 콘크리트 상태 불량	• 거푸집 청소 및 박리제 도포 • 타설시 진동다짐기 사용 철저 • 고임대·버팀대로 피복두께 유지 • 시방서에 의한 타설방법 준수로 골재 분리 방지 • 거푸집 조립 시 틈새가 없도록 조치 • 콘크리트 이음 부위는 레이턴스를 제거하고 부배합 모르타르로 도포 후 콘크리트 타설

공정	공종	문제점	점검대책
건축 공사	철근공사	• 철근간격 유지부족	• 간격 및 순간격은 건축구조설계기준(KBC 2005)의 규정에 따라 배근
		• 피복두께 부족	• 내구성·내화성·구조내력상의 안정성 및 시공오차를 고려하여 각 부위별 피복두께는 시방서의 규정에 따름
		• 정착길이 부족	• 인장·압축 구분하여 소요길이 확보(철근응력의 크기, 콘크리트 강도에 따라 혹은 허용부착 응력도 및 철근 단부의 후크 유무 등에 따라 결정)
	콘크리트공사	• 자재선정	• KS표시허가 공장의 레미콘선정 • 운반시간, 배출시간, 일일제조 능력, 운반차의 대수 제조설비, 품질관리 수준을 고려하여 선정 • 콘크리트 배합은 시방서에 의한 배합
		• 콘크리트 타설 및 양생 불량	• 콘크리트의 재료분리가 일어나지 않도록 생산 후 90분 이내 타설 완료 • 품질불량 및 곰보발생을 방지하기 위하여 진동기, 다짐봉, 목망치 다짐시 입회·확인 • 근로자 교육

(8) 오차기준 및 중점 점검항목(사례 2)

구분	점검항목	오차기준
토공사	1. 흙막이 가시설 ① H-PILE 천공 설차연작도 허용오차 ② H-PILE 천공심도 ③ 토류판규격 ④ 그라우팅 주입압 ⑤ N-SGR주입펌프 토출압력 ⑥ 터파기 계획고	• 1/200 이내 • H = 3.5m • T = 80mm • 5~10kg/m² 유지 • 5kg/m³ • 토사±10cm, 풍화암±20cm

구분	점검항목	오차기준
건축 공사	① 기초위치의 편심허용차 ② 측벽의 수직오차 ③ 복도, 발코니의 수직오차 ④ 슬래브의 평탄성 오차 ⑤ 건축물 높이 ⑥ 평면길이 ⑦ 출구 너비 ⑧ 반자 높이 ⑨ 벽체 두께 ⑩ 바닥판두께	• 편심방향 기초 폭의 2% 또는 20㎜ 이내 • 층당 ±6㎜, 전체 ±25㎜ • 층당 ±6㎜, 전체 ±20㎜ • 층당 ±6㎜, 전체 : 고층±25㎜, 저층±20㎜ • 3m당 6㎜ 이내 • 3m당 10㎜ 이내 • 2% 이내(1m를 초과할 수 없다) • 2% 이내 • 2% 이내 • 2% 이내

(9) 중점품질관리 공종관리(사례 3)

항 목		점검항목
흙막이 공사		• H-PILE 천공 설치 연직도 확인 • H-PILE 천공심도 확인 • 토류판 규격 확인 • 그라우팅 주입압 확인 • N-SGR 주입펌프 토출압력 확인 • 터파기 계획고 확인
철근 콘크리트 공사	거푸집 공사	• 층고, 기둥, 보, 및 옹벽, 슬래브 두께 • 개주부 크기 및 위치, 발코니 내민길이 • 매설물 설치위치 : 계단 및 발코니난간, 현관문의 고정철물 등 • 우수드레인 위치 • 각종 슬리브 위치 • 거푸집 긴결재(폼타이)의 긴결도 및 사용갯수는 알맞는가 • 동바리 설치 위치, 간격 및 고정상태는 적정한가 • 거푸집 사용횟수는 적정한가 • 박리제 확인(광물성 유지로서 수용성인지 여부) • 청소구멍은 적당하고 청소 후 밀실하게 재조립 되었는가 • 형틀 이음부위의 평활도, 틈새발생 부위의 처리는 적정한가

항 목		점검항목
철근 콘크리트 공사	철근가공 조립공사	• 철근의 이음, 정착길이 확인 및 배근방법 • 철근 규격별 배근 및 수량 확인 • 일반철근과 고강도 철근의 혼용 사용여부 확인 • 보강철근의 배근위치 및 수량 확인 • 부위별로 철근의 간격 및 피복두께가 유지되도록 고임대 및 버팀대의 재질 및 간격의 적정성 여부 확인
	콘크리트 타설공사	• 형틀의 청소 상태 : 기둥, 옹벽의 최저부, 계단의 이음부위 • 형틀의 습윤 상태 • 콘크리트의 펌프 용량과 성능의 적정성 확인 • 부위별 타설 콘크리트 규격 확인 • 현장 반입된 자재의 송장과 배합설계에 의한 골재규격 및 첨가제 일치 • 레미콘 출하에서 타설완료시 까지 지정된 시간의 준수 여부 • 현장관리 시험 입회 확인(슬럼프, 공기량, 염화물, 공시체 제작) • 발코니턱 등 노출면처리 상태 • 이음철근 변형여부 확인 • 콘크리트 바닥면 평탄성 확인 • 보양 및 양생 확인

6.5 식별 및 추적관리

1) 개요

ISO 9001:2015년 제8.5.2항에는 '식별과 추적성'에 대한 요구사항을 규정하고 있다. 일반적으로 도급계약에 의한 건설공사 수행 시 시공자는 공사가 진행되는 모든 단계에서 제품 및 서비스의 적합성을 보장하기 위하여 적절한 수단으로 자재와 제품을 식별하여야 하고, 모니터링 및 측정 요구사항과 관련한 자재나 제품의 상태를 식별하여야 하며, 추적성이 요구사항인 경우, 제품의 고유한 식별을 관리하도록 규정하고 있다.

> **8.5.2 식별과 추적성(ISO 9001:2015)**
> 조직은 제품 및 서비스의 적합성을 보장하기 위하여 필요한 경우, 출력을 식별하기 위하여 적절한 관리 수단을 활용하여야 한다.
> 조직은 생산 및 서비스 제공 전체에 걸쳐 모니터링 및 측정 요구사항에 관한 출력의 상태를 식별하여야 한다.
> 추적성이 요구사항인 경우, 조직은 출력의 고유한 식별을 관리하여야 하며, 추적이 가능하기 위하여 필요한 문서화된 정보를 보유하여야 한다.

2) 제품식별 및 추적성이란

식별이란 분별하여 알아본다는 의미로 제품의 식별이란 부적합한 제품 또는 자재의 사용 방지와 사후문제 발생 시 원인조사와 시정조치가 가능하도록 보장하기 위한 것이다, 따라서 자재구입 부터 작업·설치·인도 등 모든 단계에서 적절한 수단으로 구분될 수 있어야 한다.

추적성이란 기록을 통하여 제품 및 또는 서비스의 이력을 추적하는 능력을 말한다. 따라서 추적은 고객의 요구나 법적 요구가 있는 경우에는 필수이나, 그 외의 경우는 서비스를 제공하는 조직의 결정에 따르게 된다.

즉, 제품식별이란 건설 현장에 반입된 제품의 오용을 방지하고 공정 중의 제품 구별을 위해 제품의 품명, 규격 등을 팻말, 라벨 및 꼬리표 등에 기록하여 제품에 부착하는 것을 말한다.

추적성관리란 문제의 소재파악과 원인추적 등 필요한 관리방안을 제공하기 위하여 규정된 범위 내에서 추적성을 부여하는 활동을 말한다.

3) 추적성 요구대상

조직은 제품 및 또는 서비스와 프로세스의 적절한 식별을 개발하기 위해 제품 및 또는 서비스와 관련된 추적 요구사항을 파악하여야 한다. 이는 먼저 제품 및 또는 서비스와 프로세스의 추적성을 제공하는 식별요건들을 정하고, 실행해야 함을 의미한다. 추적성을 위한 요구는 다음을 포함한다.

(1) 구성품을 포함한 제품 및 / 또는 서비스 상태
(2) 계약 요구사항
(3) 법률
(4) 의도된 사용
(5) 위험완화

4) 식별관리 방법

사용되는 자재나 제품의 식별관리의 범위는 모든 구매품과 고객지급품에 적용한다. 단 품명, 규격, 용도가 명확한 경우와 입고 시 식별표시가 되어있는 경우는 제외한다.

자재의 식별표시는 명확하거나 읽기 쉬운 방법이어야 하며, 기능이나 수명에 유해한 영향을 끼쳐서는 아니 된다.

또한 마킹을 식별 수단으로 사용할 경우는 그 식별기간이 쉽게 지워지거나 변조되지 않아야 하고 물리적인 방법으로 자재에 마킹을 식별표시를 할 경우는 자재의 허용 가능한 범위 내에서 식별표시를 하여야 한다. 자재에 대한 식별표시가 불가능할 경우는, 물리적인 분리, 라벨이나 스티커를 부착하여 식별을 유지하도록 한다.

식별기록의 유지를 위해 반입검사보고서를 작성 유지하며 식별표시내용에는 다음 사항이 포함되어야 한다.

(1) 품목명
(2) 규격
(3) 용도 및 사용 위치와 사용량
(4) 품목의 성능 또는 성적서 송장
(5) 스탬프 날인 또는 포장 용기에 마킹
(6) 라벨/스티커/TAG
(7) 컬러코드 페인팅
(8) 각인(기계가공품의 경우)
(9) 깃발·팻말

5) 추적성 관리 방법

제품이나 자재의 추적성 관리는 고객의 요구나 법적인 요구가 있는 경우이거나 공급자 조직이 자발적으로 관리의 효율성과 비용을 감안 하여 추적성 관리대상과 방법을 정할 수 있다.

추적성은 사용되는 자재나 제품이 최종 목적물에 사용될 시 어느 부위에 사용되었는지 여부를 관리하는 것이며, 이는 완성된 구조물이 하자가 발생될 경우 그 하자의 원인이 어느 부분에 무엇 때문인지를 추적하여 조기에 제거하고 재발을 방지하기 위함이다.

일반적으로 추적관리 대상은 여러 가지 자재나 제품이 혼합되어 단일목적물을 구축하는 건설업에서 대표적인 사례를 찾을 수 있다.

그 예로 레미콘, 아스콘, P.C부재, 석공사용 부재, 창호공사용 부재, 철골공사 부재 등 공장에서 제작하고 현장에서 설치하는 자재나 제품이 그 대상이다.

추적성 관리방법은 추적성 관리대장에 현장에 반입되는 자재별, 일자별, 번호별, 사용량, 재고량, 사용 위치 등을 명기하여 관리하는 것이다.

일반적으로 콘크리트는 콘크리트 타설 기록이나 공시체 검사, 송장 철골 부재는 조립일지 등으로 시공 부위와 적합성을 추적할 수 있어야 한다.

현장 자재담당자는 추적성이 요구되는 자재는 개별제품이나 배치의 고유한 식별을 보고서, 도면, 명판 등 적절한 방법에 따라 품명, 규격, 사용 위치, 사용 현장 등을 자재 일보 등에 기록관리를 한다.

6) 유지관리방법

자재담당자는 자재의 식별관리에 대한 제반 업무를 관리하고 식별표시가 유지되고 있는지를 수입·인수검사보고서에 기록하고 점검하여야 한다.

또한 자재나 제품의 현장입고나 출고시 자재의 식별표시가 수입검사보고서와 일치하고 있는지 자재일보를 작성하여 점검하여야 한다.

자재의 식별은 인수 시부터 시공 및 설치하는 모든 단계에서 해당도면, 시방서 또는 기타문서에 의해 유지관리 되어야 한다. 자재의 식별표시는 시공에 사용되기 전까지 또는 출하 시까지 자재로부터 제거해서는 아니 된다.

6.6 고객 재산관리

1) 개요

고객자산이란 원 사업자 및 발주자가 계약자인 시공회사에 대하여 지급하는 자재 또는 지급품을 말한다.

조직은 조직의 관리 하에 있거나 조직에 의하여 사용 중에 있는 고객재산에 대하여 주의를 기울여야 한다.

즉, 서비스를 제공하는 공급자 조직은 제품으로 사용하거나 제품으로 하기 위하여 제공된 고객재산(일명 고객지급품)에 대해서는 식별하고 검증·보호·유지하여야 한다.

만약 분실, 손상 또는 사용하기에 부적절한 것으로 판명된 고객자산이 발생하면 그 증거로서 이를 기록하고 고객에게 보고하여야 한다.

> 8.5.3 고객 또는 외부공급자의 재산(ISO 9001:2015)
>
> 조직은 조직의 관리 하에 있거나, 조직이 사용 중에 있는 고객 또는 외부공급자의 재산에 대하여 주의를 기울여야 한다. 조직은 제품 및 서비스에 사용되거나 포함되도록 제공된 고객 또는 외부공급자의 재산을 식별, 검증, 보호 및 안전하게 유지하여야 한다.
> 고객 또는 외부공급자의 재산이 분실, 손상 또는 사용하기에 부적절한 것으로 판명된 경우, 조직은 고객 또는 외부공급자에게 이를 통보하여야 하며, 발생한 사항에 대해 문서화된 정보를 보유하여야 한다.
>
> 【비고】 고객 또는 외부공급자의 재산에는 자재, 부품, 공구 및 장비, 고객 부동산, 지적 소유권 및 개인 정보가 포함될 수 있다.

2) 고객자산이란

고객재산이란 고객이 조직에 주문한 자재나 제품 또는 성과품에 사용되는 물품의 지급에 관한 것으로, 이는 조직이 고객을 대신해 고객이 지급하는 재산의 검증, 보관, 유지 등의 관리 절차를 확립하도록 하기 위한 것이다.

즉, 국가가 발주기관일 경우 발주처 지급품 또는 관급품을 말하며 만약 고객이 이러한 제품을 판매한 경우는 상호 거래 행위이므로 고객지급품이 아니다.

또 고객이 어떤 자재 또는 장비를 사용하도록 계약상 지정한 경우에는 이는 또한 고객지급품이 아니다. 또한 고객이 설계의 책임이 있는 경우, 조직에 제공되는 소유권이 있는 정보는 고객재산에 해당될 수 있으며 이것은 고객의 지적재산이 될 수가 있다.

따라서 이러한 경우는 이 조항에 따라 관리되어야 하며 조직이 고객의 기밀이나 개인 데이터가 제공되는 경우(예, 인터넷 판매) 이것도 관리되어야 할 고객재산이다.

또 고객이나 공급자의 자산도 조직의 자산처럼 관리하라는 의도가 담겨있다. 즉, 고객자산이 분실, 손상 또는 사용하기에 부적절한 것으로 판명되는 경우, 이를 즉시 고객에게 알리고 문서화된 정보를 그 증거물로 보유하라는 의미가 담겨있다.

고객자산을 검증, 보관, 유지함으로써 건전한 지급품이 건설공사나 해당 용역수행 시 투입되어 제품 또는 성과품을 실현하는 경우, 고객의 요구사항을 만족하도록 하는데 목적이 있다.

3) 고객·외부공급자 재산 관리방법

일반적으로 고객재산의 관리방법과 절차는 다음과 같다.

(1) 고객지급품의 확인(손상, 분실, 부적합 여부)
(2) 혼동과 부주의한 사용방지를 위한 식별표시
(3) 적절한 환경에서의 보관, 장기 보관 시 열화 검출
(4) 선입선출 사용(해당 시)
(5) 부적합 발견 시 이를 문서화하고, 고객에게 통지

4) 고객재산의 관리절차

(1) 지급품의 확인

고객지급품은 고객으로부터 인수 시 정확한 품목인가의 확인, 수량, 결함 여부, 운송 중 손상이나 파손여부, 저장 중 장기 보존 시에는 열화 여부의 주기적 확인, 고객지급품의 사용 중 나타나는 결함의 확인

(2) 취급 · 저장 · 사용

고객지급품의 취급과 저장 및 사용은 다음과 같이 수행한다.

① 적절한 환경조건이 구비된 곳에서 타 제품과의 혼돈되지 않도록 식별하여 저장
② 선입선출에 의한 불출
③ 타제품의 사용이나 폐기를 방지하기 위한 식별 및 관리

(3) 손상 · 분실 · 부적합 처리

고객지급품의 인수 후 손상이나 분실 또는 부적합의 처리방법은 다음과 같다.

① 해당 사항을 기록
② 고객에게 통지
③ 품질기록으로 관리

(4) 기타 고객재산 관리

① 고객재산에 관한 검증, 보관, 보존관리 절차 수립 및 문서화 유지
② 분실, 손상, 기타 사용 부적합 시 관련 기록 유지, 고객에게 보고
③ 공급자는 고객재산을 소유하고 있는 동안 파손방지, 식별, 보수, 보관, 취급 및 사용 등 다음의 관리 수단을 확립하여 관리한다.

- 동일성의 점검,
- 운반 중의 손상방지
- 보관 중의 정기점검
- 무허가의 사용 및 부적정한 처분의 방지와 보호
- 구입자에 의한 지급재산에 이상이 있을 경우, 처리 방법을 결정
- 분실, 손상, 그 이외 사용에 적합하지 않은 지급품의 사용금지

5) 고객재산의 사용절차

(1) 사용계획수립

현장소장 또는 해당 팀장은 도급계약에 의거 월 단위로 설계도면, 예정공정표, 계약상 명시된 품목 및 수량 등 고객지급품의 사용계획을 수립한다.

(2) 고객지급품 신청

현장소장 또는 해당팀장은 고객지급품신청서(지정양식)에 따라 공사수행 전에 발주자에게 신청한다. (단 발주자의 규정된 양식이 있을 경우 이 양식기준에 따름)

(3) 인수검사

현장소장 또는 해당 팀장은 인수된 자재의 종류, 규격 및 용도의 동일성, 수량, 시방조건의 동일성, 파손여부 등을 외관검사 하고, 고객지급품 관리대장(지정양식)에 정상품의 수량을 기록한다. 또한 현장소장 및 해당 팀장은 검사 및 시험관리 절차에 따라 자재가 반입되면 반입검사보고서를 작성한 후 고객에게 즉시 통보한다. 반입검사가 고객의 보관처에서 이루어지는 경우, 검사결과를 구두로 통보하고 부적합품이 발생한 경우, 수령하지 아니한다.

(4) 보관관리

조직은 고객지급품 검사 시 합격된 것에 한하여 사용 전까지 지정된 장소에 분류 보관하여 사용할 때 반출된 자재는 관리대장에 기록하여 재고관리 한다. 보관 또는 사용 시 발생되는 파손 열화손상 등 부적합품에 대해서는 고객에게 보고하고 필요 시 고객지급품은 품질 보존을 위해 검사기록은 주기적으로 유지관리한다.

(5) 고객지급품 사용

고객지급품은 검사에서 합격품만 사용하고 분실, 손상, 타용도 사용, 부적합한 제품에 대해서는 고객에게 부적합품보고서로 서면 통보하고 그 통보 결과에 대한 기록은 별도 유지 보관하고 정산사항은 도급계약상 정산조건에 따라 처리한다.

6) 고객지급품 사용관리 업무흐름도(사례)

<table>
<tr><th colspan="3">업무흐름도</th><th rowspan="2">업무수행절차</th></tr>
<tr><th>주관팀</th><th>관련팀</th><th>공사담당</th></tr>
<tr><td colspan="3">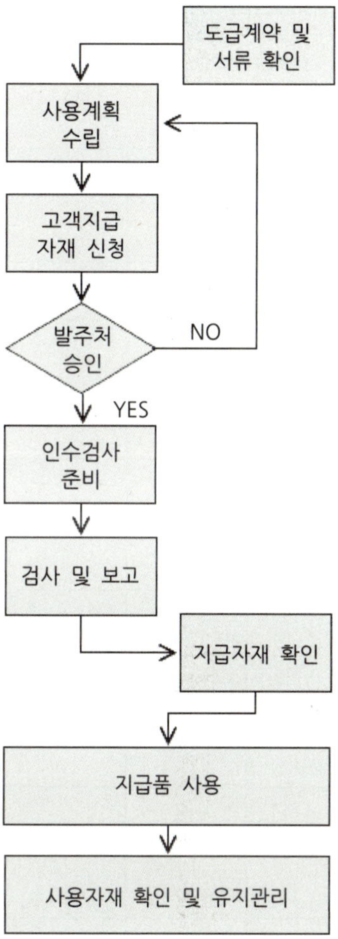
</td><td>• 공사담당은 도급계약서류를 검토한다.
• 공사담당은 고객지급자재 사용계획을 수립한다.
(설계도/공정도/계약상 명시된 지급자재품목)
• 공사담당자은 발주처에 고객지급품을 신청하고 승인을 받는다.
• 지급자재가 반입될 경우 인수검사를 실시하고, 부적합품은 고객에게 통보한다.
• 합격된 자재는 공사에 사용하고 사용자재 및 잔여자재는 관리대장에 기록한다.
• 고객지급품관리대장에 지급 자재의 사용내역 등을 유지관리한다.</td></tr>
</table>

7) 관련양식(사례)

고객 지급품 신청서

현 장 명 : 신청일자 : 년 월 일

수신처 :
발신처 : 인

NO	품 목	규격	수량	반입일자	비고

고객 지급품 관리대장

공 사 명 :

자재명		계약수량	
규 격		지 정 처	

번호	반 입			사 용		반 출		비고
	일자	금회량 누계량	확인	일자	금회량 누계량	일자	금회량 누계량	

제7장

공사목적물의 적합성 측정

7.1 모니터링 · 측정 · 분석 및 평가

1) 개요

건설공사는 도급계약이 이루어지면 공사계획에 의해 건설공사가 진행되나 공사가 진행되는 각 과정마다 시공자가 수행된 공사목적물이 도면, 시방서 등 관련 시공기준에 부합되게 시공되었는지 여부를 모니터링 하고 측정하여야 한다.

이와 관련하여 국제품질규격(ISO9001:2015년) 제9.1항에는 '모니터링, 측정, 분석 및 평가' 항목이 규정되어 있으며, 이 규격의 제9.1.1항은 일반사항으로 조직이 결정해야 할 사항을 명시하고 제9.1.2항에는 고객만족을 위한 모니터링 및 측정, 제9.1.3항에는 분석 및 평가항목이 규정되어 있다.

여기서 제9.1.1항에 명시된 일반사항의 의도는 조직이 결정하여야 할 모니터링 및 측정 대상과, 모니터링 및 측정, 분석 및 평가 방법, 모니터링 및 평가 시기, 분석 및 평가 시기 등을 명확히 규정하고 있다.

이는 모니터링 및 측정 이전에 무엇을 그 대상으로 할 것인지와 어떤 방법으로 측정하고 평가해야 유효한 결과를 얻을 수 있을 것인지 또한 평가와 분석의 시기를 명확히 함으로써 모니터링 및 측정의 결과를 효율적으로 활용할 수가 있도록 하기 위한 뜻이 담겨져 있다.

9.1.1 일반사항(ISO9001:2015)

조직은 다음사항을 결정하여야 한다.

a) 모니터링 및 측정의 대상
b) 유효한 결과를 보장하기 위하여, 필요한 모니터링, 측정, 분석 및 평가에 대한 방법
c) 모니터링 및 측정 수행 시기
d) 모니터링 및 측정의 결과에 대한 분석 및 평가의 시기

조직은 품질경영시스템의 성과 및 효과성을 평가하여야 한다.
조직은 결과의 증거로, 적절한 문서화된 정보를 보유하여야 한다.

2) 고객만족

국제품질규격(ISO9001:2015년) 제9.1.2항의 '고객만족'은 서비스를 제공하는 조직이 '품질경영시스템의 운영성과 측정의 하나로 조직이 고객요구사항을 충족시켰는지에 대하여 고객의 인식과 관련된 정보를 모니터링하여야 한다.'라고 규정하고 있다. 또 '이 정보의 획득 및 활용에 대한 방법을 정해야 한다.'라고 요구하고 있다.

이와 같이 고객만족도는 특별히 고객이 요구하고 있지 않더라도 가능한 한 결정되고 모니터링되어야 한다. 따라서 고객요구사항이 어느 정도까지 충족되었는지에 대한 고객의 인식이 중요한데 그럼에도 불구하고 고객 만족을 측정한 결과 일반적인 지표나 고객 불만이 없다고 하여 반드시 고객만족 수준이 높음을 의미하는 것은 아니다.

즉, 고객요구사항이 고객과 합의되어 성취되었다고 하여 그것이 고객만족 달성을 반드시 보장하는 것은 아니다. 그럼에도 불구하고, 고객지향적인 조직은 고객만족도를 알고 있어야 한다.

그로부터 바람직하지 않는 결과나 경향에 대하여 시정조치와 지속적인 개선을 유도할 수 있어야 하며 바람직한 결과는 제품 및 또는 서비스를 더 강화시키는데 사용되어야 한다.

고객에 대한 모니터링 사례는 고객설문조사, 인도된 제품 또는 서비스에 대한 고객피드백, 고객과의 미팅, 시장점유율 분석, 고객의 칭찬, 보증클레임 그리고 판매업자보고서 등이 있다. 여기서 고객이란 용어의 정의가 중요하다.

ISO9000에서는 계약적인 고객만을 언급하는 것이 아니라 소비자, 고객, 최종사용자, 중간도매업자, 수익자 및 구매자와 같은 내·외부 고객 모두를 포함할 수 있다.

9.1.2 고객만족(ISO9001:2015)

조직은 고객의 니즈 및 기대가 어느 정도 충족되었는지에 대한 고객의 인식을 모니터링하여야 한다. 조직은 이 정보를 수집, 모니터링 및 검토하기 위한 방법을 결정하여야 한다.

3) 분석 및 평가

ISO9000 제9.1.3항의 '분석 및 평가'의 규격요구사항에는 조직이 품질경영시스템의 성과와 효과성을 모니터링 및 측정분석을 통하여 평가하라는 의도가 담겨있다. 이 같은 분석과 평가에는 모니터링 및 측정에서 나온 적절한 데이터와 정보를 분석하고 평가하여야 한다. 라고 규정하고 있으며 그러한 분석과 평가의 결과는 제품 및 또는 서비스의 적합성과 고객만족도, 품질경영시스템의 효과성, 기획의 효과적인 실행여부, 리스크와 기회를 다루기 위해 취해진 조치 등 효과성, 외부공급자의 성과, 품질경영시스템의 개선 필요성 등에 사용되어야 한다. 라고 규정하고 있다. 모니터링 및 측정 데이터와 정보는 고객만족도 조사서, 고객만족도 평가서, 성과지표 관리대장 등을 들 수가 있다.

【데이터 분석 방법】

① 히스토그램

② 파레토도

③ 분산도

④ 상관관계도

⑤ 능력지수

⑥ 관리도

9.1.3 분석 및 평가(ISO9001:2015)
조직은 모니터링 및 측정에서 나온 적절한 데이터와 정보를 분석하고, 평가하여야 한다. 분석의 결과는 다음 사항의 평가를 위하여 사용되어야 한다. a) 제품및 서비스의 적합성 b) 고객만족도 c) 품질경영시스템의 성과 및 효과성 d) 기획의 효과적인 실행여부 e) 리스크와 기회를 다루기 위하여 취해진 조치의 효과성 f) 외부공급자의 성과 g) 품질경영시스템의 개선 필요성

7.2 검·교정 장비관리

1) 검·교정이란

검·교정이란 국가표준 및 소급성 유지를 위하여 계측기기의 정도 변위를 규정에 따라 검사하는 것을 말한다. 제품 및 또는 서비스의 적합성을 모니터링하고 측정하는데 사용된 장비나 장치는 유효한 결과를 제공해 줄 수 있다. 모니터링이란 관찰, 감독, 검토 하에 유지 특히 규제 또는 관리목적을 위한 주기적인 측정 또는 시험을 말한다. 측정이란 크기나 양을 확인하거나 결정, 어떤 사물의 알려진 크기나 용량으로 또는 어떤 정해진 단위와 비교함으로써 크기나 양을 확인하거나 결정하는 것을 말한다. 제품 및 또는 서비스의 적합성은 크게 다음과 같은 2가지 방법 중 하나로 실시할 수 있다. 첫째, 직접 관찰하는 것 즉, 지속적인 목적에 적합성을 보장하기 위하여 주기적인 검증을 필요로 할 비디오카메라, 라코딩 장비 등이 이에 해당된다. 둘째, 측정 장비를 이용한 제품 또는 프로세스의 특성의 주기적인 측정, 이러한 장치는 품질규격의 요구사항에 따라야 한다.

조직은 제품의 적합성 검증을 위해 사용되는 장비나 장치의 모든 모니터링 및 측정을 분석하고 있으며, 유효한 결과를 보장하기 위하여 교정에 대한 필요성을 결정하고 있음을 보여주어야 한다.

즉, 조직은 수행하여야 할 모니터링 및 측정을 파악하고, 결정된 요구사항에 대한 제품의 적합성을 보증하는 데 필요한 모니터링 및 측정 장치를 결정하여야 한다. 또한 조직은 모니터링 및 측정 활동이 측정 요구사항에 일치할 수 있는 방법으로 수행되도록 보장하는 프로세스를 수립하여야 한다.

또 유효한 결과를 보장하는 데 필요한 경우, 측정 장치는 규정된 주기 또는 사용 전에 국제표준 또는 국가표준에 소급 가능한 측정표준으로 교정 또는 검증. 이러한 표준이 없는 경우, 교정 또는 검증에 사용한 근거를 기록할 것과 필요한 경우 조정이나 재조정하여야한다. 또 교정 상태를 결정할 수 있도록 식별하고. 측정 결과를 무효화시킬 수 있는 조정으로부터 보호할 것. 또한 취급, 유지보전 및 보관하는 동안 손상이나 열화로부터 보호할 것 등의 관리가 필요하다.

만약 사용하는 장비가 적합하지 않은 것으로 판명된 경우, 조직은 이전의 측정 결과에 대하여 유효성을 평가하고 기록하여야 한다. 그 이유는 사용에 적합하지 않는 측정기기를 사용하였기 때문에 조직은 장비 및 영향을 받은 제품에 대하여 적절한 조치를 취하여야 하고, 교정 및 검증 결과에 대한 기록은 유지되어야 한다. 규정된 요구사항에 대한 모니터링 및 측정에 사용된 컴퓨터 소프트웨어는 최초 사용 전 의도한 적용을 충족시킬 능력이 있는지 확인되어야 하며, 필요시 재확인되어야 한다.

2) 검·교정장비 관리

검·교정 장비관리란 자재나 제품 또는 완성품의 품질이 고객의 요구사항에 적합하다는 것을 입증하는데 사용되는 계측자료의 정확성과 신뢰성을 보장해 주는 검사·계측 및 시험장비를 관리·교정검사를 하며 유지하기 위한 것이다. 검사 및 시험장비는 정밀도와 정확성이 엄격히 유지되어야 하는 것이 필수적이고, 반복 사용되기 때문에 다음과 같은 관리의 방법을 포함시킬 필요가 있다.

(1) 관리책임자 또는 책임부서의 지정
(2) 검·교정 장비
(3) 검·교정 장비의 관리기준
(4) 검·교정 방법과 주기
(5) 합격기준 및 불합격시의 처리방법
(6) 교정검사 및 점검기록
(7) 교정장비의 검교정실시 여부를 파악할 수 있는 식별 표시
(8) 측정기 소요 및 요구 능력 파악
(9) 측정기 구입, 등록, 불출
(10) 부적합 측정기의 처리

3) 교정검사 대상 및 주기

교정검사 대상 측정기의 검·교정 주기는 측정기의 정확도, 안정성, 사용목적, 환경 조건 및 사용빈도 등을 감안하여 정한다. 이와 같은 교정검사 대상기기 및 주기는 계량 및 측정에 관한 법률 시행규칙 운용규정에 명시되어 있다.

4) 점검 대상 측정기

점검 대상 측정기는 다음과 같다.

(1) 검사/시험용 소프트웨어
(2) 검사/시험용 하드웨어
(3) 교정검사 대상 측정기 중 국가표준 비 존재 등으로 교정검사가 곤란한 측정

5) 교정검사 방법과 절차

(1) 의의

공급자 조직(시공회사)은 이해 고객만족을 보장하기 위하여 제품 및 또는 서비스의 검증과 프로세스의 유효성 확인을 위한 방법들을 정하고 실행해야 한다. 이러한 방법으로 조사, 모의시험, 측정 및 감시활동을 포함할 수 있다.

측정 및 감시기기들은 규정된 요구사항에 대해 프로세스의 산출물들을 검증하기 위해 사용할 수 있다. 즉, 조직은 검증을 위해 측정 및 감시 기기들이 사용되는 곳에서 그것들이 검증 결과에 신뢰를 줄 수 있도록 측정되고 유지되는 것을 보장해야 한다.

공급자 조직은 측정 및 감시기기들을 위한 필요성을 최소화하기 위한 프로세스 산출물의 검증의 실수 방지대책과 같이 이해당사자들에게 가치를 더할 수 있도록 다른 수단들도 고려해야 한다.

교정검사 환경 조건과 측정기의 사용 환경조건(온도, 습도, 진동 등)이 서로 상이할 경우에는 적절한 보정치를 구하여 적용하고 측정기가 온도 등 환경 조건에 민감할 경우에는 측정에 적합한 환경이 유지되도록 한다.

(2) 교정검사 및 점검계획 수립

계측기기의 교정검사와 점검은 연간 교정검사 및 점검계획 작성·관리하여야 한다.

(3) 계측기 선택

계측기의 사용자는 측정할 항목, 요구되는 정밀도 등을 파악하고 그에 적합한 계측기를 선택한다.

표 7-1 계측기기별 점검주기표(예)

계측기기명	점검항목	점검기준	주기
레벨기	수평	자체 점검기준표	2개월
트랜지트/데오도라이트	각도, 수직	자체 점검기준표	2개월
광파기	좌표측량, 거리, 각도	국가공인기관	2개월
버니어갤리퍼스	길리, 두께(1/20mm)	작동상태 외관	2개월
강재줄자	길이, 두께(mm)	기준척 1(m)	사용 시

(4) 계측기 정기점검

계측기에 대한 정기점검은 계측기 점검계획표에 의하여 실시한다. 또 정기점검 대상 계측기에 대하여 계측기 정기점검표을 작성하고 관리한다. 보유중인 계측기는 계측기 점검기준에 따라 자체 점검인 경우 정기점검으로 점검을 실시한 후 계측기 점검기록표에 기록관리하고 계측기기 이력카드를 작성 관리한다.

(5) 계측기 현장점검

현장품질담당은 계측기 사용 전 계측기 점검기준에 따라 점검을 실시하고 계측기기 점검기록표(지정양식)에 기록관리 하고, 점검결과 고장 등 사용기준에 부적합한 경우 자재팀 계측기 관리담당자에게 통보한다.

(6) 점검상태 식별

조직 내 계측기 담당자는 계측기관리시에는 적합한 방법으로 점검대상 여부 및 점검 교정주기 및 점검상태를 표시하고 계측기 관리대장에 기록을 유지한다. 또한 점검대상 계측기 중 사용 부적합인 경우 사용 불가 표시를 하고 사외교정을 의뢰한다.

(7) 검·교정 실시

계측기 관리 담당은 사외교정 대상 계측기를 파악하고, 파악된 사외교정 대상 계측기는 국가공인기관이나 관련 협력업체에 교정을 의뢰한다. 사외에서 교정된 계측기에 대해 점검기준표에 의해 재점검 결과 적합한 경우만 사용하게 된다. 교정검사나 점검을 사외기관에 의뢰하여 실시한 경우, 해당기관의 성적서를 이용할 수 있으나, 사내에서 실시한 경우는 그 결과 기록을 작성한다.

교정검사 대상 측정기에는 교정검사 상태를 나타내는 식별표시를 하고 교정검사필증을 부착하며 교정검사 성적서나 점검기록은 품질기록으로 관리되어야 한다.

(8) 부적합 발견시 처리

교정검사 결과 측정기가 부적합으로 판명된 경우에는 관련 처리절차에 따라 조치하고, 그 결과를 기록으로 유지한다. 인명손상 등 제품책임에 관련될 수 있는 경우, 교정검사 주기 이내에도 지정된 점검 주기에 의하여 점검되도록 한다.

(9) 측정기의 취급 및 보관

측정기의 사용과 취급 및 보관에 있어 일반적으로 관리할 사항은 다음과 같다.

① 취급 및 보관 중 손상을 예방하기 위한 교육
② 보관환경은 온도, 습도, 진동, 먼지, 녹 등으로부터 보호되어야 함
③ 화학 계통의 시약 등은 보관조건을 정하여 보관하며, 특히 용액의 수명 관리에 유의
④ 컴퓨터 소프트웨어의 취급 부주의에 의한 지워짐, 바이러스 침투 방지

6) 검·교정관리 업무흐름도(예)

<table>
<tr><th colspan="3">업무흐름도</th><th rowspan="2">업무수행절차</th></tr>
<tr><th>주관팀</th><th>관련팀</th><th>공사담당</th></tr>
<tr><td colspan="3">
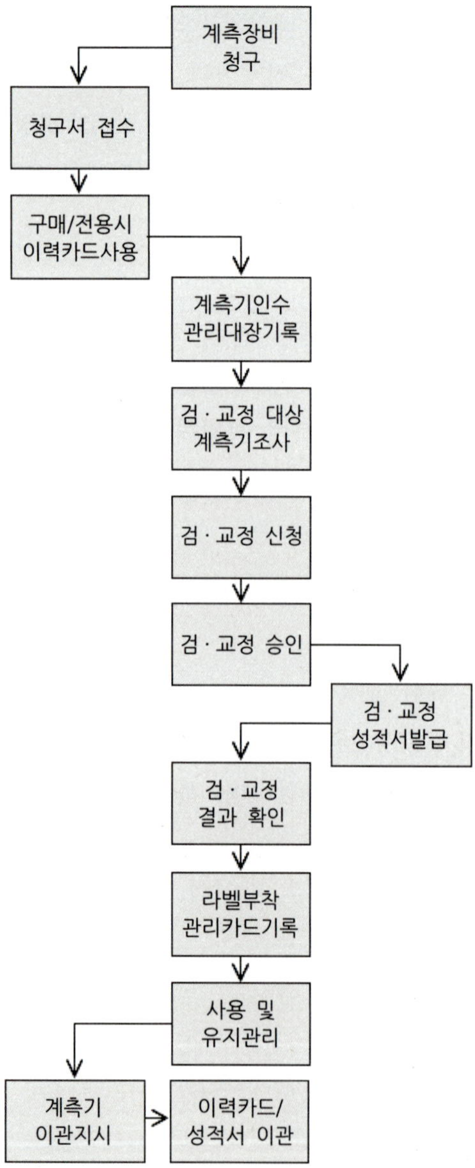

</td><td>

- 현장소장은 시험장비의 사용도중 정도가 의심스러울 경우 교정주기에 관계없이 교정검사를 의뢰
- 시험장비를 사용 중인 현장은 매월 말일까지 월 검·교정대상 품목을 확인하여 교정을 실시
- 검·교정은 국가인정 교정검사기관이나 제조업체에서 교정절차에 따라 실시
- 교정검사 불합격 또는 정도가 벗어난 시험장비와 교정 유효기간이 지난 시험장비에 대해서는 별도로 사용금지 라벨을 부착하여 사용되지 않도록 함
- 성적서 원본과 이력카드를 해당 시험장비 사용현장에서 보관 관리
- 시험장비 교정 결과의 오차를 해당 장비에 붙이거나 시험실에 비치하여 측정치에 오차를 사용
- 교정된 시험장비에는 교정기관에서 발행된 교정필 스티커 부착
- 교정검사시 불합격 판정을 받았을 때는 즉시 자체 또는 외주 수리 조치하고 재교정해서 사용
- 폐기로 분류되는 시험 장비는 손망실 보고서를 작성하여 관련 서류와 함께 본사 주관팀으로 송부
- 공사가 완료되면 신규현장 또는 임시 보관 장소로 시험장비 LIST, 이력카드 및 성적서와 함께 반출

</td></tr>
</table>

7) 검·교정 관리양식(사례)

계측기 정기점검계획표	결재	작성	검토	승인
		/	/	/

NO	관리번호	계측기	년 계측기 교정계획												비고
			1	2	3	4	5	6	7	8	9	10	11	12	

계측기 관리대장

번호	계측기	MODEL NO	최대측정범위	정밀도 OR 등급	제작회사	제작번호	사용위치	교정주기	최종교정일	유효기간	작성	확인

계측기기 이력카드

장 비 명		제작번호	
범　　위		제 작 사	
허용오차		구 입 일	

사용 현장명	교정일자		교정결과		유효일자	교정기간	확인
	신청	종료	교정 전	교정 후			

7.3 건설공사의 품질하자와 부적합품 관리

1) 하자의 정의

"하자"란 흠이 있다는 의미로 일정한 품질기준에 미달하는 상태라 할 수 있다. 즉, 완성될 건축물이 공사상의 잘못으로 인한 균열, 들뜸, 파손, 붕괴, 누수, 시공불량 등의 문제로 건축물의 안전상·기능상·미관상 지장을 초래하는 것을 말한다.

좁은 의미의 하자란 설계도면과 시방서대로 시공은 하였으나 마무리가 제대로 이루어지지 않거나 완공 후 파손되는 것을 의미하여, 넓은 의미에서는 건축업자가 계약사항을 고의로 이행하지 아니한 부실 공사의 경우도 포함한다.

2) 건설공사의 하자

"건설공사의 하자"란 공사목적물이 설계도서에 정한 대로 시공되지 아니하여 목적물의 사용가치 또는 교환가치를 감소시키는 품질 및 성능상의 결함(Defect)을 말한다. 또한 공사상 잘못으로 인하여 균열, 침하, 파손, 들뜸, 누수 등이 발생하여 건축물 또는 시설물의 안전상, 기능상 또는 미관상 지장을 초례할 정도의 결함을 말한다.

3) 법령상 하자

주택법에 의한 "하자"란 공사상의 잘못으로 인한 균열, 처짐, 비틀림, 들뜸, 침하, 파손, 붕괴, 누수, 누출, 작동 또는 기능불량, 부착 또는 접지불량 및 결선불량, 고사 및 입상불량 등으로 건축물 또는 시설물의 기능상, 미관상 또는 안전상 지장을 초래할 정도의 하자를 말한다. 또 주택법 시행규칙에 의한 내장재료 및 외장재료 변경사용에 대하여 사용검사권자 등으로부터 승인을 받았더라도 입주예정자 전원의 동의를 얻지 않은 경우 건축물의 품질 하자로 볼 수 있다.

공동주택의 경우, 건설공사의 하자의 범위는 공동주택 구조체의 일부 또는 전부가 붕괴된 경우, 공동주택의 구조안전상 위험을 초래하거나 그 위험을 초래할 우려가 있는 정도의 균열·침하 등의 결함이 발생한 경우를 말한다. 시설공사의 하자란 공사상의 잘못으로 인한 균열·처짐·비틀림·들뜸·침하·파손·붕괴·누수·누출·탈락, 작동 또는 기능불량, 부착·접지 또는 결선불량, 고사 및 입상불량 등이 발생하여 건축물 또는 시설물의 안전상·기능상 또는 미관상의 지장을 초래할 정도의 결함이 발생한 경우를 말한다.

4) ISO9000 규격의 '부적합'

(1) 부적합(Nonconformity)이란

부적합이란 규정된 요구사항(Specified Requirement)의 불충족 또는 불일치를 말한다. ISO9000 "기본 및 용어"에 의하면, 부적합 (Nonconformity)이란 "품질에 악영향을 주는 조건, 상황으로서 규정된 요구사항으로 부터 벗어나는 것"으로 정의된다. 이와 같은 부적합의 영역은 다음과 같다.

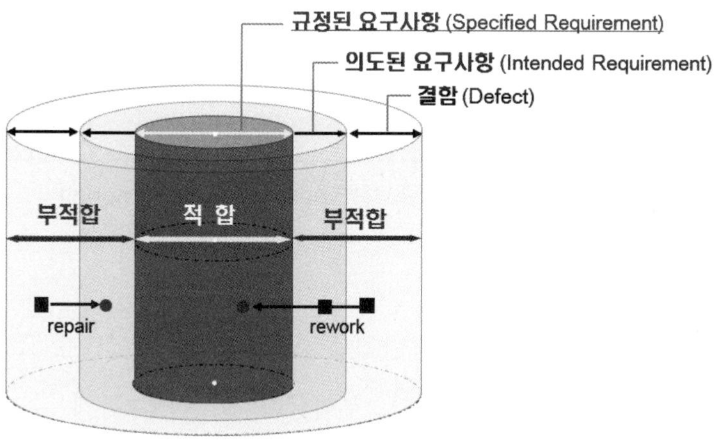

그림 7-1 부적합의 영역(Area of Nonconformity)

(2) 규정된 요구사항(Specified Requirements)

'규정된 요구사항'이란 품질요구사항과 사회적 요구사항을 말하며, '품질요구사항'은 ISO9001규격 요구사항과 계약요구사항 또는 공급자가 명시한 품질요구사항을 말한다. "사회적 요구사항"이란 법, 제도 등 의무사항과 보건, 안전, 환경

보존, 에너지자원 보존 등과 같은 기타 고려사항을 말한다. 또 "결함(Defect)"이란 제품의 안전성이 결여되어 합리적인 기대의 불충족함을 의미하며, 이를 규정된 요구사항으로 바꾸기 위해서는 재작업(Rework)과 같은 활동이 필요하게 된다.

규정된 요구사항(Specified Requirements)

품질요구사항(Quality Requirements)
• ISO 9001 Requirements • Contract requirements such as contract documents, statements and design documents, etc. • Quality requirements specified by a provider such as manuals, procedures, guidelines and process, etc.

사회적 요구사항(Social Requirements)
• Obligations such as law, regulation, rule and agreement, etc. • Other considerations, such as preservation of environment, health, safety, energy, and preservation of natural resources, etc.

그림 7-2 규정된 요구사항(Specified Requirements)

(3) 부적합의 발생과 관리

건설현장의 공사진행과 검측활동 시에는 시공되는 성과품이 규정된 요구사항에 벗어나는 부적합이 발생 될 수 있다. 부적합이 발생하면 특채·수리 또는 보수(Repair), 재작업(Rework) 등의 처리방법이 있다.

즉, 발생된 부적합이나 결함(Defect)은 "규정된 요구사항"은 아니나 "의도된 요구사항(Intended Requirement)"의 형태로 바꾸는 활동을 수리 또는 보수(Repair) 활동이 필요하다.

부적합과 결함의 해소를 위한 재작업(Rework)은 원래의 목적했던 품질수준을 달성할 수 있도록 처음의 작업절차를 다시 거치도록 하는 것을 말하고, 보수(Repair)란 원래 사용할 수 있을 정도로 품질을 높이는 것을 말한다.

이와 같은 부적합과 결함은 건설현장의 공사진행과 검측시 발행되며 이 경우 부적합이나 결함에 대한 시정조치를 취하여 품질경영시스템의 개선과 보완을 이룰 수가 있다. 또 품질인증심사시 발행되는 "부적합보고서"는 품질경영시스템의 부적합한 상태를 나타내는 자료이다.

피심사 조직인 개별기업은 이 보고서에 의해 시정조치와 개선 활동을 취한다. 부적합보고서는 피심사 조직의 품질경영활동 중 부적합에 해당되는 규격요건 항목과 부적합사항이 기술되어 있다.

또 이 보고서에는 피심사자가 시정조치를 취하기 위한 구체적인 사항도 기술되어야 한다. 시정조치 결과는 심사원이 확인할 수 있도록 관련 증거물을 첨부하도록 하고 있다.

품질경영시스템의 품질인증심사에서는 개별 기업(조직)이 시정조치를 취하면 그 결과가 심사자에게 통보되어 고객을 대신하여 인증기관의 심사자가 조치 결과의 유효성을 확인할 수 있도록 하고 있다.

부적합보고서는 사실에 입각하여 객관적으로 간단명료하게 작성하고 해당 규격이나 회사문서와의 관련 조항을 표시하도록 규정하고 있다.

또한 부적합한 상태를 다른 사람도 알아볼 수 있도록 측정가능하게 작성하고 정확한 사례와 부적합 사실을 구체적으로 표시하여야 한다.

(4) 품질부적합의 관리

① 의의

품질부적합(Quality-Nonconformity)이란 품질에 악영향을 주는 조건, 상황으로서 규정된 요구사항으로 부터 벗어나는 것을 말한다.

이와 같은 부적합이 하나 또는 그 이상의 품질특성 요소가 규정된 요구사항에 일치하지 않거나 결여된 제품은 부적합품이라 한다.

부적합품은 검토와 처리에 의해 검토되고 처리되며 승인권자에 의해 승인 후 기록 관리되어야 한다.

② 부적합품의 검토와 승인과 확정

부적합품 처리의 검토·승인은 지정된 절차에 따라야 한다. 부적합품의 검토는 대상별로 검토자 지정 또는 검토 위원회에서 시행하도록 한다.

부적합품 검토 결과는 승인권자의 승인으로 확정되며 처분방안별 승인권자를 다르게 지정할 수 있다.

③ 부적합품의 관리유형

㉠ 특채(Use-as-is)

특채란 부적합으로 판명되었으나 고객과의 협의 및 안전성 평가 후 특별히 채용하여 사용하는 것을 말하며, 특채품은 안전성이 확보된 것이어야 한다. 또한 특채를 위해서는 부적합이 경미하여 최종제품의 성능에 영향을 미치지 않는 경우이거나 또는 고객 또는 지정된 승인권자의 승인이 전제되는 조건이 필요하다.

㉡ 재작업(Rework)

재작업(Rework)이란 처음의 작업절차를 다시 거치도록 하여 원래의 목적했던 품질수준을 달성할 수 있도록 하는 활동을 말하며 이를 위해서는 복구작업을 통하여 적합이 완전히 해소되어 규정된 요건을 충족시키는 복구조치가 필요하다.

㉢ 결함(defect)

"결함(Defect)"이란 제품의 안전성이 결여되어 합리적인 기대의 불충족함을 의미한다. 공사 중 결함이 발생되면 이를 규정된 요구사항으로 바꾸기 위해서는 재작업(Rework)과 같은 활동이 필요하다. 또한 결함(defect)이란 ISO 9001:2000 기본사항 및 용어의 제3.6.3항에 의하면 "의도하거나 규정된 용도와 사용에 관련된 요구사항의 불충족함"으로 정의하고 있다. 결함(Defect)과 부적합(Nonconformity)에 대한 용어의 구분이 중요하며, 이들 용어가 법적인 사항이 내포되어 특히 제조물책임 문제와도 관련이 된다.

㉣ 수리(Repair)

수리(Repair)란 원래의 규정된 요구사항에는 적합하지 않지만, 의도된 사용상 요구사항을 충족시키기 위하여 부적합품에 취하는 조치를 말한다. 수리의 전제조건은 복구 작업 결과, 사용 요건은 만족시키나 규정된 요건을 충족시키지 못하는 경우, 고객 또는 지정된 승인권자의 승인이 필요로 한다.

㉤ 폐기(Disposal)

사용할 수 없도록 처분하는 것을 말한다.

㉥ 반품(Reject)

부적합 자재의 인수를 거부하는 것을 말한다.

※ 참고 : 사용 요건 : Intended Usage Requirement
규정된 요건 : Specified Requirement

(5) 부적합품의 처리 절차

건설공사 진행시 또는 공사 중 검측 활동 시 발생 되는 부적합은 검측체크리스트와 검측 대장에 기재하여 기록관리를 하게 되나 실제로 부적합이 발생 되면, 부적합의 식별, 격리 및 처리하고 관련 담당자에게 통지하여 부적합을 해소한 후 최종적으로는 재발 방지를 위해 승인권자의 승인 후 기록 관리한다.

① 부적합품의 검사

건설공사의 부적합품에 대한 검사는 검사 및 검측(시험)계획서에 의해 자재반입 시는 반입검사, 작업 중에는 중간검사, 작업완료 시에는 완성검사가 있다. 이 같은 검사는 자체검사와 감리자에 의한 검측, 또는 품질경영시스템 인증심사 등을 통해 확인할 수 있다. 반입검사, 중간검사, 완성검사에 의해 부적합품이 발생되면 이에 대한 식별·문서화·분리·통지·검토·처리에 관한 업무분담(현장소장, 시험담당자, 공사과장, 본사)에 따라 부적합품을 처리·승인·관리한다.

② 부적합품 식별

건설현장에서 검사자에 의해 부적합품이 발생되면 마킹, 꼬리표 등 적절한 식별수단을 이용하여 부적합품임을 타인이 구분할 수 있어야 하며, 식별표시가 부주의하게 제거되거나 지워지지 않아야 한다.

③ 격리

부적합품은 가능한 한 격리 지역 또는 적절한 방법에 의하여 적합품과 분리 보관하여야 한다. 특히 처분 방안을 검토 중인 부적합품의 관리에 주의를 기울여야 한다.

④ 처분

부적합품은 문서화된 절차에 따라 검토하여 처분한다. 처분방안이 결정된 부적합품은 신속히 처분하여 그중 수리 또는 재작업이 실시된 제품은 다음 공정으로 넘어가기 전에 수리·재작업의 결과가 검사 되도록 한다. 주요 자재와 시공품의 처리방안은 다음과 같다.

- 자재 – 구입검사, 중간(입회)검사, 보관 중 열화품
- 시공품 – 자체 중간검사, 감리 중간검사
- 완성품 – 자체 완성검사, 감리완성검사, 준공검사

⑤ 관련부서 통지와 문서화

부적합 내용의 해당 처분 결정 사항은 관련 부서에 통지한다. 부적합에 관련된 사항은 간단한 경우 검사성적서 여백란에 기재할 수도 있으나, 검토 및 처분이 이루어진 경우에는 별도의 양식을 정하여 사용한다.

- 수립, 재 시공품 재검사 실시(초기 검사 기준에 의거)
- 재검사 기록 유지
- 시정조치 대상설정 후 시정 조치 실시

(6) 부적합품 관리 업무흐름도(예시)

<table>
<tr><th colspan="3">업무흐름도</th><th rowspan="2">업무수행절차</th></tr>
<tr><th>주관팀</th><th>관련팀</th><th>공사담당</th></tr>
<tr><td colspan="3">
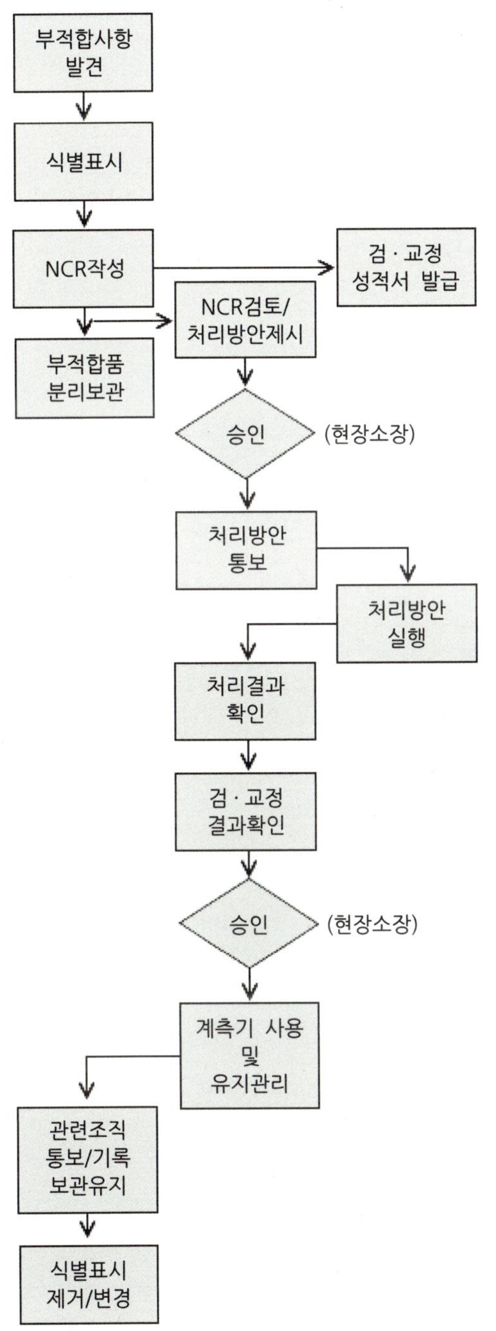

</td><td>

• 검사자는 부적합사항 발생 시 식별 조치 후 부적합보고서를 발행하여 공사담당자에게 보고한다. (부적합보고서)
• 공사담당자는 NCR을 검토하여 판정을 실시한 후 부적합사항에 대하여 처리방안을 제시한다.
• 현장소장은 NCR의 처리 방안을 승인하며, 책임조직에 송부한다.
• 책임조직은 처리 방안을 수립하여 공사담당자 에게 제출한다.
• 공사담당자는 처리 방안을 검토, 확인하고 관리대장에 기록 관리한다.
(부적합보고서 관리대장)
• 검사자는 최종 처리 이행의 확인을 실시하며, 현장소장은 최종승인 완료한다.
</td></tr>
</table>

(7) 관련양식(예시)

<table>
<tr><td colspan="4">부적합품보고서</td></tr>
<tr><td>부적합품명</td><td></td><td>위치</td><td></td></tr>
<tr><td>수신처(팀명)</td><td></td><td>보고서번호</td><td>NCR-</td></tr>
<tr><td>참조기준(부적합근거)</td><td></td><td></td><td></td></tr>
<tr><td colspan="4">부적합 상태 :</td></tr>
<tr><td colspan="4">보고서 발행자(팀명) 서명 : 날짜 :</td></tr>
<tr><td colspan="4">보고서 승인자 : 서명 : 날짜 :</td></tr>
<tr><td>처리방안</td><td colspan="3">□ 현상태사용 □ 보수/재작업 □ 폐기 □ 반품/교환 □ 특별채용</td></tr>
<tr><td colspan="4">처리방안 승인자(팀명) 서명 : 날짜 :</td></tr>
<tr><td colspan="4">시정조치</td></tr>
<tr><td colspan="4">확인결과 후속조치</td></tr>
<tr><td colspan="4">보고서 종결 승인자 : 서명 : 날짜 :</td></tr>
</table>

부적합품보고서 관리대장

부서 (현장명) :

NO	품명	용도/위치	부적합 상태	보고서 발행일	대책	대책 수립자	처리 완료일	처리완료 확인자	비고

7.4 문서 · 기록 · 정보관리

1) 개요

제품 및 서비스를 제공하는 조직이 품질경영시스템에 따라 수행하는 문서(Document)와 기록 및 문서화된 정보(documented information)는 업무를 수행하기 위한 기준이며, 기록은 업무를 수행한 결과물이다. 따라서 기록은 업무수행 결과물로서 이 정보들은 보다 알기 쉽게 수집, 식별, 색인 열람 보관 보존 폐기 절차를 거치게 된다.

또한 기록은 고객의 요구 또는 법적요구사항 이외 사회적 요구사항을 포함하고 있으며 적정하고 수준 높은 건설공사를 수행하였다는 증거로서 매우 중요한 정보 · 자료들이다. 따라서 조직(회사)이 품질경영시스템에 따라 업무를 수행한 결과물은 하나의 증거물에 속하므로 알기 쉽고, 색인과 열람이 용이한 방법으로 관리되어야 한다.

2) 문서화된 정보

ISO9001 규격에서 "문서화된 정보"란 품질경영시스템의 요구사항과 관련된 문서 및 기록들은 문서화된 정보라 한다. 즉, 조직에 의해 관리되고 유지되도록 하기 위해 요구되는 문서 및 데이터, 정보가 포함된 매체를 의미한다. 따라서 문서화된 정보를 관리해야 한다는 규격 요구사항에 따라 품질경영시스템 수립 시 문서화된 정보관리 절차를 수립하여 운영할 필요가 있다.

ISO9000 규격 제7.5항의 7.5.1 일반사항을 살펴보면, 문서화된 정보는 조직의 규모, 그리고 활동, 프로세스, 제품 및 서비스의 유형과 프로세스의 복잡성 및 프로세스의 상호작용 및 인원의 역량에 따라 다를 수 있다. 라고 규정되어 있다.

ISO9000:2015 제7.5항 제7.5.1항(일반사항)

조직의 품질경영시스템에는 다음 사항이 포함되어야 한다.

a) 품질경영시스템의 효과성을 위하여 필요한 것으로 조직이 결정한 문서화된 정보 품질경영시스템을 위한 문서화된 정보의 정도는 다음과 같은 이유로 조직에 따라 다를 수 있다.
 - 조직의 규모 그리고 활동 프로세스, 제품 및 서비스의 유형
 - 프로세스의 복잡성과 프로세스의 상호작용
 - 인원의 역량

3) 문서화된 정보

문서의 종류는 다양하며 이를 이용하는 사용자, 기밀문서의 존재여부, 보존·보관의 필요성 등 각 문서·정보마다 보관기준이 다르다.

따라서 공급자 조직은 문서화된 정보관리라는 하나의 표준화된 관리기준에 따라 문서 및 정보관리 절차를 수립하여 적용하게 된다.

일반적으로 건설회사에서 사용하는 문서는 그 용도와 수정 가능 여부에 따라 표준문서, 자료, 기록문서, 설계도서 등의 문서화된 정보별로 구분할 수가 있다.

문서화된 정보는 품질경영시스템과 관련하여 발생한 각종 정보 또는 결과를 문서화한 것이다.

즉, 문서화된 정보란 품질경영시스템을 유효하고 적절하게 관리하고, 문제가 발생되었을 경우 조사하기 위한 증거이자 기초자료가 된다.

특히 문서화된 정보는 제품이나 서비스가 고객과 합의한 요구사항과 기술적 요구사항에 적합하고 합치하며 법률상 규제나 계약상 요구에 따르고 있다는 것을 증명할 수 있는 증거를 포함시켜야 한다.

따라서 조직은 문서화된 정보의 관리대상을 정하고 이것을 신속히 수집, 식별, 색인, 파일링, 보관, 유지, 열람, 폐기할 수 있는 관리 절차를 수립하여 유지한다.

문서화된 정보의 관리목적은 규정된 요구사항의 만족과 품질시스템의 효과적 운영의 입증에 있다.

표 7-2 문서화된 정보의 구분

구분	내용
표준문서	• 회사 내에서 업무수행을 위해 정한 기준문서로서 수정이 가능한 • 품질경영시스템 문서 (매뉴얼, 절차서, 지침서, 계획서, 기준서 등) • 기술문서, 양식 등
자료	• 외부 출처문서, 도서, 국내표준, 국제표준, 외부기술표준문서, 규격 등
기록문서	• 회사 내에서 업무수행을 위해 적용한 문서
설계도서	• 설계도면, 시방서, 수량산출서, 산출내역서 등

4) 품질경영시스템 문서의 작성과 갱신관리

ISO9001 규격 제7.5.2(작성의 원칙)에서는 조직의 품질경영시스템 수립과 효율적인 운영을 위하여 문서화된 정보를 작성하거나 갱신하는 방법에 대한 적합성 원칙을 정하고 있으며, 제7.5.3항(문서화된 정보의 관리)에는 적어도 품질경영시스템과 이 표준에서 요구되는 문서화된 정보관리의 원칙을 정하고 있다.

> **ISO9000:2015 제7.5항 제7.5.2항(작성 및 갱신사항)**
> 문서화된 정보를 작성하거나 갱신할 경우, 조직은 다음 사항의 적절함을 보장하여야 한다.
> a) 식별 및 내용(예 : 제목, 날자, 작성자, 문서번호)
> b) 형식(예 : 언어, 소프트웨어 버전, 그래픽) 및 매체(예 : 종이, 전자매체)
> c) 적절성 및 충족성에 대한 검토 및 승인

5) 문서화된 정보의 관리

ISO9000 제7.5.3항(문서화된 정보관리)는 조직이 수립하여 운영하는 품질경영시스템 문서(매뉴얼/절차서/계획서/지침서)는 조직 내 필요한 장소와 필요한 시기에서 사용이 가능하고 부적절한 사용이 방지되도록 표준화된 문서로 관리하여 사용하고 있다.

ISO9000:2015 제7.5.3항(문서화된 정보의 관리)

7.5.3.1항 품질경영시스템 및 이 표준에서 요구되는 문서화된 정보는 다음 사항을 보장하기 위하여 관리되어야 한다.

a) 7.5.3.1 필요한 장소 및 필요한 시기에 사용가능 하고 사용하기에 적절함

b) 충분하게 보호됨(예 : 기밀유지 실패, 부적절한 사용 또는 완전성 훼손으로부터)

7.5.3.2항 문서화된 정보의 관리를 위하여, 다음 활동 중 적용되는 사항을 다루어야 한다.

a) 배포, 접근, 검색 및 사용

b) 가독성 보존을 위한 보관 및 보존

c) 변경관리(예 : 버전관리)

d) 보유 및 폐기

품질경영시스템의 기획과 운용을 위하여 필요하다고, 조직이 정한 외부 출처의 문서화된 정보는 적절하게 식별되고 관리되어야 한다. 적합성의 증거로 보유 중인 문서화된 정보는 의도하지 않는 수정으로부터 보호되어야 한다.

※ 접근이란 문서화된 정보를 보는 것만 허락하거나, 문서화된 정보를 보고 변경하는 허락 및 권한에 관한 결정을 의미할 수 있다.

(1) 표준문서의 관리

일반적으로 서비스를 제공하는 건설회사가 수립하여 운영하는 품질경영시스템 문서는 국제표준화기구의 규격요구사항을 준수하기 위하여 표준문서의 작성, 검토, 승인, 등록, 배포, 접근, 검색, 개정, 폐기 절차를 수립하여 운영한다.

표 7-3 표준문서의 관리

구분	내용
작성	• 회사표준문서(매뉴얼/절차서/지침서/계획서)는 종류별로 문서 번호, 제(개)정 일자 개정번호의 적용기준을 수립함
검토/승인	• 회사표준문서는 작성자, 검토자, 승인권자의 기준을 수립함 • 적절성에 대한 검토, 승인
등록/배포 접근/검색	• 회사표준문서는 종류별 승인된 문서의 등록 및 배포, 접근, 검색방법을 수립함
개정	• 회사표준문서의 제(개)정을 위한 절차와 기준을 수립함
폐기	• 회사표준문서는 문서의 종류별 폐기방법 및 폐기이력에 대한 관리기준을 수립함

(2) 자료의 관리

대부분의 자료는 외부 출처문서, 도서, 국내표준, 국제표준, 외부기술 표준문서, 규격 등 고객으로부터 전달받거나 외부에서 접수되는 문서가 대부분이므로 이러한 자료의 접수주체 및 관리절차를 수립하여 운영하는 것이 중요하다. 특히 기밀유지가 필요한 문서, 고객으로부터 전달받은 중요한 문서 등의 관리 소홀 및 자료가 필요한 부서나 담당자에게 전달되지 못하는 위험이 있을 수 있기 때문에 이러한 자료 문서들도 접수, 등록, 배포, 보관, 보존, 폐기 절차의 수립과 운영이 필요하다.

(3) 기술문서의 관리

회사 내에서 단위조직에 의해 개발되어 출력된 성과문서(도면/시방서/구조계산서/내역서/산출서 등)과 고객으로부터 접수받은 설계도면, 시방서, 특기시방서 등은 중요한 관리대상이 되는 기술문서이다. 특히 설계도서는 회사마다 다르긴 하나 설계도서 관리 절차를 수립하여 운용되고 있다. 설계도서는 작성, 검토, 승인, 배포, 관리, 개정 등이 관리 절차에 포함되어야 한다.

(4) 기록문서의 관리

기록문서는 회사에서 조직 구성원들에 의해 업무수행 결과물이다. 즉, 기록문서로서 출력되는 문서는 매일매일 업무를 진행하는 과정에서 발생된다. 온라인에서 결정되는 결재문서, 오프라인에서 출력되는 결과문서 등은 모두 기록에 해당된다. 따라서 온라인에서 관리되는 문서는 별도의 보관 방법 및 유지관리 기간이 정해져 있지 않아도 서버 관리에 따라 문서의 관리가 이루어지지만, 오프라인 기록문서는 보관 장소 및 유지관리 기간을 정하여 관리할 필요가 있다.

(5) 문서화된 자료 · 기록 · 정보 관리대상

표준문서의 수립과 운영 시 필요한 문서화된 기록 · 정보 관리대상은 다음과 같다.

① 경영검토 기록
② 계약검토 기록
③ 설계검토 기록

④ 설계검증 기록
⑤ 외주업체 평가
⑥ 고객지급품관리 기록
⑦ 제품식별 및 추적성 기록
⑧ 공정관리 기록
⑨ 수입검사 및 시험 기록
⑩ 검사 및 시험기록
⑪ 교정기록, 점검기록
⑫ 부적합품검토 및 처리기록
⑬ 품질기록 관리기록
⑭ 내부품질감사기록
⑮ 교육훈련기록

6) 문서화된 기록·정보 관리

(1) 문서의 작성

① 기록문서는 식별이 용이하고 검색 가능토록 관리되어야 한다.
② 기록문서는 작성 및 승인자의 서명 날인이 있어야 한다.
③ 기록문서는 인쇄본 또는 전자매체(디스켓) 등 어떠한 형태라도 가능하다.

(2) 식별 및 수집

① 기록의 결정은 각 팀장·현장소장이 하며, 해당 절차서상의 "기록관리"에 따른다.
② 각 팀 및 현장은 품질경영시스템 운영 중 기록의 발생 및 통보 또는 협력업체로 부터 발생하는 품질기록을 수집한다.
③ 기록관리 대상은 본사, 현장 기록목록에 따른다.

(3) 색인 · 열람

① 각 파일에는 조견표를 부착하고, 색인목록을 작성하여 부착한다.
② 색인목록은 기록철의 맨 앞에 위치하여야 한다.
③ 색인목록의 크기는 기록문서의 크기에 따라 달리 작성할 수 있다.

(4) 파일링

기록의 파일 및 바인더는 조직에서 정한 파일링시스템 운영 절차에 따라 문서를 분류하여 파일링한다.

(5) 보관 및 유지

① 기록은 각 팀 및 현장에서 보관하되 손실 또는 열화 방지를 위해 적합한 환경을 갖춘 장소에 보관한다.
② 각 팀장은 각 기록의 보존연한을 정하며, 관리책임자가 관리 감독한다.
③ 기록은 책임자의 허가 없이 제거 및 유출할 수 없다.

(6) 이관

각 팀 문서관리 담당자는 품질기록을 이관 시 파일링시스템운영 절차에 따라 각 부서장은 확인과 동시에 신청 팀에 이관통보하고 이관 목록에 등록 후 유지 관리한다.

(7) 보존 및 폐기

① 기록의 보존은 연도별, 기록 별 구분하여 검색할 수 있도록 색인 한다.
② 각 부서의 문서담당자는 이관 받은 기록에 대하여 열화나 손상을 방지할 수 있도록 유지 관리한다.
③ 기록의 보존연한은 품질기록 기한을 준수한다.
④ 기록의 폐기는 파일링시스템 운영 절차에 따른다.

(8) 열람

① 각 부서에 보관 중인 기록은 문서관리담당자를 통해 열람할 수 있으며 복사본은 필요 시 각 부서장의 승인을 얻어 복사할 수 있다.
② 계약상 규정된 경우 기록은 고객 또는 대리인도 열람할 수 있다.

제8장

품질경영시스템 평가와 관리

8.1 내부품질심사 절차수립과 운영

1) 개요

내부품질심사는 조직의 품질경영시스템이 현실에 적합하고 효과적 인지와 또한 품질경영활동이 계획된 대로 실행되는지에 대한 감사활동이다.

내부품질심사는 공급자 조직이 내부심사 계획을 수립하고 심사대상 업무에 직접적인 책임이 없는 자격이 있는 심사원에 의해 심사를 실시한 후 심사 결과 발견된 지적사항은 심사조직의 장(Manager)에 의해 검토하고 피심사부서에 통보되어 시정조치를 취할 수 있도록 하고 있다.

이와 같이 내부품질심사는 조직이 수립하여 운영하는 품질경영체계의 여러 요소로서 품질목표 달성에 효과적이고 적합한지를 결정하는 수단이 된다.

따라서 내부심사결과로 생기는 이익은 공급자의 품질경영시스템을 지속적으로 개선시킬 수 있는 기회를 제공해 주는 것뿐만 아니라 공급자의 품질경영시스템 유지와 경영개선을 보다 용이하게 해주는 것이다.

ISO9001규격 요구사항에는 내부심사에 관하여 규정되어 있으며, 이는 품질경영시스템이 현실에 맞고 효과적인지, 품질활동이 계획된 대로 실행되고 있는지를 심사하여 객관적인 증거를 통하여 품질경영시스템의 유효성과 이행상태의 적절성을 확인하고 부적절한 부분을 개선하기 위한 제도이다.

2) ISO9000의 내부심사

국제품질규격 제9.2항 내부심사의 제9.2.1 항 및 제9.2.2항에는 '조직은 품질경영시스템이 다음 사항의 정보 제공을 위하여 계획된 주기로 내부심사를 수행하고 실행하여야 한다.'라고 규정하고 있다.

즉, 내부심사는 조직이 서비스 제공을 위해 수립하여 운영하는 품질경영시스템의 적절성 및 유효성을 확인하기 위하여 조직 내부의 전문가에 의해 자체적으로 이행하는 심사 활동이다.

따라서 내부심사는 품질관리사이클(P-D-C-A)의 중요한 요소로서 독립적이고 적격한 인원에 의해서 정해진 방법으로 실행되는 것이 원칙이다.

> **9.2 내부심사(ISO9001:2015년)**
>
> 9.2.1 조직은 품질경영시스템이 다음사항에 대한 정보를 제공하기 위하여, 계획된 주기로 내부심사를 수행하여야 한다.
>
> a) 다음사항에 대하여 적합성 여부
> - 품질경영시스템에 대한 조직 자체 요구사항
> - 이 표준의 요구사항
>
> b) 품질경영시스템이 효과적으로 실행되는지 여부

또한 ISO9001:2015년 제9.2.2항에는 품질경영시스템을 수립하여 운영하는 조직은 주기적인 방법으로 내부 심사프로그램에 의한 심사를 실시하고 심사의 결과는 그 중요도를 고려하여 조직의 책임자에게 보고되며, 이를 보고받은 책임자는 부적합한 사항에 대하여는 관련 부서에서 시정조치를 취하도록 규정하고 있다.

> **9.2 내부심사(ISO9001:2015년)**
>
> 9.2.2 조직은 다음 사항을 실행하여야 한다.
>
> a) 주기, 방법, 책임, 요구사항의 기획 및 보고를 포함하는 심사프로그램의 계획, 수립, 실행 및 유지 그리고 심사프로그램에는 관련 프로세스의 중요성, 조직에 영향을 미치는 변경, 그리고 이전 심사 결과가 고려되어야 한다.
>
> b) 심사기준 및 개별심사의 적용 범위에 대한 규정
>
> c) 심사결과가 관련 경영자에게 보고됨을 보장하기 위한 심사원선정 및 심사 수행
>
> d) 심사 결과가 관련 경영자에게 보고됨을 보장
>
> e) 과도한 지연 없이 적절한 시정 및 시정조치 실행
>
> f) 심사프로그램의 실행 및 심사 결과의 증거로 문서화 된 정보의 보유

3) 내부심사의 목적

내부심사는 조직에 의해 수행되는 품질경영시스템이 조직의 방침 및 목표 달성의 적합성과 유효성을 판단하여 시스템을 개선하는데 목적이 있다.

따라서 조직이 수립한 품질경영시스템의 목표 달성에 효과적이고 적합한지를 결정하는 수단으로서, 각종 법적 및 또는 규제적 요건의 만족을 포함하여 시스템이 적절하고 효과적으로 이행되는지를 확인하여 시스템의 개선의 기회를 제공하고 제3자인 품질인증기관의 인증심사 및 인증체재 유지에 필요하며 다음과 같은 목적을 실현하기 위함이다.

(1) 품질경영규격에서 요구하고 있음
(2) 품질경영시스템의 적합성 및 유효성을 평가하기 위함
(3) 외부기관이 발견하기 전에 자체적으로 부적합의 시정
(4) 심사결과 분석·검토·시정조치 등 경영관리 수단으로 활용
(5) 심사 시 발견된 문제점을 평가하여 품질경영시스템의 지속적인 개선도모

4) 심사의 형식과 방법

(1) 심사의 형식

심사의 형식에는 조직내부에서 자체적으로 수행하는 제1자 심사인 내부 품질검사, 제2자 심사인 조직이 그 외주업체를 심사하는 것, 제3자 심사인 고객을 대신해서 인증기관이 조직을 심사하는 것 등이 있다.

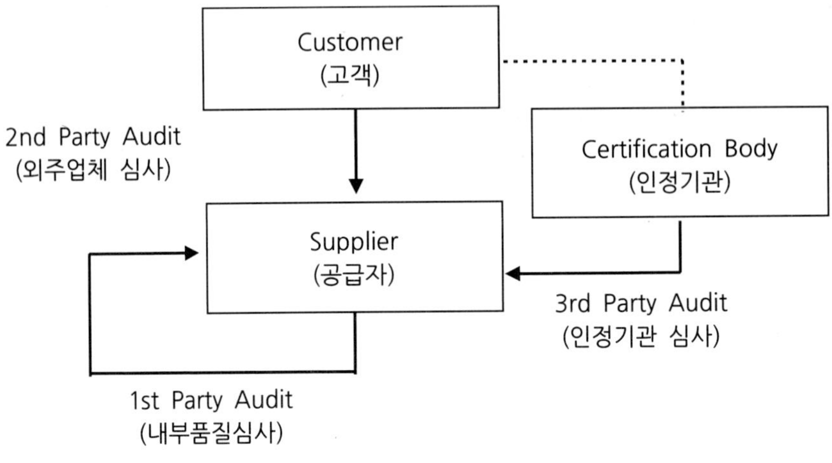

그림 8-1 심사의 형식

(2) 품질경영시스템 인증체계

ISO 인증제도의 운영체계는 각국마다 다르나 우리나라의 경우, 품질경영 및 공산품 안전관리법, 동법시행령 및 시행규칙에 따라 운영된다. 즉, 정부에서 정한 인정기관인 한국품질환경인증원(KAB:Korea Accreditation Board)가 인증기관과 심사원 연수기관의 지정업무를 수행하며, 인증기관은 공급자의 인증 신청에 의하여 인증심사를 수행한다. 인증제도 운영체계를 그림으로 설명하면 다음과 같다. 즉, 인증제도는 품질경영체계의 운영목적 달성과 유지개선을 위해 필요하며, 조직 내 업무활동 체계의 확보와 업무의 질 개선에 실질적으로 도움을 주기 위해서이다.

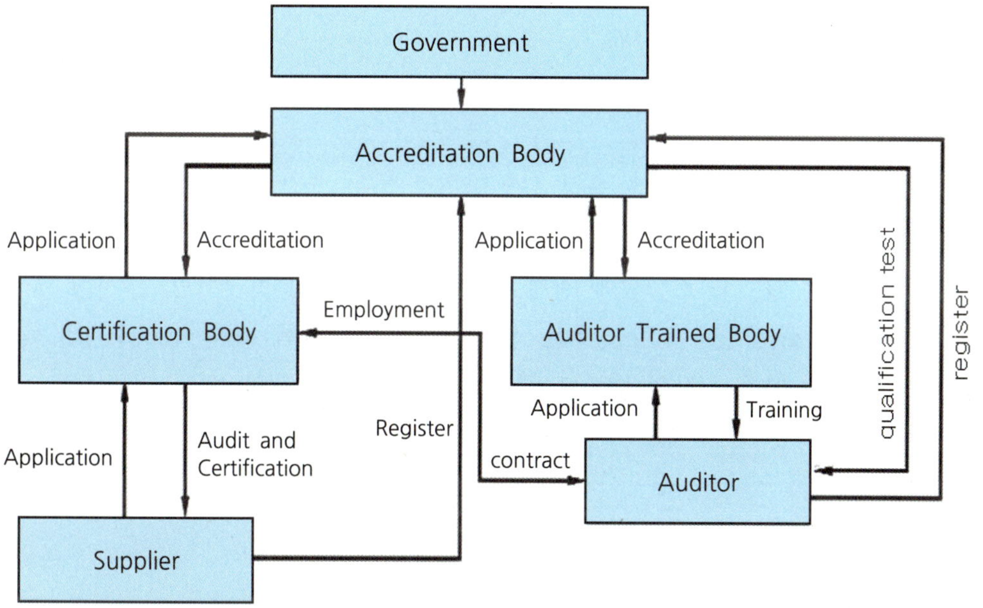

그림 8-2 인증관리시스템

(3) 심사의 종류

심사수행의 종류는 업무 흐름별 순방향 심사와 역추적 심사, 업무기능별 부서별 심사, 품질규격 요건별 심사가 있다.

표 8-1 내부심사의 종류

구분	내용 설명
순방향 품질심사	주문접수에서 출발하여 납품까지 업무순서 대로 심사를 실시하는 방법
역추적 품질심사	순방향과 반대로 역추적 해오는 방법
부서별 품질심사	한 부서에 관련된 모든 활동에 대해 심사하는 방법
요건별 품질심사	하나의 규격요건에 관련된 모든 사항을 심사하는 방법

5) 심사계획수립과 심사

(1) 개요

일반적으로 내부심사계획은 통상 1년 단위로 하는 연간 심사계획과 심사단위로 수행하는 개별 심사계획으로 구분할 수 있다.

연간 심사계획은 1, 2, 3년에 걸쳐 ISO9001 규격서의 요구사항 전 해당 규격 항목을 대상으로 품질에 영향을 주는 전 부문이 포함되도록 해야 하나 조직의 특성 및 업무기능에 따라 심사의 빈도나 깊이는 조정할 수가 있다.

심사계획수립은 전 부서를 대상으로 하는 방법과 부서별로 해당 요건만 감사하는 두 가지 방법이 있다.

(2) 심사계획 수립 시 사전검토 사항

① 심사의 형태

경영시스템에 대한 심사는 고객을 대신하여 제3자인 인증기관이 조직을 방문하여 심사하는 외부심사와 조직이 자체적으로 수행하는 내부심사가 있다. 일반적으로 심사계획은 공급자 조직 내에서 수행하는 것이므로 외부 심사를 포함한 내부 심사가 잘 조화시킬 필요가 있다.

외부 심사는 그 일정, 심사 횟수, 심사 기간 등에 있어 유동성이 극히 제한되므로, 외부 심사에 대한 가능한 정보를 모두 수집하여 미리 확정시킨 후 좀 더 자유스럽게 내부심사를 맞추어 계획할 필요가 있다.

② 심사계획 수립요건

건설업은 수주산업으로서 계약 및 발주계약의 충실한 이행이 중요하므로 이 경우, 심사요건의 충족을 위해 사전에 면밀한 점검이 필요하다.

이를 위해서 수주계약 및 발주계약 현황정보를 적시에 입수하는 것이 필요하며 회사 내에 공식적으로 이를 각 부서에 통보하는 경영시스템이 있는 경우, 이를 이용하면 되나, 발주계약의 경우는 통상 잘 알 수 없으므로 절차상에 이를 반영하거나 다른 조치를 취해 심사가 누락 되는 경우가 없도록 해야 할 것이다.

③ 공정의 진행상태 파악

외부심사의 경우 1년에 1회 정도의 심사로써 모든 해당 품질경영시스템의 규격요건을 심사하는 것이 통례이나, 이 경우에도 심사 시점에서 이미 모든 관련 업무가 종료된 요건이 있을 수 있으므로 현장을 점검한 뒤 심사를 나누어 수행하는 것이 이상적이다. 또 심사는 서비스를 제공하는 활동의 초기 상태에 수행하여 문제점을 조기 발견, 시정하는 것이 바람직하다.

④ 과거 심사기록 검토

해당 조직의 과거 심사기록, 발주처 불만 및 부적합의 경향 등을 검토하여 취약 부분과 우수한 부분을 파악하면 심사계획을 수립에 큰 도움이 된다. 취약 부문의 업무가 종결되기 전 또는 본격화되기 이전에 심사를 수행할 수 있다면, 예방적 품질 측면에서 아주 훌륭한 심사가 될 수 있을 것이다.

⑤ 동원 가능한 심사인력 검토

심사기관의 능력을 초과한 무리한 심사목표는 실질적으로 무의미 하다. 인력이 부족할 경우 외부기관의 심사자를 일시 고용하거나 심사자체를 하청하여 수행케 할 수 있으나 분위기 파악 미숙, 절차의 상이함 등의 단점이 있는 제도이다. 적절한 심사인력을 개발하여 보유하기 위해서라도 장기적인 심사계획은 꼭 필요하며 적어도 몇 년 정도 앞을 예측한 심사프로그램의 수립이 바람직하다.

⑥ 심사장소 고려

심사장소가 원거리에 위치한 경우 심사수행과 관련한 소요인력과 심사기간 결정에 밀접히 연관되므로 장기계획 수립 시 미리 이에 대한 고려가 이루어져야 하며, 단위심사의 경우에도 효율적인 심사가 이루어지도록 심사장소를 고려할 필요가 있다.

(3) 심사실행계획수립

내부심사계획서는 품질심사를 수행하는 일정 및 범위를 정하기 위해 작성하는 것으로 심사 제목 · 심사목적 · 심사범위 · 피감사 조직 · 심사요원 · 심사장소 · 심사일정 등을 내용으로 한다. 심사실행계획은 가급적 피심사 부서로 송부해 사전에 심사 준비를 할 수 있도록 하고 이전심사의 지적사항 중 현재까지 미결된 사항을 함께 기재하여 심사 요원이 다시 한 번 확인할 수 있도록 한다. 심사실행계획수립에 반영할 사항은 다음과 같다.

① 심사범위

규제요건, 적용표준, 계약요건, 회사방침 및 절차를 근거하여 심사범위를 설정한다.

② 심사자

심사될 업무의 복잡성이나 특성을 고려하여 그에 부합하는 경험과 교육을 받은 심사자를 선정하고 전문가 참여를 결정한다.

③ 심사일정

품질감사계획은 회사의 규모, 특성에 따라 다르다. 일반적으로 1년간 모든 품질경영시스템 규격요건을 심사하여야 하므로 업무의 진행사항을 고려하여 연말 또는 연초에 심사계획을 수립하여 주기적으로 검토 · 개정한다.

심사주관부서는 연간 심사 일정표에 계획된 내용대로 해당 심사기간 동안 수행할 세부 심사 일정을 작성한다. 일반적으로 심사를 수행하기 위한 일정계획에는 심사의 형태, 심사자의 인원수, 단위업무 심사시간, 심사보고서 발행시간, 심사요건, 기타사항 등을 고려하고 심사일정계획은 다음 사항을 고려하여야 한다.

- 심사형태
- 심사자의 인원수
- 단위업무를 심사하는데 필요한 시간
- 심사보고서를 발행하는데 소요일수
- 심사요건
- 기타사항(예 : 휴일, 휴가 및 교육 등)

④ 심사 시 적용문서의 준비

- 규제요건 문서
- Code/Standard (예: ISO 9001)
- 피심사 절차서 및 매뉴얼
- 기술시방서
- 계약서
- 기타 정보
  (예 : 과거 품질 관련 기록, 시험 및 특수공정, 특수요건의 목록 등)

(4) 심사 실행계획 통보

심사는 계획된 심사를 수행함에 있어 피 심사 조직에게 심사일정을 미리 통보한다. 이는 피 심사조직이 사전에 내부 심사를 준비하고 대비하도록 하기 위함이다.

일반적으로 외부심사의 경우 심사를 수행하기 전 30일, 60일 또는 90일 전에 통보하거나 또는 수일 전에 통보하는 수도 있다.

다만 심사 일정의 사전 통보로 인해 심사의 목적을 해치는 피 심사 조직의 행위가 예상되면 사전 통보 없이 심사를 수행할 수도 있다.

보통 심사 일정 통보 시에는 일정과 심사 인원, 해당 규격요건 등도 함께 통보하도록 하고 있다.

(5) 심사수행

내부품질감사는 외부감사 또는 제3자심사와는 달리 공식적인 시작회의가 필요하지 않으나 일정한 형식은 갖추어야 한다.

또한 심사원은 심사 시작 전에 해당 부서장에게 심사범위를 확인하고 결과

보고 회의 시간을 결정하며, 피심사 부서장은 본인이 직접 심사원을 안내하거나 심사원을 수행토록 안내자를 지명한다.

피심사부서의 직원들이 알고 있는 품질경영시스템의 적용상 문제점을 자발적으로 제시하도록 권고하여야 한다. 한편, 심사체크리스트에 없는 것이라도 심사원이 원하는 부분을 조사할 수 있도록 협조하여야 하고, 심사 중 발견된 문제점에 대해서는 반드시 세부적인사항들에 대하여 사실적인 증거를 확인하여야 한다.

또한 심사가 끝나면 결과보고 회의에서 구두로 피심사 부서장에게 지적사항을 요약하여 알려주어야 하며, 이에 대해 피심사 부서 책임자는 적절한 시정조치를 취해야 한다.

시정조치는 피심사 부서장의 책임사항이므로 특별한 요청이 없는 한 시정조치 방안에 대하여 조언하는 것은 바람직하지 않다.

① 시작회의(Opening Meeting, Pre-Audit Meeting)

"시작회의"는 내부심사 또는 외부심사에 따라 심사범위, 심사팀의 규모와 심사형태가 다를 수 있으며, 일반적으로 외부심사가 더 공식적이다. 일반적으로 시작회의는 회의실에서 개최되며 선임심사자가 회의를 진행하는 것으로서 심사자들과 피심사 기관이 첫 대면하는 자리이며, 이때 형성되는 분위기와 기본규칙에 따라 심사의 성공 여부가 달려 있다고 해도 과언이 아닐 정도로 중요한 과정이다.

㉠ 심사팀 소개

시작회의에 참석할 사람은 심사팀과 피감사 조직의 책임 있는 매니지먼트 대표를 비롯하여 관련 간부들과 심사대상이 되는 부서의 책임자들이다. 최소한의 참석자를 선임심사자가 요구할 수 있으나 이를 제한하지는 않는다. 선임 심사자는 심사팀을 소개하고 피감사 대표는 피심사 조직의 참석자들을 소개한다.

㉡ 심사의 목적 및 범위 설명

선임심사자는 심사목적과 범위 및 기타 관련사항을 설명한다. 그리고 종전에 실시된 심사에서의 지적사항에 대한 시정조치 관련 사항 등도 언급할 수 있다. 품질경영시스템 시행초기에는 ISO 90001 규격요구사항의 이해 확인에 중점을 두고, 품질경영시스템 변경 시에는 변경사항의 시행에 중점을 두며, 문제점 발견 시 근본 적인 원인 파악과 시스템의 개선과 효율성 제고에 역점을 두게 된다. 선임심사자는 심사계획 작성 시 적용된 문서의 출처를 언급하는 것이 바람직하다.

ⓒ 심사수행 방법 설명

선임심사자는 일반적인 품질심사방법과 심사의 심도 및 일관성을 위한 지침으로서의 점검표 사용에 대해 설명한다.

심사하고자 하는 개개의 업무 및 품질심사 대상이 될 주요 문서에 대해서도 미리 알려 주도록 한다. 또한 심사수행의 한 방법으로 샘플링 심사의 원칙을 설명한다.

또한 세부심사 일정에 대해서는 다음 사항을 고려하여 서로 합의하여야 한다.

- 각 부문별 예상심사 일정
- 예기치 못한 일로 인한 심사일정 또는 범위의 변경
- 심사 후의 회의 날짜
- 심사 후 회의의 참석대상자
- 심사 시작시간, 점심시간, 심사 종료시간 등 매일의 심사일정

ⓔ 안내자 소개

'안내자'는 심사원이 전체 심사일정에 따라 심사를 원활히 진행할 수 있게 심사장소 제공, 피심사 조직의 안내하는 자를 말하고, 심사 부적합 발행 시 증인의 역할을 한다. 따라서 안내자는 심사 분야별로 심사팀과 주로 접촉할 책임자를 결정하고 책임자 유고시 대리자를 선정해 두어야 한다.

심사의 목적이 피심사조직이 적용하고 있는 품질경영 프로그램의 적절성 및 이행의 효율성을 점검하는 것이고, 피심사 조직이 이를 잘 성취하고 있다면 굳이 심사 조직에게 적대적인 감정이나 필요 이상의 경계 의식을 가질 필요가 없을 것이나, 실제로는 그렇지 않은 현상이 자주 발생함은 어쩔 수가 없다.

심사조직은 그럴수록 피심사 조직과 우호적인 분위기 하에서 효과적인 심사를 수행할 수 있도록 노력할 필요가 있으며, 심사의 필요성 및 심사자의 의무를 잘 이해시키고 협조를 부탁해야 할 경우도 있다.

② 심사수행과 심사요령

㉠ 품질심사 시작

심사자는 심사시심사 대상 상대자를 접촉하여 이들과 긴밀한 관계를 유지한다. 각 심사자는 피심사자가 모든 지적사항을 포함한 관찰사항에 대한 상황을 이해하도록 할 필요는 있으나 반드시 지적사항에 대한 상대방의 동의를 구할 필요는 없다. 또한 시간 손실을 예방하기 위해 미리 요구되는 기록들을 알려주도록 한다.

㉡ 객관적 사실조사

심사자의 실제 과제는 기록을 검사하는 기술보다는 사람을 다루는 기술에 있다. 심사에는 두 가지 목적이 있는데 하나는 요구사항에 따르고 있음을 나타내는 객관적인 증거를 평가하는 것이고, 또 하나는 업무 수행방법의 적절성을 조사하는 것이다. 따라서 제시된 문서의 검토를 통해 점검표를 확인해 나가면서 꼭 필요한 경우 피심사자에게 질문을 던져야 한다. 질문이라는 행위가 즉 사람을 다루는 기술이며, 심사의 성패를 좌우하는 것이라 할 수 있다.

㉢ 질문의 기본원리

심사자는 대화 중에 항상 적절한 우호적인 분위기를 유지시키도록 노력하는 한편 예의를 잃는 일이 없도록 해야 한다. 직접 질문에 들어가기 전에 피심사자의 직무, 작업과정 등 주변상황에 대한 화제 등으로 분위기를 성숙시킬 필요가 있으며, 이러한 정보를 통해 더 정확한 심사가 가능할 것이다.

피심사자로부터 솔직한 정보를 많이 얻어내기 위해서 가급적 자유스럽게 이야기할 수 있는 분위기의 창출도 필요하다. 대화 도중 피심사자의 진술 내용을 받아 적을 필요가 있을 경우도 있으나, 그 내용이 지적사항에 관련된 것인 경우, 가급적 지양하여야 한다. 이는 피심사자의 경계심을 불러일으키기 때문이며, 반대로 고무적인 내용이거나, 문서번호, 일자 등 구체적인 사항인 경우에는 사기 앙양이나 정확성을 기하기 위해 이들을 문서화해야 할 것이다.

㉣ 질문방법

심사자는 피심사자에 대한 질문에 앞서 피심사자가 어떤 유형의 성격을 가지고 있는가를 파악할 필요가 있다.

이는 대화를 우호적으로 진행시키기 위해 필요한 것으로서 피심사자를 자극하거나 무시하는 언행을 삼가해야 한다.

이를 위해 피심사자의 유형을 완전히 파악하기 전까지는 간단하고 깊이가 깊지 않은 질문을 여럿 던지면서 방향을 조정할 필요가 있다.

심사자는 피감사자의 설명 도중에 갑자기 끼어들어 성급하게 자신의 결론을 말해 버리는 것은 가급적 피해야 한다.

이는 피심사자로 부터 하여금 반감을 갖게 할 뿐 아니라 설명을 끝까지 듣기 전에 결론을 내릴 경우, 그것이 틀린 것일 수도 있기 때문이다.

심사자의 경험이나 심사자가 속한 기관에서의 관례 등을 역설하며 강요해서는 객관적 판단에 의한 감사를 수행했다고 할 수 없을 것이다.

피심사자에 대한 질문방법은 질문, 관찰, 확인의 순서로 진행한다. 즉, 심사자는 피심사자의 눈빛을 보면서 필요한 질문을 던지고 쳐다보면서 답변을 하기 전 피심사자의 표정이나 반응을 상세히 관찰하면서 답변을 들으며, 필요 시 그 증거로서 관련 문서나 정보를 보여 달라고 하여 확인한다.

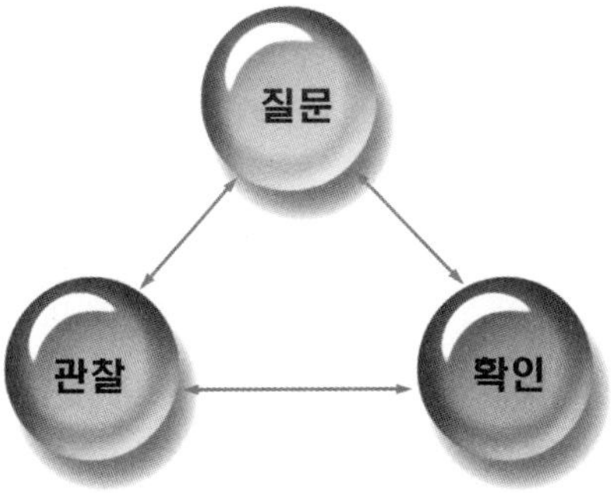

그림 8-3 심사의 3요소

㉤ 사실의 수집과 사실에 대한 견해

심사 시 피심사자들에 대한 사실관계를 확인하기 위해서는 5W 1H에 의한 접근방식이 필요하다. 즉 다음의 예에서 나타난 바와 같은 방향의 의문을 제기해 가면서 심사를 수행케 하되, 특히 경영시스템의 심사분야에서 심사자에게 매우 어려운 점의 하나가 견해(Opinion)와 사실(Fact)의 차이점을 구별할 줄 하는 것이다. 이를 터득하지 않는 한 훌륭한 심사자라고 할 수 없을 것이다.

㉥ 샘플선정(Sampling)

품질심사 기간 동안 모든 대상 품목 또는 문서를 점검하고 평가하는 것은 불가능하며 일반적으로 도면, 절차서 및 기록 등 문서를 점검하는 경우에는 거의 예외 없이 표본을 선정하게 된다. 표본을 선정할 경우는 표본 선정계획을 간략하게 서류화 하여야 하며, 특별한 가정을 세워 표본의 크기를 결정한 경우는 그 가정이 기술되어야 한다. 이러한 사항들은 감사점검표와는 별도로 작성되는 것이 일반적이며 감사보고서에 그 내용이 기술되어야 한다.

표본 선정과정을 서류화하는 것은 요건은 아니나 바람직한 사항이다. 선정한 표본 중에서도 어떤 품목을 표본에서 제외할 경우, 그 품목이 제외된 이유도 명시하는 것이 좋다. 제외 품목을 서류화하는 주요 이유는 심사결과에 대한 상당한 영향을 줄 수도 있었던 품목 또는 서류들이 제외되었는지를 알 수 있게 해 주기 때문이다. 예를 들어, 심사자에게 즉시 제공되기 힘들었다는 이유만으로 어떤 품목 또는 서류가 감사표본에서 제외되었을 경우 다른 경로를 통해 이것이 피심사측의 고의였음이 발견될 수도 있으며, 이때 이를 다시 수거하여 감사를 수행할 수도 있기 때문이다.

③ 심사 지적사항

지적사항은 요건을 위반하여 수행된 사례를 말한다. 지적사항인 듯한 상황을 발견하였을 때 심사자는 항상 해당 요건이 무엇인가를 찾아야 한다. 해당 요건은 감사점검표, 절차서, 품질계획서, 계약서, Code 및 규격, 법령의 순으로 찾아 올라간다. 요건을 찾지 못했을 때는 일단 지적사항으로 보고할 수 없으며 선임

심사자와 상의할 필요가 있다. 심사자는 자신이 평가하고 있는 대상에 대해서 항상 객관성을 유지해야 하며, 심사외적인 요소는 제외시켜 고려해야 한다. 자기 회사의 관례나 심사자 자신의 생각은 대상을 객관적으로 평가하는데 장애가 될 수 있다. 개인적 감정이나 견해는 지적사항에 대한 타당성에 대해 심사도중 피심사자의 동의를 얻어야 한다. 피심사자의 동의를 얻지 못한 경우, 심사 후 회의에서 불필요한 언쟁이 발생하기 때문이다.

지적사항은 입수된 정보를 갖고 심도 있게 기술되어야 하며, 그 증거로서 적절한 문서의 사본을 얻는 것이 큰 도움이 된다. 각 감사자는 심사팀의 회의 이전에 각자의 지적사항을 검토, 종합하여야 한다. 지적사항을 명백히 하고, 용어를 정확히 사용하기 위해 지적사항을 전체적으로 여러 번 읽고, 관련 근거를 점검하는 것이 필요하다.

관찰사항이란, 심사시 확인된 사실이 규정된 요구사항의 위반은 아니나 그대로 계속 업무를 수행할 경우 부적합으로 갈 가능성이 있는 사항을 말한다. 각 심사자는 심사수행 동안 각자의 관찰사항을 평가·분석해야 한다. 관찰사항에 대한 검토를 통해 때로는 심사의 내용과 방향이 수행 중에 바뀔 수도 있다.

④ 객관적인 증거확보

품질심사는 점검표에 기술된 기준에 따라 면담, 서류검사, 대상 분야의 업무와 상태를 관찰함으로써 객관적인 증거를 찾아내어 점검표 등에 기록을 한다. (예 : 도면 개정번호, 검사표의 일련번호, 재료번호, 발견된 장소 등) 점검표에 포함되지 않더라도 부적합으로 의심되는 단서는 간단히 기록하여 확인 조사를 해야 한다. 면담을 통해 얻은 정보는 직접적인 관찰이나, 측정 또는 기록을 통해 확인해야 한다. 객관적 증거는 다음과 같은 종류로 분류될 수 있으며, 이들 중 어떤 것들은 관찰되는 시점에서 즉시 처리, 수립하여야 하는 것들도 있다.

㉠ 공식 및 비공식 기록문서

공식기록으로서 조직에 의해 서명된 문서라면 반론의 여지가 거의 없는 객관적 증빙자료라고 할 수 있다. 공식기록으로서 분류되지 않는 보고서, 기록으로 분류되지 않을 각종 교신, 각종 메모철과 작업서류 등도 객관적 증빙자료로 받아들여질 수 있다.

㉡ 관찰사항

심사자가 심사 중 진행되고 있는 작업을 관찰하여 심사점검표에 기술한 경우, 이를 객관화 시키지 않으면 논쟁거리가 될 수 있다. 이런 경우는 사진기를 휴대하든가 피심사자나 다른 심사자의 동의를 얻어 서명을 받음으로써 객관성을 부여할 수 있다.

㉢ 구두 진술사항

심사자의 공식적인 질문사항에 대한 피심사자의 답변사항으로서 이것은 답변자가 인정서명하거나 객관적인 증빙자료가 수반될 때만이 증빙자료로 사용할 수 있다. 이때는 간접화법보다는 직접화법에 의한 표현이 훨씬 효과적이다.

㉣ 자료의 복사

내부심사 중 심사의 증거가 되는 문서는 복사를 하는 것이 좋다. 문서 제목, 문서 번호, 개정번호 등 필요한 정보를 점검표에 일일이 기재하는 데에는 예상 외의 많은 시간이 소요되며, 통상 모든 업무가 촉박한 공정에 수행되는 것을 감안 한다면 최단시간 내에 효율적인 심사를 수행하기 위해 자료복사는 매우 중요한 의미를 갖는 다고 볼 수 있으며 복사는 증빙서류의 확보라는 의미를 갖는다. 어떠한 사실이 심사 종료 후 변조될 수 있다고 판단되는 경우, 심사자는 근거가 되는 문서를 확보하여 필요한 경우 피심사자의 확인을 받아 변조에 대비하지 않으면 안 된다. 단, 특정 자료의 지적소유권, 비밀성 등으로 인해 복사가 허용되지 않는다면 감사자는 이러한 피감사 조직의 입장을 존중해야 한다. 심사자는 복사를 요청하는데도 선별적으로 필요한 분야에 국한해야 한다. 처음 요청은 기꺼이 받아들여진다고 해도 반복적인 요청은 상당한 거부감을 가져올 수 있기 때문이다. 심사자와 피심사자와의 신뢰감 조성이 문제점의 해결책이 될 수도 있다.

(6) 내부심사 관련 양식(사례)

( )년 품질심사계획서	결재	작성	검토	승인
		/	/	/

심사범위		추진일정계획											
부서	적용요건	1	2	3	4	5	6	7	8	9	10	11	12

※ 심사 범위에 품질경영매뉴얼의 각 장과 관련된 절차서와 양식 포함

범 례

○ : 심사 계획됨

◑ : 심사 실시됨. 심사결과보고서 발행됨

● : 심사결과보고서 종료/감사완료

<table>
<tr><td rowspan="3" colspan="2">품질심사 실행계획서</td><td rowspan="3">결
재</td><td>담당</td><td>검토</td><td>승인</td></tr>
<tr><td></td><td></td><td></td></tr>
<tr><td>/</td><td>/</td><td>/</td></tr>
</table>

<table>
<tr><td colspan="3">대상부서/현장</td><td></td><td>심사번호</td><td></td></tr>
<tr><td colspan="3">심사(예정)기간</td><td></td><td>작 성 자</td><td></td></tr>
<tr><td colspan="3">심사의 종류</td><td>□정기심사 □특별심사 □기타</td><td>작 성 일</td><td></td></tr>
<tr><td rowspan="4">심
사
팀
구
성</td><td colspan="2">팀장</td><td colspan="3">(소속 : , 직급 :)</td></tr>
<tr><td colspan="2" rowspan="2">팀원</td><td colspan="3">(소속 : , 직급 :)</td></tr>
<tr><td colspan="3">(소속 : , 직급 :)</td></tr>
<tr><td colspan="2">OBSERVER</td><td colspan="3">(소속 : , 직급 :)</td></tr>
<tr><td colspan="3">심사목적</td><td colspan="3"></td></tr>
<tr><td colspan="3">심사범위</td><td colspan="3"></td></tr>
<tr><td colspan="6">심사 진행 일정표</td></tr>
</table>

<table>
<tr><td rowspan="2" colspan="2">대상부서</td><td colspan="2">진행일정</td><td rowspan="2">주요 심사 내용</td><td rowspan="2">심사자</td><td rowspan="2">비고</td></tr>
<tr><td>일자</td><td>시간</td></tr>
<tr><td rowspan="9"></td><td></td><td></td><td></td><td></td><td></td><td></td></tr>
<tr><td></td><td></td><td></td><td></td><td></td><td></td></tr>
<tr><td></td><td></td><td></td><td></td><td></td><td></td></tr>
<tr><td></td><td></td><td></td><td></td><td></td><td></td></tr>
<tr><td></td><td></td><td></td><td></td><td></td><td></td></tr>
<tr><td></td><td></td><td></td><td></td><td></td><td></td></tr>
<tr><td></td><td></td><td></td><td></td><td></td><td></td></tr>
<tr><td></td><td></td><td></td><td></td><td></td><td></td></tr>
<tr><td></td><td></td><td></td><td></td><td></td><td></td></tr>
<tr><td colspan="2">협조사항
(피심사팀)</td><td colspan="5">1. 심사 대응자를 감사실시 7일 전까지 선정하여 심사팀장에게 통보 바랍니다.
2. 심사에 필요한 자료를 사전에 준비하여 주시기 바랍니다.</td></tr>
</table>

<table>
<tr><td colspan="3" rowspan="3">내부품질심사 점검표</td><td rowspan="3">결
재</td><td>작성</td><td>검토</td><td>승인</td></tr>
<tr><td></td><td></td><td></td></tr>
<tr><td>/</td><td>/</td><td>/</td></tr>
<tr><td colspan="2">대상조직</td><td></td><td>작성일자</td><td colspan="3"></td></tr>
<tr><td colspan="2">감 사 자
(Auditor)</td><td></td><td>감사일자</td><td colspan="3"></td></tr>
<tr><td colspan="2" rowspan="2">요건번호</td><td colspan="2" rowspan="2">점 검 항 목</td><td colspan="3">평가결과</td></tr>
<tr><td>적합</td><td>N/A</td><td>부적합</td></tr>
<tr><td></td><td></td><td colspan="2"></td><td></td><td></td><td></td></tr>
</table>

심 사 일 정 표

일자	시간	감사원	대상부서	적용요건	비고
( )일차					
( )일차					

<table>
<tr><td rowspan="3">회사로고</td><td rowspan="3">품질심사 회의록</td><td rowspan="3">결
재</td><td>작성</td><td>검토</td><td>승인</td></tr>
<tr><td></td><td></td><td></td></tr>
<tr><td>/</td><td>/</td><td>/</td></tr>
<tr><td>대상부서</td><td colspan="5"></td></tr>
<tr><td>감사범위</td><td colspan="5"></td></tr>
<tr><td>회의일시</td><td></td><td colspan="2">회의장소</td><td colspan="2"></td></tr>
<tr><td colspan="6">회 의 참 석 자</td></tr>
</table>

소속	직위	성명	서명	시작회의 참석자	종료회의 참석자	비고
				☐	☐	
				☐	☐	
				☐	☐	
				☐	☐	
				☐	☐	
				☐	☐	
				☐	☐	
				☐	☐	
				☐	☐	
				☐	☐	
				☐	☐	

시작회의 내용요약	종료회의 내용요약
☐ 감사팀, 감사부서 상견례	☐ 감사의 말
☐ 감사목적 및 범위설정	☐ 우수사례
☐ 수감자/안내자 확인	☐ 감사목적 및 범위 재설명
☐ 감사일정 구분 설명	☐ 지적사항 설명
☐ 지적사항 구분 설명	☐ 관찰사항 설명
☐ 감사회의 장소 확인	☐ 질의 응답
☐ 안전장구 준비	☐ 감사보고서(부적합보고서) 서명/확인
☐ 종료시간 확인	
☐ 질의 응답	

<table>
<tr><td colspan="3" rowspan="3">관 찰 보 고 서</td><td>대상부서</td><td></td></tr>
<tr><td>감사팀장</td><td></td></tr>
<tr><td>감사일자</td><td></td></tr>
<tr><td>NO</td><td>업무/장소</td><td colspan="2">관 찰 사 항</td><td>비 고</td></tr>
<tr><td></td><td></td><td colspan="2"></td><td></td></tr>
</table>

<table>
<tr><td rowspan="3">확 인</td><td>구분</td><td>수감부서/수감자</td><td>감사자</td><td>감사팀장</td></tr>
<tr><td>성명</td><td></td><td></td><td></td></tr>
<tr><td>서명/일자</td><td>(/ /)</td><td>(/ /)</td><td>(/ /)</td></tr>
</table>

<table>
<tr><td colspan="3" rowspan="2">부 적 합 보 고 서</td><td>대상부서</td><td colspan="2"></td></tr>
<tr><td>감사일자</td><td colspan="2"></td></tr>
<tr><td colspan="3" rowspan="2">부적합사항</td><td>부적합
등 급</td><td colspan="2">□ 중
□ 경</td></tr>
<tr><td>부적합
내 용</td><td colspan="2">□ 시스템부재
□ 시스템문서미비
□ 시스템미준수
□ 시스템비효율성
□ 기타</td></tr>
<tr><td rowspan="3">확 인</td><td>구분</td><td>피감사자</td><td colspan="2">감사원</td><td>감사팀장</td></tr>
<tr><td>성명</td><td></td><td colspan="2"></td><td></td></tr>
<tr><td>서명/일자</td><td>(/ /)</td><td colspan="2">(/ /)</td><td>(/ /)</td></tr>
<tr><td>시정조치
(예방조치)
요구사항</td><td colspan="5"></td></tr>
<tr><td>시정조치
(예방조치)
계획/결과</td><td colspan="5">조치완료예정일 : /
확인(부서장/소장) : /</td></tr>
<tr><td>시정조치
(예방조치)
결과확인</td><td colspan="5">확인(품질경영팀장) : /</td></tr>
</table>

<table>
<tr><td colspan="4" rowspan="3">품질심사 결과보고서</td><td rowspan="3">결
재</td><td>작성</td><td>검토</td><td>승인</td></tr>
<tr><td></td><td></td><td></td></tr>
<tr><td>/</td><td>/</td><td>/</td></tr>
<tr><td>대상부문</td><td></td><td colspan="2">감사구분</td><td colspan="4"></td></tr>
<tr><td>대상부서</td><td></td><td colspan="2">작성일자</td><td colspan="4"></td></tr>
<tr><td rowspan="2">감사범위</td><td rowspan="2"></td><td rowspan="2">감사팀
구성</td><td>팀장</td><td colspan="4"></td></tr>
<tr><td>팀원</td><td colspan="4"></td></tr>
<tr><td colspan="2">감사결과</td><td colspan="6">중요 지적사항</td></tr>
<tr><td colspan="2"></td><td colspan="6"></td></tr>
<tr><td>품질시스템
유효성</td><td>☐ 전반적 유효함
☐ 부분적인 보완조치 요망
☐ 전반적인 보완조치 요망</td><td colspan="6">특기사항</td></tr>
<tr><td>첨부물</td><td colspan="7">1. 부적합보고서(　)매　[중결함(　)건, 경결함(　)건]
2. 관찰사항(　)매　[　　]건
3. 회의록</td></tr>
<tr><td>배포처</td><td colspan="7"></td></tr>
<tr><td colspan="8">위와 같이 품질시스템 감사 결과를 보고합니다.
년　　월　　일
감사팀장　　　　　　　(인)</td></tr>
</table>

8.2 품질경영검토와 관리

1) 개요

품질경영체재를 유지하기 위해서는 품질인증기관의 심사에 의해 적절성과 유효성 검증이 필요하다. 품질경영시스템의 유효성 검증은 조직의 내부품질심사를 통하여 시스템의 유효성과 적절성을 확인하여 시정조치를 취하게 된다. 경영검토(Management Review)는 내부심사를 통해 시스템 운영 전반의 적절성과 유효성을 확인함으로써 문제점을 지속적으로 개선하여 경영성과를 향상시키고자 하는 것이다.

2) 경영검토(Management Review)란?

경영검토(Management Review)란 조직이 수립하여 운영 중인 품질경영시스템에 대하여 최고경영자가 정한 품질방침과 품질목표의 충족성과 효과성 보장을 위하여 계획된 주기로 조직의 경영시스템을 검토하는 것을 말한다. 즉, 최고경영자는 조직의 사업적인 환경 변화에 따라 품질방침과 목표를 달성하기 위하여 수립된 경영시스템이 적합하고 효과적으로 운용되는지 여부를 판단하기 위하여 정기적으로 검토하는 것을 말한다.

> **9.3 경영검토(Management review) : ISO9001:2015**
>
> **9.3.1 일반사항**
>
> 최고경영자는 조직의 전략적 방향에 대한 품질경영시스템의 지속적인 적절성, 충족성, 효과성 및 정렬성을 보장하기 위하여 계획된 주기로 조직의 품질경영시스템을 검토하여야 한다.

3) 경영검토 입력사항

경영검토란 품질경영시스템의 지속적인 적절성과 충족성 및 효과성을 보장하기 위하여 계획된 주기로 검토하는 것이다. 이와 같은 검토를 위한 입력사항(Input date)은 다음과 같으나 이에 국한하는 것은 아니다.

(1) 기술의 발전추이, 시장의 동향
(2) 국제표준 규격의 변화
(3) 내·외부 심사 결과
(4) 부적합 및 시정조치사항
(5) 고객 및 이해관계자로 부터 피드백
(6) 이전 경영검토 조치의 상태
(7) 품질경영시스템과 관련된 내·외부 이슈의 변경
(8) 외부공급자의 성과
(9) 제품 및 서비스의 적합성
(10) 자원의 충족성
(11) 리스크와 기회를 다루기 위한 조치의 효과성
(12) 품질목표의 달성 정도
(13) 개선 기회

9.3.2 경영검토 입력사항(ISO9001:2015)

경영검토는 다음사항을 고려하여 계획되고 실행되어야 한다.

a) 이전경영검토에 따른 조치의 상태
b) 품질경영시스템과 관련된 외부 및 내부 이슈의 변경
c) 다음사항을 포함한 품질경영시스템의 성과 및 효과성에 대한 정보
  1) 고객 및 이해관계자로부터 피드백
  2) 품질목표의 달성정도
  3) 프로세스성과 그리고 제품 및 또는 서비스의 적합성
  4) 부적합 및 시정조치
  5) 모니터링 및 측정 결과
  6) 내외부 심사결과
  7) 외부공급자의 성과
d) 자원의 충족성
e) 리스크와 기회를 다루기 위하여 취해진 조치의 효과성
f) 개선기회

4) 경영검토 출력사항

조직은 사업을 효과적으로 수행하기 위해 재정적인 문제뿐 아니라 품질 문제도 정기적으로 점검하고 토의하여야 한다. 이를 위해 조직의 경영자는 그들이 수립한 품질경영시스템의 경영검토 프로세스에 의한 입력사항(Input date)을 반영한 검토 출력문서(Output date)에 따라 검토회의가 이루어져야 한다. 이러한 회의는 경영검토서, 회의록, 최고경영자의 지시사항에 의해 필요사항의 개선조치가 필요하다. 경영검토의 결과는 반드시 피드백이 이루어져 개선조치가 이루어져야 한다. 경영검토를 실시한 출력문서는 그 증거로서 유지되어야 한다.

(1) 경영검토회의록
(2) 경영검토서(보고서)
(3) 최고경영자 지시사항
(4) 시정 및 예방조치에 취해진 조치

9.3.3 경영검토 출력사항(management review output date) (ISO9001:2015)
경영검토의 출력사항에는 다음 사항과 관련된 결정과 조치가 포함되어야 한다.
a) 개선 기회
b) 품질경영시스템 변경에 대한 모든 필요성
c) 자원의 필요성
조직은 경영검토 결과의 증거로, 문서화된 정보를 보유하여야 한다.

5) 경영검토 Flow-Chart(사례)

업무흐름도 (주관팀 / 관련팀 / 공사담당)	업무수행절차
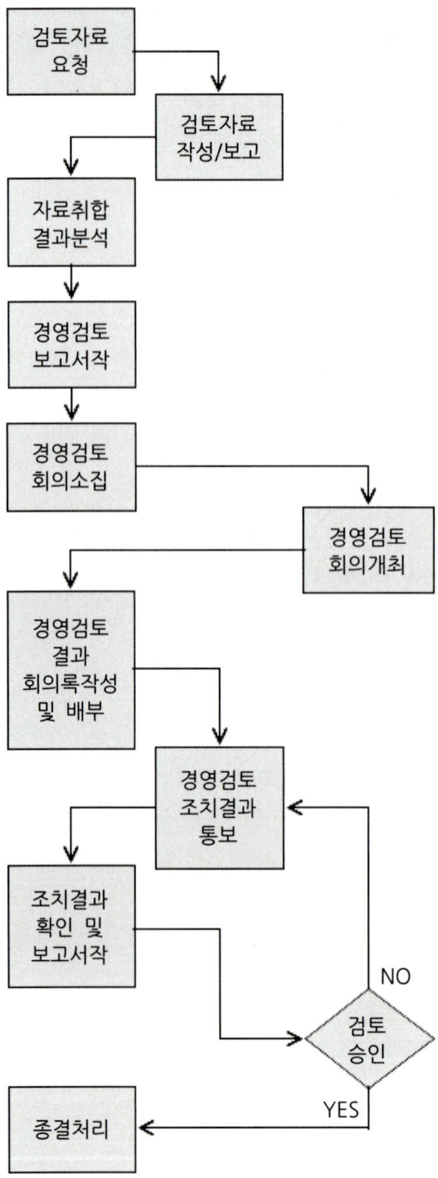	• 경영검토회의는 연 2회(6, 12월) 개최한다. • 주관팀장은 대표이사의 승인을 받아 경영검토회의 10일 전까지 참석대상자에게 통보한다. • 주관팀장은 팀 및 현장에 경영검토자료를 요청 취합한 후 결과를 종합분석하여 경영검토보고서를 작성한다. • 경영검토보고서는 경영검토대상을 모두 반영하여 체계적이고 포괄적인 평가를 통해 수행된다. • 기존 시스템의 변경이 요구될 경우에는 대표이사 또는 경영대리인은 주관팀장에게 시스템의 변경 및 개선을 지시한다. • 경영검토 후 필요하다고 판단될 경우 책임 있는 경영층은 인적, 물적자원에 대해 필요한 시정 및 예방조치를 취한다.

6) 경영검토보고서 작성(사례)

품 질 경 영 검 토 보 고 서

□ 내·외부 심사결과 지적사항

□ 고객 및 이해관계자 불만사항 및 처리사항

□ 시정조치 및 또는 예방조치 결과

□ 프로세스 성과, 서비스의 적합성 사항

□ 이전의 경영검토에 따른 후속 조치사항

□ 개선을 위한 제안사항

□ 경영시스템에 영향을 줄 수 있는 주요 변경사항

작성	검토	확인	승인
/	/	/	/

지시사항 시정조치 결과보고서

결재	작성	검토	확인	승인
	/	/	/	/

문서번호 :		페이지 :	
항 목	지시사항	조치결과	주관부서

제9장

통합경영시스템 구축과 운영

9.1 통합경영시스템

9.2 환경경영과 관리

9.3 안전보건경영과 관리

9.1 통합경영시스템

1) 개요

WTO(World Trade Organization)의 출범으로 국가 간 무역장벽 해소와 디지털 시대가 본격화 되면서 세계 경제가 하나의 글로벌 시장으로 통합되어 국가마다 자국의 주도권 장악을 위한 무한경쟁시대로 진입하게 되었다.

이에 따라 글로벌 시대에서는 각국마다 다르게 구비된 국가표준들이 이제 전 세계적으로 통용할 수 있는 국제표준들이 나타나고 있다. 특히 현재 국제표준화기구(ISO:International Organization for Standardization)에서 제정하여 각 국가마다 운영되고 있는 품질경영(ISO9001), 환경경영(ISO14001) 및 안전보건경영(ISO 45001) 시스템 규격은 OECD(Organization for Economic Cooperation and Development)와 WTO에서 각기 인정을 받음에 따라 이 표준의 중요성이 더욱 증대되고 있다.

따라서 이 표준들은 향후 새로운 무역장벽으로 부상할 가능성이 높아져 있다. 이에 따라 기업에서는 조직의 전략적인 차원에서 이 국제표준을 활용해야 하는 시점에 와 있다. 그러나 이 표준들은 개별 기업의 업종, 규모, 특성을 고려하지 않은 채 획일적으로 제정된 문서와 경영시스템으로 인해 각 경영시스템 간의 업무의 중복과 혼란이 야기되어 왔다. 따라서 각 기업들은 이러한 문제를 극복하고 경쟁력을 구비하여 시장을 확대하기 위한 노력들이 경주되고 있다.

이러한 노력은 조직이 제공하는 제품이나 서비스의 특성에 따라 조직이 구비하여 운영하고자 하는 다양한 경영시스템의 요구사항들에 대한 이해와 인식을 공유하여 조직의 방침과 목표를 달성할 수 있는 체계적이고 효율적인 시스템의 구축과 이행이 필요하다.

2) ISO에 의한 경영시스템

(1) 품질경영시스템(ISO9001)

ISO9001 품질경영시스템은 1987년 최초로 국제표준화기구(ISO)에서 제정되어 그동안 많은 기업들도 내·외부적인 인증 필요성에 의해 구축되고 운영하여 왔다.

이들 조직의 대부분은 품질관련 부문에서 많은 성과를 거두고 있으며 기업경쟁력 향상을 지원해 왔다.

ISO9001 표준은 공급자에 대한 품질경영시스템의 국제표준으로 전 세계적으로 경제가 통합되고 있는 상황에서 각국마다 품질경영에 대한 개념은 서로 상이함에 따라 이를 극복하기 위해 ISO9001의 품질경영시스템 요구사항을 도입하여 운영하고 있다.

이 요구사항은 어떠한 업종, 조직에도 활용할 수 있도록 범용적인 표현으로 기술되어 있고 나아가 고객요구사항에 대한 품질경영시스템이 프로세스화하고 지속적 개선을 통하여 고객만족을 지원하고 있다.

ISO9001:1994는 새로운 품질개념과 아이디어, ISO9001:2000은 프로세스모델과 품질경영8대원칙, ISO9001:2015에는 품질규격에 대한 해석 내용 및 기존의 ISO9001 가이던스 내용을 반영하였다.

ISO9001:2015 규격은 제품 및 서비스에 대한 적합성을 제공할 수 있는 조직의 능력, 고객을 만족시키는 조직의 능력 및 품질경영시스템에 대한 고객의 확신을 제공하고 고객과 조직의 가치 달성 측면, 문서화에 대한 간소화와 및 목표 달성을 위한 리스크 경영 도입에 중점을 두었다.

품질경영시스템의 실행은 고객요구사항과 법적요구사항에 적합한 제품 및 서비스를 일관되게 제공할 수 있으며 고객만족 증진을 위한 기회를 촉진하고 조직의 상황 및 목표와 연관된 리스크와 기회를 다룸으로서 조직에 긍정적인 역할을 미치게 한다.

(2) 환경경영시스템(ISO14001)

국제표준화기구의 환경경영규격인 ISO14001은 범세계적인 환경오염 문제를 시발로 많은 논란과 회의 끝에 국제적인 차원에서 환경을 관리하는 방법에 대한 표준화를 추진하게 된 것이다.

특히 60년대부터 80년대까지 환경오염의 확산을 인식하고 1992년 브라질 '리우 지구 정상회의'에서 제창된 '환경적으로 건전하고 지속 가능한 개발'을 달성하기 위하여 실천적 방법론의 하나로 환경경영이 기업경영의 새로운 패러다임으로 등장하게 되었다. 이에 따라 1996년 6월 제4차 ISO/TC207총회(브라질 리우)에서 ISO14001이 공포되었다.

1999년 6월 제7차 서울총회에서는 ISO14001 및 14010～12에 요구사항의 조정 검토가 협의된 바가 있으며, 국제표준화 기구에서는 ISO14001 규격의 제정 참고 본인 BS 7750은 영국의 표준협회인 BSI에서 작성한 것을 기초로 하고 있다.

ISO14001(환경경영시스템)은 효과적인 환경관리를 위해 지정한 국제표준으로 기업이 상업적 성공을 유지하면서 자발적으로 환경을 관리할 수 있는 틀을 제공하여 기업활동이 환경에 미치는 영향을 최소화하는데 도움을 준다.

또한 이 규격은 ISO9001(품질경영시스템)과 통합하여 효과적인 환경경영시스템에 대한 요구사항을 지정하는 국제표준으로서 조직이 운영하는 틀을 제공한다는 점에서 단순히 환경성과 요건을 확립하는 것과는 차별화 된다.

이는 기존의 환경관리 방법이나 사후 처리 위주의 기술개발 및 투자활동이 더 이상 충분한 관리 수준이 될 수 없다는 공감대가 반영되어, 경제적 수익성과 환경적 지속가능성을 전제로 하는 새로운 기업경영 전략의 도입을 강력히 요구하고 있기 때문이다.

즉, 일부 환경담당자에 의해 사후처리 방식 중심으로 운영되어 오던 기존의 환경관리 방식에서 탈피하여 전 직원의 참여를 유도하여 전사적인 환경문제를 해결할 수 있는 체계적 방안을 모색할 것을 촉구하는 것으로, 이는 환경경영의 실천 수단으로 등장하였다.

(3) 안전보건경영시스템(ISO45001)

안전보건경영시스템(ISO45001:2018)은 사업장에서 발생할 수 있는 모든 위험을 사전 예측하여 관리함으로써 기업이윤 창출에 기여하고 안전보건을 체계적으로 관리하기 위한 요구사항을 규정하였다.

즉, 기업이 산업재해를 예방하고 안전한 작업환경을 조성할 수 있도록 하기 위해 근로자의 안전 및 보건의 유지·증진이라는 목표를 달성하고자 기업의 책임과 관리 절차를 수립하여 물적, 인적 자원을 효과적으로 관리하는 경영시스템이다.

또한 이 시스템은 종전의 안전관리자 중심의 안전관리 활동에서 최고경영자, 모든 조직구성원 및 이해관계자가 함께 참여하는 안전관리 활동으로 전환하여 사업장 활동에서 발생할 수 있는 리스크를 사전에 예측하고 예방하여 조직구성원의 안전보건과 건강을 지켜 궁극적으로 기업의 이윤 창출과 조직구성원의 안전을 체계적으로 관리하는 시스템이다.

따라서 이 규격은 고객의 요구사항과 안전보건 요구사항에 충족하는 시스템이 구비되어 있음을 입증할 필요가 있는 기업에서 적용되며, 기업의 생산성 제고와 사업성 향상에 영향을 미치게 한다.

(4) ISO9001·14001·45001 규격 비교

국제표준화기구에서 제정하여 운영되고 있는 품질경영시스템(ISO9000)을 기반으로 한 환경경영시스템(ISO14000)과 안전보건경영시스템(ISO45001)의 각 규격 요구사항이 하나의 독립된 조직 내에서 통합적으로 구축된 경영시스템 내에서 운영된다.

따라서 가능한 규격요구항목 간의 동일한 카테고리 항목이 유지하면서 상호 간 통합되거나 병용이 가능하도록 규격의 제·개정 의도가 담겨있다.

이는 하나의 조직이 규격 간 서로 다르게 운용됨으로써 경영시스템 수립의 복잡성과 이행의 번거러움과 비용증가 등을 방지하고 보다 효율적으로 시스템을 구축하여 운영하도록 하기 위함이다.

즉, 각 경영시스템 규격은 제1항에서 제10항까지 조직 상황에 따라 최고경영자의 리더십으로 경영시스템을 구축하고 보유한 경영자원을 활용하여 서비스 제공계획을 수립하여 운용하고, 그 과정에서 제공되는 서비스 활동을 평가하여 문제점이 있는 경우는 이를 지속적으로 개선할 수 있도록 시스템을 구축하여 운영하고 있다.

현재 적용되는 품질경영, 환경경영, 안전보건경영 규격 항목을 비교하면 다음과 같다.

표 9-1 ISO9001·14001·45001 규격항목 비교

ISO9001:2015	ISO14001:2018	ISO45001:2018
1. 적용범위	1. 적용범위	1. 적용범위
2. 인용표준	2. 인용표준	2. 인용표준
3. 용어와 정의	3. 용어와 정의	3. 용어와 정의
4. 조직상황	4. 조직상황	4. 조직상황
4.1 조직과 조직상황의 이해	4.1 조직과 조직상황의 이해	4.1 조직과 조직상황의 이해
4.2 이해관계자의 니즈와 기대 이해	4.2 이해관계자의 니즈와 기대 이해	4.2 근로자 및 이해관계자의 니즈와 기대 이해

ISO9001:2015	ISO14001:2018	ISO45001:2018
4.3 품질경영시스템 적용범위 결정	4.3 환경경영시스템의 적용 범위 결정	4.3 안전보건경영시스템의 적용범위 결정
		4.4 안전보건경영시스템
5. 리더십	5. 리더십	5. 리더십과 근로자의 참여
5.1 리더십과 의지표명	5.1 리더십과 의지표명	5.1 리더십과 의지표명
5.2 방침	5.2 환경방침	5.2 안전보건방침
5.3 조직의 역할, 책임 및 권한	5.3 조직의 역할, 책임 및 권한	5.3 조직의 역할, 책임 및 권한
		5.4 근로자 협의 및 참여
6. 기획	6. 기획	6. 기획
6.1 리스크와 기회를 다루는 조치	6.1 리스크와 기회를 다루는 조치	6.1 리스크와 기회를 다루는 조치
6.2 품질목표와 품질목표 달성 기획	6.2 환경목표와 이를 달성하기 위한 기획	6.2 안전보건목표와 이를 달성하기 위한 기획
6.3 변경의 기획 지원		
7. 지원	7. 지원	7. 지원
7.1 자원	7.1 자원	7.1 자원
7.2 역량/적격성	7.2 역량	7.2 역량/적격성
7.3 인식	7.3 인식	7.3 인식
7.4 의사소통	7.4 의사소통	7.4 의사소통
7.5 문서화된 정보	7.5 문서화된 정보	7.5 문서화된 정보
8. 운용	8. 운용	8. 운용
8.1 운용 기획 및 관리	8.1 운용 기획 및 관리	8.1 운용 기획 및 관리
8.2 제품 및 서비스 요구사항	8.2 비상사태 대비 및 대응	8.2 비상사태 대비 및 대응
8.3 제품 및 서비스의 설계와 개발	-	-
8.4 외부에서 제공되는 프로세스, 제품 및 서비스의 관리	-	-
8.5 생산 및 서비스 제공	-	-
8.6 제품 및 서비스의 불출/출시	-	-

ISO9001:2015	ISO14001:2018	ISO45001:2018
8.7 부적합 출력/산출물의 관리	-	-
9. 성과 평가	9. 성과 평가	9. 성과 평가
9.1 모니터링, 측정, 분석 및 평가	9.1 모니터링, 측정, 분석 및 평가	9.1 모니터링, 측정, 분석 및 성과평가
9.2 내부심사	9.2 내부심사	9.2 내부심사
9.3 경영검토/경영평가	9.3 경영검토	9.3 경영검토
10. 개선	10. 개선	10. 개선
10.1 일반사항	10.1 일반사항	10.1 일반사항
10.2 부적합 및 시정조치	10.2 부적합 및 시정조치	10.2 사건, 부적합 및 시정 조치
10.3 지속적 개선	10.3 지속적 개선	10.3 지속적 개선

3) 통합경영시스템 수립

(1) 개요

세계화와 지속가능한 발전이 강조되는 현재의 국제적인 추세로 각 기업들은 효과적, 효율적이고 유연성이 있는 경영시스템의 적용이 중요시 되어 왔다. 즉, 모든 이해관계자의 관심을 대변하고, 최소한의 자원을 사용하여 최대의 효과를 거둠과 동시에 새로운 변화에 적극적으로 대응할 수 있는 경영시스템이 요구되는 것이다.

즉, 기업들이 지속가능한 발전을 이야기 할 때 순수하게 경제적인 관점만 견지되긴 하나 기업의 이익이나 환경 지속성 및 사회적 책임이 모두 강조하고 있으나 이중 어느 하나라도 간과할 수 없는 것이 현실이기 때문이다.

이와 관련 현재 기업에서 도입하여 운영되는 경영시스템의 복잡성과 업무의 효율성, 안정성을 이유로 경영시스템의 통합적으로 운영되는 기업이 증가하고 있다. 특히 ISO에 의한 다양한 경영시스템의 개발과정에서 문서의 복잡성, 이행의 효율성 및 중복성, 유지관리비용 과다 등의 문제로 품질경영과 환경경영시스템의 통합되어 운영되고 있고, 최근에는 안전보건경영시스템 마져도 통합되어 운영되고 있는 기업들이 증가하고 있다 즉, 하나의 기업에서 서로 다르게 운영되는 경영시스템을 하나의 경영시스템으로 통합하는 통합경영시스템(IMS : Intergrated Management Sydtem)으로 구축하는 것이 일반화 되고 있다.

(2) 경영시스템의 통합배경

건설산업에도 현재 품질경영시스템(ISO9001)과 환경경영시스템(ISO14001) 및 안전보건경영시스템(ISO45001)의 규격요구 항목의 조정을 통하여 통합경영시스템이 적용되고 있다. 그동안 경영시스템을 도입한 기업들의 대부분은 건설산업의 환경변화에 따라 품질경영과 환경경영시스템을 도입한 후 이와는 별도로 안전보건경영시스템의 도입이 이루어져 이 경영시스템 간의 통합 필요성 제기되어 왔다. 즉, 품질경영시스템 중심에서 환경경영 및 안전보건경영시스템의 도입과 운영의 효율성을 제기로 통합시스템의 운영환경이 조성되었다. 이는 기업의 경영전략적 차원에서 각 경영시스템의 특성과 병용성을 고려하여 중복된 업무 배제와 업무의 효율성 및 실효성 차원에서 통합적인 경영시스템의 수립과 운영이 필요한 시점에 와 있다.

(3) 통합경영시스템 구축방법

품질과 환경 및 안전보건경영시스템의 통합은 개별기업의 특성에 따라 상위문서인 매뉴얼을 통합하고, 시행문서인 절차서 중 통합이 가능한 절차서를 공통문서로 통합한 후 각 경영시스템의 규격요구사항 중 규격요건의 이행내용이 규격별 상이한 부분은 각각의 절차문서로 작성하여 통합적으로 운영하는 방안이 제시된다. 품질 및 환경과 안전보건경영시스템의 통합적 운영은 다음과 같은 특성을 갖고 있다.

① 대내·외적인 기업이미지 제고
② 고객에게 제품 및 서비스에서 품질, 환경, 안전보건을 고려하였음을 입증
③ 품질, 환경 및 안전보건 성과의 측정이 가능하고 그 영향의 지속적 감소
④ 경영시스템 운영 및 인증 비용 절감과 내·외부 인증심사 소요 시간 절략
⑤ 유해성을 파악, 평가하여 리스크평가와 제어 가능
⑥ 매뉴얼을 하나로 통합함으로서 개별적 표준 매뉴얼을 하나로 충족

(4) 통합경영시스템문서 체계

이 시스템문서는 최상위레벨인 통합매뉴얼과 그 하위 문서인 절차서 및 지침서가 있다. 매뉴얼은 회사의 품질·환경·안전보건을 통합하여 국제표준화기구의 규격 요구사항의 각 항목을 반영한 문서이며, 절차서는 품질 및 환경, 안전보건 규격의 요구사항별 병행·통합 가능 하도록 규정하고 있으나 공통적으로 통합할 수 있는 공통절차서와 품질절차서, 환경절차서, 안전보건절차서로 구분하고 있다. 그 이외 최하위 문서인 지침서는 필요에 따라 요구되는 기술문서와 관련 법규 문서 등이고, 현장 문서는 품질, 환경, 안전보건 각 부문별 계획서 및 또는 프로세스맵이 이에 속한다.

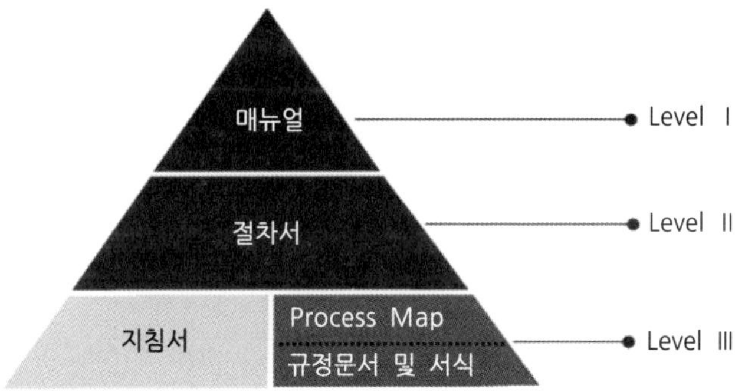

그림 9-1 통합경영시스템 문서체계

① 통합경영매뉴얼(Total management Manual)

ISO9001:2015(품질경영), ISO14001:2015(환경경영), ISO45001:2018(안전보건경영) 규격은 품질·환경·안전보건 방침에 따라 회사의 전반적인 경영시스템의 원칙과 절차의 구성범위에 포함한 통합경영시스템의 적용방법을 기술한 문서이다.

② 절차서(procedure)

절차서란 통합경영시스템을 실행하는데 필요한 업무절차와 상호연관성 및 책임과 권한을 정의한 문서를 말한다. 즉, ISO9001:2015(품질경영)·ISO14001:2015(환경경영)·ISO45001:2018(안전보건경영) 시스템의 요구사항을 적용한 통합절차서, 품질절차서, 환경절차서, 안전보건절차서 등이 있다. 이 절차서에는 각 규격의 요구사항의 요건이 반영된 적용 범위, 용어, 책임과 권한, 업무절차 또는 프로세스맵, 관련문서, 관련기록, 관련양식 등이 명기된 업무 수행 기준이 되는 문서를 말한다.

③ 계획서(Plan)

계획서란 특정 제품, 특정 프로젝트 또는 특정 프로세스에 적용시키기 위하여 품질·환경·안전보건경영시스템의 프로세스(제품실현 프로세스 포함) 및 자원의 활동을 계획적·체계적으로 규정한 문서. 즉, 이는 현장문서이며, 시공계획서, 품질계획서, 환경경영추진계획서, 안전보건계획서 등이 이에 속한다.

④ 지침서(Instruction)

지침서란 단위업무의 수행방법에 대한 세부사항을 규정한 문서로서 업무지침서, 시공지침서, 관련 법규문서 등을 말한다.

4) 통합경영시스템의 적용

(1) ISO9001의 적용

이 경우는 ISO9001:2015(품질 규격) 의 요구사항에 적용되는 법적 및 규제적 요구사항을 충족하는 제품 및 서비스를 일관성 있게 제공하는 능력을 실증할 니즈가 있는 경우나 시스템 개선을 위한 프로세스, 그리고 고객 요구사항과 적용되는 법적 및 규제적 요구사항에 적합함을 보증하기 위한 프로세스를 포함한 시스템의 효과적인 적용을 통하여 고객만족을 증진시키고자 하는 경우, 또는 이 표준의 모든 요구사항은 일반적이며 조직의 형태, 규모 그리고 제공되는 제품 및 서비스에 관계없이 모든 조직에 적용될 수 있다.

(2) ISO14001의 적용

이 표준은 조직이 환경성과를 증진시키기 위해 활용할 수 있는 환경경영시스템(ISO14001:2015)에 대한 요구사항을 규정한다. 또한 이 표준은 조직이 지속가능성의 환경 분야((environmental pillar)에 기여하는 환경책임을 체계적인 방법으로 관리하고자 하는 의도로 작성되었다. 따라서 이 표준은 조직이 환경경영시스템의 의도된 결과를 달성할 수 있도록 도와준다. 이러한 것은 환경, 조직 자체 및 조직의 이해관계자에게 가치를 제공하며 조직의 규모나 형태, 성격(nature)에 상관없이 모든 조직에 적용할 수 있으며, 전 과정의 관점에서 조직이 관리할 수 있거나 영향을 미칠 수 있다고 정한(determine) 조직의 활동, 제품 및 서비스의 환경측면에 적용할 수 있다

(3) ISO45001의 적용

이 표준은 안전보건경영시스템에 대한 요구사항을 규정하고 있으며 조직이 업무 관련 상해 및 건강장애를 예방하고 안전보건 성과를 사전에 개선함으로써 안전하고 건강한 작업장을 제공할 수 있도록 활용 가이던스를 제공한다. 본 매뉴얼은 당사의 인증범위인 “일반건설공사“ 부문에 대한 안전보건 개선, 위험요인 제거 및 안전보건리스크 최소화, 안전보건 기회 활용, 조직 활동과 연관된 안전보건경영시스템 부적합을 다루기 위하여 안전보건경영시스템을 수립, 이행, 유지하고자 하는 모든 조직에 적용 가능하다. 또한 이 표준은 조직이 안전보건경영시스템의 의도된 결과를 달성하도록 지원한다.

(4) 통합경영시스템 매뉴얼의 구성목차(사례)

품질, 환경, 안전보건경영의 통합경영 매뉴얼의 구성목차(사례)는 다음과 같다.

표 9-2 통합경영매뉴얼 목차

장 번호	통합경영매뉴얼(품질 · 환경 · 안전보건)		비고
	장 명	조 항 명	
A	목차	-	○
B	개정이력	-	○
C	회사소개	-	○
D	경영방침	-	○
0	개요, 용어	-	○

장 번호	통합경영매뉴얼(품질 · 환경 · 안전보건)		비고
	장 명	조 항 명	
4	조직상황	4.1 조직과 조직상황의 이해 4.2 근로자 및 기타 이해관계자의 니즈와 기대 이해 4.3 경영시스템 적용범위 결정 4.4 경영시스템과 그 프로세스	○
5	리더십 리더십 참여	5.1 리더십과 의지표명 5.2 방침 5.3 조직의 역할, 책임 및 권한 5.4 근로자 협의 및 참여	○
6	기획	6.1 리스크와 기회를 다루는 조치 6.2 목표와 목표 달성 기획 6.3 변경의 기획	○
7	지원	7.1 자원 7.2 역량/적격성 7.3 인식 7.4 의사소통 7.5 문서화된 정보	○
8	운용	8.1 운용 기획 및 관리 8.2 제품 및 서비스 요구사항 8.3 제품 및 서비스의 설계와 개발 8.4 외부에서 제공되는 프로세스, 제품 및 서비스의 관리 8.5 생산 및 서비스 제공 8.6 제품 및 서비스 불출/출시 8.7 부적합 출력/산출물의 관리 8.8 비상시 대비 및 대응	○
9	성과평가	9.1 모니터링, 측정, 분석 및 평가 9.2 내부심사 9.3 경영검토/경영평가	○
10	개선	10.1 일반사항 10.2 부적합 및 시정조치 10.3 지속적 개선	○

9.2 환경경영과 관리

1) 환경경영이란?

(1) 환경경영의 개념

환경이란 공기, 물, 토양, 천연자원, 식물군, 동물군, 인간 및 이들 요소 간의 상호관계를 포함하여 조직이 움직이고 있는 주위 여건을 말한다. 환경경영이란 기업활동의 전 과정에서 발생되는 환경영향 인자를 최적화하여 환경성과를 개선함으로써 경제적 수익성과 환경적 지속가능성을 동시에 추구하는 일련의 경영활동을 말한다.

(2) 환경경영의 기본정신

환경경영의 기본정신은 조직의 자율성과 지속적 개선 및 대중에의 신뢰성 표방으로 정리되며, 지구환경 보호의 실질적·예방적 또는 자발적 수단으로서 제품, 활동, 서비스의 전 활동 과정에 포함된 모든 조직체에 적용될 수 있다. 환경경영이란 조직경영 전반에 대한 환경경영 체재를 수립하여 실행하고 평가, 감사, 인증할 수 있는 환경경영규격이며 이를 통해 지속적인 개선을 도모할 수 있는 관리기법으로서의 성격을 띠고 있다.

(3) ISO14001과 환경경영체재

ISO14001이란 현재 각 나라마다 다르게 운영되어온 환경관리의 방법과 체계를 통일하여 조직체 스스로 환경관리를 위한 체계적 절차를 만들어 지속적인 개선을 도모하는 환경경영시스템에 관한 국제표준을 말한다. 환경경영체재란 범지구적 환경문제 심화와 국내·외적 환경규제 강화, 소비자의 의식변화로 환경비용 증대, 환경단체의 압력 심화, 기업의 환경적 이미지의 중요성 증대로 기업의 생산성 향상과 경쟁력 강화 또는 고객만족을 지향하여 건설공사활동과 관련한 총체적인 환경경영시스템을 말한다.

(4) 건설업의 환경경영과 관리

환경경영규격(ISO14001)은 조직의 제품, 활동, 서비스가 환경에 중요한 영향을 미치고 있거나, 미칠 것으로 예측되는 환경측면을 파악·분석하고 환경영향을 평가하여 중대한 환경영향 인자들을 환경경영 추진프로그램에 의해 등록관리함으로써 환경 사고 방지와 비상시에 대비대응을 실현하여 환경성 제고를 실현하는 국제 규격이다.

2) 환경경영시스템 구축과 운영관리

(1) 환경측면(Environmental Aspects) 파악

① 환경측면 파악의 범위

- 과거·현재 및 미래의 잠재적인 환경영향 요소
- 직접 및 간접적인 환경영향 요소로 구분
- 정상, 비정상, 사건, 사고, 비상사태의 환경영향 요소
- 긍정적·부정적 요소

② 환경과 상호작용을 하는 조직의 활동·제품·서비스 요소

- 대기오염물질 배출
- 수질오염물질 배출
- 폐기물 배출
- 소음·진동
- 토양오염
- 에너지, 천연자원 활용
- 기타 지역적인 환경문제 발생 요인

(2) 공정·활동분석 및 환경측면 파악

① 조직의 해당 부서장·현장소장 및 또는 현장환경담당자는 해당 현장의 공사 특성과 관련한 직·간접적인 제반 활동에 대하여 환경 관련성 여부를 파악하기 위하여 업무 및 공정의 활동들을 파악한다.

② 직접부분의 경우 식별된 공정 및 활동에 대한 투입과 배출을 조사하여 공정·활동 분석하여 환경측면식별표를 작성한다.

③ 의미있는 조사를 위해 업무·공정·활동의 범위는 전 부문을 포함하고 구체적이어야 한다.

④ 간접부분의 경우 각 부서장·현장소장 및 또는 현장 환경담당자는 주요 업무와 관련된 세부활동을 식별한 후 환경관련성 여부를 파악하여 공정·활동 분석과 환경측면식별표를 작성한다.

(3) 환경영향분석

직접부문에 대해서는 공정·활동분석 및 식별표로 파악된 환경측면과 관련된 환경영향을 환경영향분석표에 기록하고 간접부문을 환경영향분석표에 의한 환경측면과 관련된 환경영향을 기록한다. 또 업무수행 시 공정·활동별 정상, 비정상, 비상사태의 환경영향도 기록하여야 한다.

(4) 환경영향평가

조직 내의 모든 활동·제품 또는 서비스의 환경측면을 파악한 후 환경에 심각한 영향을 미치는 인자에 대하여 환경목표 및 세부목표를 설정하여 이에 대한 개선계획을 수립 이행함으로써 지속적인 환경개선을 달성할 수가 있다.

① 정기평가

- 현장 : 현장개설 시와 공사공정의 50% 진행 시 시행한다.
- 본사 : 3년을 주기로 시행하며 해당 연도 12월 말까지 완료한다.

② 비정기평가

- 사업계획의 변경 및 중요 설계 변경 시
- 비상사태 발생으로 사정진행이 어려우며 공기의 연장 등이 요구될 때
- 환경방침 개정 시
- 공사중단 후 재개 시
- 이해관계자의 요구로 사업·공정의 진행이 어려울 때
- 법규개정으로 관리기준의 변경이 요구될 때
- 기타 직제 개편 및 최고경영자의 지시

(5) 중요 환경영향 등록

① 환경적 관점의 각 항목에 따른 환경영향평가결과 식별된 중요 환경영향은 사업적 관점부문의 평가를 반영하여 등급산정기준에 따라 중요등급으로 산정된다.

② 선정된 중요등급의 크기를 기준으로 환경영향등록부(지정양식)를 작성한다.

(6) 환경측면과 환경영향평가

환경측면과 환경영향평가와 관리업무흐름도는 다음과 같다.

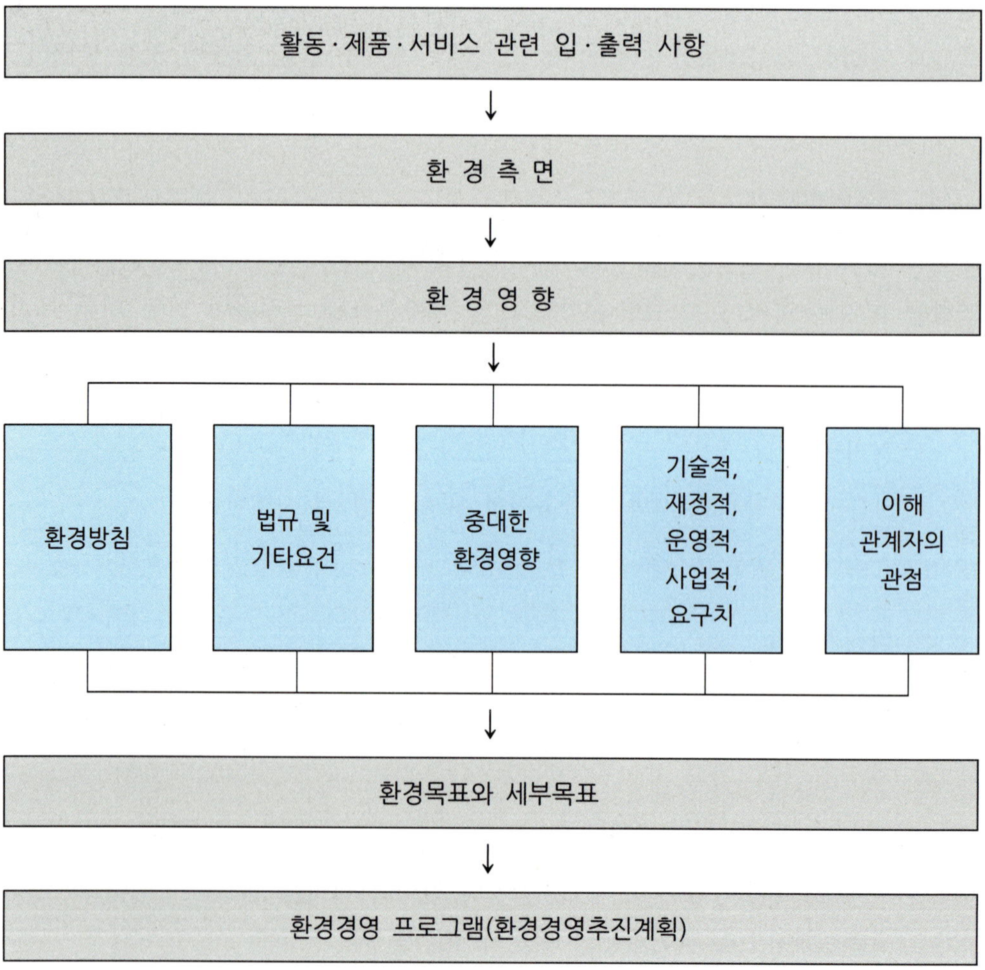

그림 9-2 환경영향평가와 관리업무흐름도

(7) 환경경영추진계획수립

환경경영의 추진은 프로젝트 수행시 발생될 수 있는 환경적 영향에 대한 관리목표를 정하되 우선순위를 정하고, 이 목표 달성을 위한 추진계획을 구체화하는 것이다. 이를 위해 추진목표를 정량화하고 세부적인 추진일정에 따라 추진하여 평가하고, 필요한 경우 피드백 하여 계획을 바꾸거나 목표치를 현실에 맞게 수정하여야 한다.

3) 비상시 대비 대응 전략과 시나리오

(1) 개요

'비상사태'라는 단어의 사전적 용어는 '뜻밖의 긴급한 사태, 큰일이 벌어진 위급한 상황'이다. ISO14001(환경경영시스템)의 실행에 있어서 비상사태의 사례로는 지진, 폭우, 폭설, 강풍 등 자연 재난이나 화재, 폭발, 설비의 고장으로 가동정지 또는 오작동 등이 해당 될 수 있다.

이러한 사태를 미연에 예방하고 사고발생시 피해를 최소화하기 위해 조직이 시행하는 건설공사와 관련하여 환경방침 및 목표 수립과 환경측면 파악 및 환경영향평가, 환경관리계획수립과 운영이 필요하며, 공사 현장의 특성에 따라 공사 중 환경에 미치는 영향을 최소화하기 위한 노력이 필요하다.

그럼에도 공사 중 예기치 못할 비상상황이 발생 되어 사고로 이어져 많은 인명피해와 비용손실을 유발할 수가 있다. 따라서 공사 중 비상시에 대응하기 위한 전략의 수립과 이행이 필요하다

(2) 비상시의 대비·대응 전략

일반적으로 설비의 고장으로 오염물질의 누출 등 환경과 환경경영시스템에 악영향을 미친 경우는 비상사태로 볼 수 있지만, 단순히 가동 중지 또는 오작동이 악영향을 미치지 않고 복구된 경우는 비상사태로 보지 않는다. 즉, 비상사태는 리스크와 기회를 다루기 위해 규명된 잠재적인 비상사태를 일컫는다. 따라서 조직은 비상사태 대비 및 대응을 위해 다음의 대비·대응 전략의 수립과 운영이 필요하다.

① 환경 악영향 예방 또는 완화하기 위한 조치계획

조직은 규명된 비상상황이 발생하지 않도록 예방 조치를 취해야 한다. 예를 들어 화재를 대비한 인화물질의 안전한 관리, 소화기 및 소방설비의 구축과 가동 상태 유지, 소방 조직 편성 및 조직도 유지, 실제 소방 훈련 시행 등으로 준비되어 있어야 합니다. 즉, 발생 가능성이 있는 자연재해와 설비의 고장과 오작동에 의한 비상사태의 예방과 대응 계획을 준비해 두어야 합니다.

② 실제 비상 상황에 대응

공급자 조직은 건설현장에서 준비된 예방과 조치계획으로 실제 비상상황이 발생했을 때를 대비하여 비상시 대비대응 시나리오를 구비하여야 한다.

③ 비상상황발생 완화를 위한 잠재적 환경영향에 대한 조치

실제 비상상황이 발생하면 사전에 예측한 결과가 나오기도 하지만 예측하지 못한 결과가 발생될 수 있다. 이와 같이 예측하지 못한 결과까지 반영하여 예방과 완화를 위해 조치를 취해야 합니다. 이러한 조치는 비상사태와 환경 영향의 크기에 따라 중대하고 큰 결과에 대해서는 그에 비례한 조치를 시행하고 작은 결과는 잘 점검하는 정도의 조치가 필요하다.

④ 주기적인 연습 및 대응조치

조직은 화재 훈련, 설비 복구 훈련, 오염물질 누출 대비 훈련 등을 실제적으로 연습하여야 한다. 비상사태 발생에 따른 조치 후 또는 비상사태 대응 훈련이나 연습이 이루어지고 나면 계획의 문제점이나 보완할 사항이 발견될 수 있으며 그에 따라 대응조치를 검토하고 개정하여야 한다.

⑤ 관련 정보 공유와 교육훈련 제공

조직은 비상사태 대비 계획, 대응, 훈련, 조치, 개정 등의 정보를 조직 내부 인력과 조직이 관할하는 시설 내의 협력업체 인원(경비, 하청업체 직원 등), 관련된 외부공급자 및 이해관계자에게 제공하여야 한다. 소방의 경우 소방 대행업체에 설비의 개선과 증설 등의 정보를 제공하고 소방서에도 방화관리 책임자 변경 사항 등을 제공하여야 한다.

인화성 물질을 대량 취급하거나 법에 의해 중점 대상으로 분류된 기업은

상세한 정보를 반드시 통보하여야 하는 법적 요구사항에 따라야 합니다. 조직은 비상사태 대응과 대비 프로세스가 계획한 대로 실행되는 지를 확신할 수 있는 범위까지 문서화된 정보를 유지관리 하여야 한다.

(3) 환경사고 발생시 행동요령

① 신고

사고가 발생하면 최초발견자는 즉시 상황실에 오염물질 및 오염대상, 사고위치 및 규모, 주변 여건, 기타 주요사항을 아래 유관기관에 신고한다.

- 구청 환경관리과
- 인근 파출소 및 소방서
- 기타 환경관련 기관

② 환경관련 조치사항

- 비상대책반(환경대책반)의 운영
- 환경오염물질 확산 방지
- 염물질 대비(유류, 폐기물 등) 2차 사고 발생 방지와 인근 현장 또는 관련기관 방재 장비의 긴급협조 요청하고 차량, 장비 등은 대피한다.

③ 사고종료 후 대책

화재진압 시 발생된 잔재는 토양의 성분검사를 통하여 지정폐기물 처리업체에 위탁하여 처리한다. 유류로 인하여 발생된 사고는 대기 및 수질오염을 방지하기 위하여 가능한 모래 등을 통하여 화재를 진압하고, 오염된 토양은 성분검사를 통하여 지정폐기물 처리업체에 위탁하여 처리한다. 수해로 발생한 폐기물은 일반, 지정폐기물로 분리 수거하여 처리한다. 유류에 의한 인근 강의 오염은 인근 관공서 기관에 협조하여 확산을 방지하고 제거하도록 한다.

④ 비상사태보고서 작성

사고의 경위, 원인, 조치사항 등을 사고발생 신고기관에 보고한다. 공무담당은 사고종료 후 3일 이내에 사고원인 등을 분석하여 비상사태보고서를 작성하고 추후 재발방지 교육 등의 조치를 취한다.

(4) 비상대책반 운영사례

① 비상체계 조직도 및 연락망

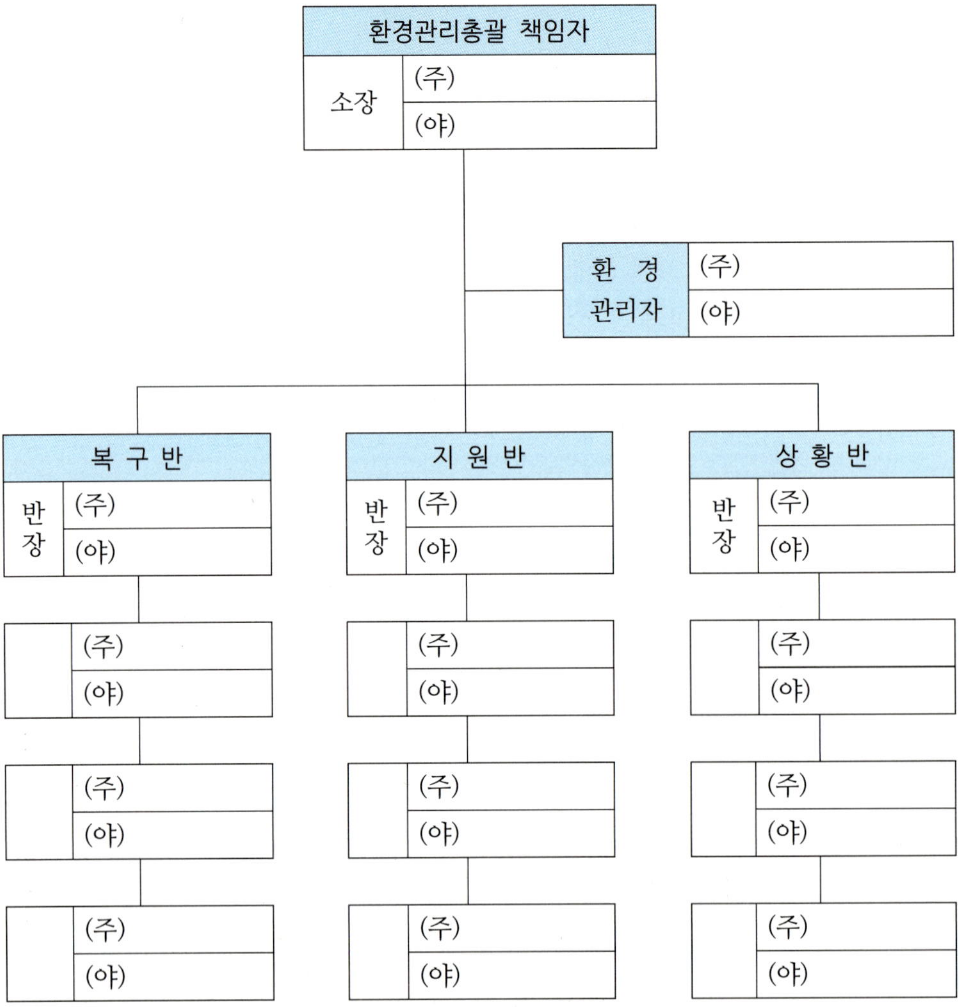

그림 9-3 비상체계조직도

표 9-3 유관부서 연락망

유관부서 연락망			
유관부서명	연락처	유관부서명	연락처

② 비상상황별 임무(사례)

표 9-4 비상상황별 임무

구분	임 무	담당자
복구반	• 상황별 복구 및 대피 지휘 • 재해 위험요인 제거 • 사상자의 구호 • 장비 및 인원 운용	공사담당자
지원반	• 행정지원 및 기록유지 • 자재, 자원 및 장비의 지원 • 유관기관과 긴밀한 협조관계 유지 • 주변 상황의 조사	공무담당자
상황반	• 기상파악 및 기록 유지 • 상황의 전반적인 관리 • 연락 협조체제 구축	관리담당자

③ 비상사태 유형별 조치 요령(사례)

표 9-5 비상사태 유형별 조치요령

구분	상 황	조치요령
붕괴	• 구조물의 붕괴 • 기타	• 해체에 필요한 장비의 투입 • 제2의 사고 유발 방지 • 통제라인의 설정
폭발	• 가스에 의한 폭발 • 휘발성 물질에 의한 폭발 • 기타	• 위험물질로부터의 차단 및 이동 • 가연성 물질 및 전선의 차단 • 소화장비의 투입
화재	• 작업 중 누전, 용접에 의한 화재 • 기타	• 소화장비의 투입 • 유독성 물질의 제거

④ 자재 및 장비확보 현황

표 9-6 자재 및 장비확보 현황

장비명	수량	능 력	비 고
소화기			
모래함			
양수기			
마대			
포크레인			
덤프			

⑤ 비상사태 대비 교육훈련

표 9-7 비상시 대비 교육훈련

구분	교육방법	시간	대상	교육 내용	시행시기
제1단계	이론			• 비상사태별 조치방법 • 비상사태별 행동요령	
제2단계	이론 + 훈련			• 비상상황부여 • 조치방법	

(5) 비상사태 보고서 양식(사례)

현장/부서명			관련번호	ER-	PAGE	of
보고단계	□ 발생보고	보고대상	발생보고시			
	□ 진행보고		진행/결과보고시			
	□ 결과보고		기타 외부조직			

보 고 내 용			
비상사태분류	□일반비상사태 □중비상사태	비상사태유형	□화재 □폭발 □누출 □기타
발생일시		발생장소	
최초 발견자		발생 책임자	

사고내용(6하 원칙으로 상세기술) 및 초기 조치사항
피해사항
복구사항
협조사항 및 기타 중요사항

보고	작성	검토	승인	보고
	(인)	(인)	(인)	(인)

IFMORATION	관리번호부여방법 : ER-□□-일련번호의 체계로 부여, 여기서 □□은 현장, 부서명을 식별할 수 있는 고유문자로 기술

9.3 안전보건경영과 관리

1) 개요

건설공사의 안전관리란 구조물의 계획, 설계, 시공에 이르기까지 모든 과정에서 잠재되어 있는 위험요소를 제거하는 것을 말한다.

최근에는 건축물의 대형화, 고층화, 다양화에 따라 재해발생시 대형사고를 유발한다. 이와 같은 사고발생을 방지하기 위해서는 기술적, 교육적, 관리적 대책수립과 건설현장의 특성에 맞는 안전관리활동을 수행함으로서 인적, 물적 손실을 예방할 수가 있다.

특히 최근 건설현장의 안전사고가 크게 증가하여 산업안전보건법 및 근로기준법, 중대재해처벌법(2022. 1. 27. 제정)에 입각한 안전관리 체계가 필요하며 인명 존중의 정신에 따라 작업환경개선과 통행 등 제3자와 작업자에 대한 안전성 확보가 우선 시 되어야 한다.

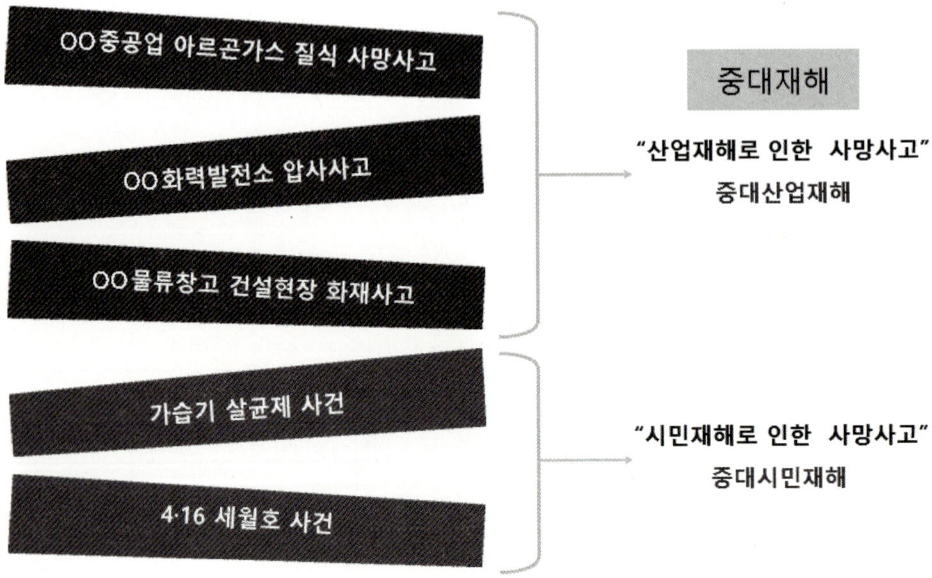

그림 9-4 안전관리의 중요성

2) 재해의 원인

(1) 인적요인

① 심리적 요인 : 미지, 미숙련, 부주의, 권태
② 생리적 용인 : 질병, 신체의 결함, 피로
③ 기타 원인 : 고령화, 복장불량

(2) 물적요인

① 설비적 원인 : 구조물 불완전, 재료의 불안전, 안전설비불비
② 작업상의 원인 : 작업순서, 무리한 작업, 작업공구의 불완전
③ 기타 : 한서, 폭우, 낙뢰 등

3) 안전관리의 문제점

(1) 설계상 문제

① 무리한 설계 및 잦은 설계변경
② 설계시 안전관리 시방 불비
③ 설계과정에서 안전관리전문가의 참여비비

(2) 시공상 문제

① 설비적 원인 : 구조물 불완전, 재료의 불안전, 안전설비불비
② 작업상의 원인 : 작업순서, 무리한 작업, 작업공구의 불완전
③ 기타 : 한서, 폭우, 낙뢰 등 시공계획시 현장안전관리계획수립 미흡
④ 설비적 원인 : 구조물 불완전, 재료의 불안전, 안전설비불비
⑤ 작업상의 원인 : 작업순서, 무리한 작업, 작업공구의 불완전
⑥ 기타 : 한서, 폭우, 낙뢰 등하도급 계약에 따른 안전관리조직 취약
⑦ 작업자의 안전의식 결여, 시공법 적용의 안전검토 미흡

4) 안전관리 개선방법

(1) 시공계획수립 시

① 현장 실정에 맞는 안전교육계획 수립 및 실시

② 작업공법의 안전화(가설작업의 안전화, 시공의 기계화 등)

③ 적정공기의 확보, 무리한 작업 배제, 안전관리비 정정히 할당

④ 현장 안전관리 조직 운영 및 안전관리체계 확립

⑤ 건설장비의 안전관리(양중 부하의 평균화, 전산화)

(2) 작업 시의 안전대책

① 추락재해 예방 : 개구부, PIT, 승강설비, 작업장소 가설안전

② 비례, 낙하방지 : 상하 동시 작업 금지, 기계장비 정기점검, 작업자 안전교육

③ 전기, 화재예방 : 고층 화재방지

④ 토사 붕괴 안전

⑤ 무리 없는 공정계획의 관리

⑥ 작업자의 안전의식강화

⑦ 작업지시단계에서 안전관리지시

⑧ 상·하 작업의 조정과 연락

5) 건설공사의 추진단계별 안전관리

(1) 개요

건설공사의 안전관리는 사업계획수립에서부터 설계, 시공의 각 단계별로 발주자 설계자, 시공자, 사업관리자에 의해 건설공사 안전관리 업무수행지침에 따라 안전관리 활동이 이루어진다.

발주자는 사업관리계획 단계에서 설계발주, 설계시행의 각 단계 및 설계 완료단계 공사 착공 및 완료 단계에 이르기까지 이루어지며, 설계단계의 안전관리는 설계발주, 실시설계, 설계완료 및 설계변경의 각 단계에까지 이루어지며, 시공단계는 현장안전관리계획 수립에 따라 각 공정의 진행단계별 안전관리활동이 이루어진다.

(2) 발주자의 안전관리

① 사업관리 계획단계

발주자는 사업 전 단계에 대하여 이 지침에서 제시한 건설공사 안전관리 참여자의 업무가 제대로 이행되고 있는지를 총괄하여야 한다. 또한 발주자는 사업계획단계에서 해당 건설공사에서 중점적으로 관리해야 할 위험요소 및 저감대책을 관련 전문가의 자문, 유사 건설공사의 안전관리 문서 검토, 종합정보망에서 제공하는 건설공사 위험요소 프로파일 확인 등을 통해 사전에 발굴해야 한다.

② 설계발주 단계

발주자는 설계 발주단계에서 건설안전을 고려한 설계가 될 수 있도록 건설공사 안전관리수행지침서에 따라 해당 건설공사의 위험요소 및 저감대책을 바탕으로 설계서(과업지시서)의 설계조건을 작성하여야 한다. 또한 필요한 경우 외부 전문가의 도움을 받아 설계조건을 작성할 수 있다. 또한 발주자는 설계자로 하여금 설계성과 납품 품목에 명시하여야 한다. 이때 작성된 설계안전검토보고서 설계에서 잔존하여 시공단계에서 반드시 고려해야 하는 위험요소, 위험성, 저감대책에 관한 사항 등을 반영한다.

③ 설계시행 단계

설계 시행단계에서 발주자는 관리원에 시공과정의 안전성 확보를 고려하여 설계가 적정하게 이루어졌는지의 여부를 검토하게 하여야 한다. 또한 설계안전성검토결과를 국토교통부장관에게 제출할 때 종합정보망에 업로드 해야 한다. 설계안전성 검토절차는 설계도면과 시방서, 내역서, 구조 및 수리계산서가 완료된 시점에서 제출하는 것을 원칙으로 하나 시기는 발주청이 별도로 정할 수 있다.

④ 설계완료 단계

발주자는 최종 설계성과 납품 품목으로 다음 각 호의 내용이 포함된 문서가 있는 지를 확인하고, 건설공사 안전관리업무지침에 포함된 문서 및 설계에 명시된 각종 시공법과 절차에 관한 사항을 시공자에게 전달되도록 관련 문서를 정리한다.

⑤ 공사발주 및 착공 이전 단계

발주자는 설계에서 도출된 위험요소, 위험성, 저감대책을 반영하여 시공자가 안전관리계획서를 작성하도록 안전관리업무지침상의 정보를 제공한다. 또한 시공자가 안전관리계획서를 작성하거나 변경하는 경우 건설공사 감독자 또는 건설사업관리기술인으로 하여금 안전관리계획서의 적정성을 검토하고, 그 결과를 서면으로 보고하게 한다. 또한 발주자는 건설공사 감독자 또는 건설사업관리기술인이 서면으로 보고한 안전관리계획서의 지적 사항을 확인하고, 필요 시 시공자에게 시정·보완토록 한다.

⑥ 공사시행 단계

발주자는 법 제62조,영 제99조에 따라 안전관리계획을 시공자가 제대로 이행하는지 여부를 확인한다. 다만, 해당 건설공사에 감독권한 대행 등 건설사업관리를 시행하는 경우에는 건설사업관리기술인으로 하여금 안전관리계획의 이행여부를 확인하여 보고하도록 할 수 있다. 또한 발주자는 안전관리비가 사용기준에 맞게 사용되었는지 확인한다. 다만, 해당 건설공사에 감독권한 대행 등 건설사업관리를 시행하는 경우에는 건설사업관리기술인으로 하여금 안전관리 활동실적에 따른 정산자료의 적정성을 검토하여 보고하도록 할 수 있다. 그 이외 발주자는 시공자, 건설사업관리기술인과 함께 제1항 및 제2항에 따른 안전관리계획 이행여부, 안전관리비 집행실태 등을 확인하고 공종별 위험요소와 그 저감대책을 발굴 및 보완하는 등 안전관리 실태를 확인하기 위한 회의를 정기적으로 개최하여야 한다. 다만, 구체적인 회의 방법 및 시기는 발주자가 시공자 및 건설사업관리기술인과 협의하여 별도로 정할 수 있다.

⑦ 공사완료 단계

발주자는 향후 유사 건설공사의 안전관리와 유지관리에 유용한 정보제공을 위해 해당 건설공사가 준공되면 안전관리 참여자가 작성한 각종 안전관리문서를 취합하여 시설물안전법 제9조에 따라 설계도서의 일부로 보관하여야 한다.

(3) 설계자의 안전관리

① 설계발주 단계

설계자는 발주자는 안전관리업무수행지침에 따라 설계서의 조건에서 명시한 안전관리 부문의 요구사항을 확인하고 검토하여야 한다.

② 설계시행 단계

설계자는 (과업지시서) 상의 설계조건을 바탕으로 표준시방서, 설계기준을 활용하여 설계과정 중에 건설안전에 치명적인 위험 요소를 도출하고 이를 제거, 감소할 수 있는 저감대책을 고려해야 한다. 즉, 설계에서 가정한 시공법과 절차에 의해 발생하는 위험요소가 회피, 제거, 감소되도록 하고, 시공단계에서 시설물의 안전한 설치 및 해체를 고려해야 한다. 또한 설계자는 설계에 가정된 시공법과 절차, 남아있는 위험 요소의 유형, 통제하기 위한 수단을 안전관리문서로 정리하여야 하며 다수의 공종별 설계자가 참여한 경우 대표 설계자는 동일한 위험 요소 도출 및 평가기준을 적용하여야 하며, 건설안전을 고려한 설계를 협의하기 위해 공종별 설계자와 회의를 개최하여야 한다.

또 설계자는 건설 신기술 또는 특허공법 등이 건설공사에 적용되는 경우 반드시 신기술개발자 또는 특허권자로부터 위험 요소, 위험성, 저감대책에 대한 검토서를 제출받아 검토한 후 보고서에 첨부하여야 한다.

또한 설계자는 건설안전을 저해하는 위험 요소를 고려한 설계를 위해 시공 및 안전분야 전문가의 자문 등을 통해 시공 방법 및 절차를 명확히 이해하여야 하며, 시공법과 절차에 대한 이해가 부족하거나, 건설안전에 관한 전문성이 부족한 경우 관련 건설안전 전문가를 설계과정 중에 참여하도록 할 수 있다.

③ 설계완료 단계

설계자는 최종 설계성과 납품 품목의 하나로 안전관리 업무 수행지침 제7조 각 호의 내용이 포함된 문서를 건설사업관리기술인에게 확인을 받아 발주자에게 제출하여 승인을 받는다.

(4) 시공자의 안전관리

① 일반사항

시공자는 법 제62조와 영 제98조 및 제99조에 따라 착공 전에 안전관리계획을 수립하여야 한다. 또 시공자는 작업 공종에 따라 공종별 안전관리계획서를 작성하여 착공 전 또는 해당 공종 착수 전에 건설사업관리기술인의 검토를 거쳐 발주자의 승인 후 작업 현장에 비치한다.

또한 시공자는 안전관리계획서에 따라 건설현장의 안전관리업무를 수행하여야 하며, 안전관리계획서 이행 여부에 관하여 건설사업관리기술인에게 서면으로 보고하여야 하며 법 제62조 제11항에 따라 가설구조물 설치를 위한 공사를 할 때에는 가설구조물의 구조적 안전성을 확인하기에 적합한 분야의 「국가기술자격법」에 따른 기술사에게 확인을 받아야 한다.

그 이외 시공자는 안전관리비가 해당 목적에만 사용되도록 관리하여야 하며, 분기별 안전관리비 사용현황을 공사 진척에 따라 작성하고, 건설사업관리기술인에게 안전관리 활동실적에 따른 안전관리비 집행실적을 정기적으로 보고한다.

또 시공자는 건설공사가 준공되면, 향후 유사 건설공사의 안전관리와 유지관리에 유용한 정보제공을 위해 제10조 제2항 각 호의 내용을 중심으로 안전관리문서를 작성하여 건설사업관리기술인의 검토 후 발주자에게 제출한다.

② 안전관리계획 수립대상과 수립기준

시공자는 건설기술진흥법 제62조 제1항에 따라 안전관리수립대상인 경우 건설기술진흥법시행령 제99조의 안전관리수립기준에 따라 안전관리계획을 수립하여 안전관리업무를 수행한다. 안전관리계획서 이행 여부에 관하여 건설사업관리기술인에게 서면으로 보고하고 법 제62조 제11항에 따라 가설구조물 설치를 위한 공사를 할 때에는 가설구조물의 구조적 안전성을 확인하기에 적합한 분야의「국가기술자격법」에 따른 기술사에게 확인을 받는다. 또 시공자는 영 제75조의2에 따라 설계의 안전성 검토를 시행해야 하는 공사의 경우, 시공자는 안전관리계획을 수립할 때 다음 각 호의 사항을 확인하여 그 대책을 수립한다.

- 설계에 반영된 각종 시공법과 절차에 관한 사항
- 설계에서 시공단계까지 반드시 고려해야 하는 위험요소, 위험성, 저감대책에 관한 사항
- 설계에서 확인하지 못한 위험요소, 위험성, 저감대책에 관한 사항

건설기술진흥법 제62조 제1항 (안전관리계획 수립 대상)

① 건설사업자와 주택건설등록업자는 「대통령령으로 정하는 건설공사」를 시행하는 경우 안전점검 및 안전관리조직 등 건설공사의 안전관리계획(이하 "안전관리계획"이라 한다)을 수립하고, 착공 전에 이를 발주자에게 제출하여 승인을 받아야 한다. 이 경우 발주청이 아닌 발주자는 미리 안전관리계획의 사본을 인·허가기관의 장에게 제출하여 승인을 받아야 한다.

건설기술진흥법 시행령 제99조 (안전관리계획의 수립 기준)

① 법 제62조 제6항에 따른 안전관리계획의 수립 기준에는 다음 각 호의 사항이 포함되어야 한다.〈개정 2016. 1. 12., 2019. 6. 25.〉

1. 건설공사의 개요 및 안전관리조직
2. 공정별 안전점검계획(계측장비 및 폐쇄회로 텔레비전 등 안전 모니터링 장비의 설치 및 운용계획이 포함되어야 한다)
3. 공사장 주변의 안전관리대책 (건설공사 중 발파·진동·소음이나 지하수 차단 등으로 인한 주변지역의 피해방지대책과 굴착공사로 인한 위험징후 감지를 위한 계측계획을 포함한다)
4. 통행안전시설의 설치 및 교통소통에 관한 계획
5. 안전관리비 집행계획
6. 안전교육 및 비상시 긴급조치계획
7. 공종별 안전관리계획(대상 시설물별 건설공법 및 시공절차를 포함한다)

② 제1항 각 호에 따른 안전관리계획의 수립 기준에 관한 세부적인 내용은 국토교통부령으로 정한다.

(5) 안전사고 발생과 대응조치

건설현장의 중대 건설사고 및 안전사고가 발생한 경우, 법 제67조 및 제68조 동법 시행령 제105조 및 제106조 등에서 정하고 있는 건설공사 참여자와 발주청 및 인·허가 기관장의 사고 신고, 조사, 조사위원회의 운영 등 세부적인 사항은 이 절에서 정하는 바에 따르도록 규정하고 있다.

또 건설공사 참여자는 건설사고가 발생한 것을 알게 된 즉시 필요한 조치를 취하고 사고 발생 인지 후 6시간 이내에 발주청 및 인·허가기관의 장에게 통보하여야 한다.

다만, 천재지변 등 부득이한 사유가 발생한 경우에는 그 사유가 소멸된 때를 기준으로 지체 없이 보고한다.

사고발생신고서에 포함되어야 할 사항은 다음과 같다.

① 사고발생 일시 및 장소(현장주소)
② 사고발생 경위
③ 피해사항(사망자수, 부상자수)
④ 공사명
⑤ 그밖의 필요한 사항 등

또 건설공사 참여자로부터 법제67조 제1항에 따라 건설사고 발생을 통보받은 발주청 및 인·허가 기관의 장은 48시간 이내에 다음 사항을 국토교통부장관에게 제출하고 그 결과 문서를 보관·관리한다.

사고발생 결과보고서에 반영하여야 할 사항은 다음과 같다.

① 제60조 각 호의 사항
② 공사현황
③ 사고원인 및 사고 발생 후 조치사항
④ 향후 조치계획 및 재발방지대책
⑤ 그밖의 필요한 사항 등

제10장

부록 | 건축품질관리 시험문제

10.1 건설산업의 품질관리

【문제 1】 다음 중 "품질 요구사항을 만족시키기 위하여 사용되는 운영 기법 및 활동"을 무엇이라 하는가?

① 제품 ② 품질보증
③ 품질관리 ④ 품질계획

해설 품질관리는 품질에 대한 요구사항을 만족시키기 위해 사용되는 운영기법 및 활동이다.

【문제 2】 품질방침과 목표 및 책임을 정하고 이들의 품질기획, 품질관리, 품질보증, 품질개선과 같은 수단에 의해 품질경영시스템의 실행과 관리기능에 관한 활동을 무엇이라 하는가?

① 품질기획 ② 품질개선
③ 품질경영 ④ 품질관리

해설 품질경영은 조직이 고객에게 제공하는 활동들 중 품질기획과 품질관리, 품질보증, 품질개선과 같은 수단을 모두 포함하는 활동이다.

【문제 3】 다음 중 제품 및 또는 시공품에 대한 설명으로 적합한 것은?

① 활동 또는 공정의 결과
② 완성된 결과물
③ 고객에게 제공하기로 한 물건
④ 제조물의 결과

해설 제품은 조직이 고객에게 제공하기 위해 만들어진 결과물이 아니다.
즉, 제품이란 활동 또는 공정의 결과이다.

정답 ▶ 1-③, 2-③, 3-①

【문제 4】 ISO 8402의 용어의 정리에서 품질이란?

① 제품 또는 서비스가 명시되거나 또는 묵시적 요구사항을 만족시키는 능력과 관련 있는 특징

② 고객 요구사항을 만족시키기 위하여 사용되는 활동의 결과물

③ 품질개선에 의해 완성되는 결과물의 특성

④ 고객요구사항을 충족시키기 위한 활동

해설 품질은 제품이나 서비스가 명시된 또는 묵시적 요구사항을 만족시키는 능력과 관련된 특징이다.

【문제 5】 다음 중 국내·외적 품질환경 변화에 해당하지 않는 것은?

① 자국 규격의 한계와 변화

② 국제 규격의 한계 및 변화

③ 품질에 대한 개념의 변화

④ 업무표준의 불변

해설 품질 환경은 국내·외적으로 시간의 흐름에 따라 변하는 것이며, 고객의 요구도 계속하여 변화하는 것이다. 이에 따라 고객의 품질에 대한 인식도 지속적으로 변화되고 있다.

【문제 6】 품질인증은 어디에서 수행하는 것인가?

① 인정기관　　② 인증기관

③ 교육기관　　④ 신청조직

해설 정부는 인정기관을 두고, 인정기관은 인증기관과 교육기관을 두고 있으며, 인증기관은 고객을 대신하여 개별기업의 인증 신청 시 심사에 의해 인증서를 발급하게 된다.

【문제 7】 품질인증을 발급받기 위한 문서화 단계에서 구비하여야 할 문서가 아닌 것은?

① 품질경영매뉴얼　　② 품질경영절차서

③ 품질계획서　　④ 규격서

해설 품질매뉴얼은 최상위 문서이며, 품질절차서는 품질업무를 수행하기 위한 시행문서, 품질계획서는 단위 프로젝트를 수행하기 위한 계획문서이다, 규격서는 각 표준마다 다를 수 있다.

정답 ▶ 4-①, 5-③, 6-②, 7-④

【문제 8】 품질인증단계에서 취하여야 할 사항이 아닌 것은?

① 매뉴얼 작성
② 문서심사 준비
③ 문서심사 지적사항 시정조치
④ 본심사

해설 품질인증단계에서는 이미 조직에 의해서 수립된 경영시스템 문서에 의해 업무가 실행되고 있어야 한다.

【문제 9】 환경경영시스템 수립과 운영 시 초기 환경절차 이행을 위한 단계로서 적합한 것은?

① 환경측면 파악　　② 환경영향평가
③ 환경법규 등록　　④ 환경경영프로그램 수립

해설 환경경영시스템 운영 시 조직의 비즈니스와 관련된 활동의 결과로서 환경측면을 파악하는 것이 우선 필요하다.

【문제 10】 다음 중 건설산업에 해당되지 않는 것은?

① 일반건설업　　② 전문건설업
③ 건축설계업　　④ 전기공사업

해설 건설산업은 건설업과 건설용역업을 모두 포함한다. 즉, 건설산업에는 전기공사업이나 정보통신공사업, 소방설비공사업, 문화재수리업 등은 제외되어 있다.

【문제 11】 다음 중 건설업의 특성이 아닌 것은?

① 수주산업이다.
② 옥외이동산업이다.
③ 생산구조가 복잡하다.
④ 원가표준설정이 용이하다.

해설 건설산업은 수주산업으로서 지역적 특성과 공사에 동원되는 인력의 변동이 심하고 원가표준의 설정이 난이하다.

정답 ▶ 8-①, 9-①, 10-④, 11-④

【문제 12】 건설업의 품질관리 사이클(cycle)에 적용되지 않는 것은?

① 계획(plan) ② 실시(do)
③ 조치(action) ④ 변경(change)

해설 품질관리사이클에는 계획, 실시, 점검(체크), 조치 싸이클 활동을 통해 지속적인 품질개선이 이루어지도록 하고 있다.

【문제 13】 ISO9001 구조에서 고객이 최종적으로 만족할 수 있도록 하기 위해 조직이 최종적으로 취하여야 할 조치는?

① 기획 ② 지원 및 운용
③ 개선 ④ 성과평가

해설 품질관리 사이클에서 ISO9001 구조의 중 경영자의 리더십에 따라 기획, 지원 및 운용, 개선, 성과평가가 있으며, 이 중 성과평가에 의한 최종 출력물은 고객 만족을 실현하게 된다.

【문제 14】 다음 중 건설사업의 환경변화에 해당되지 않은 것은?

① 전문인력중심 ② 고객중심
③ 국제화 ④ 프로세스중심

해설 건설사업의 환경변화에는 경영자원의 중요성에 대하여는 설명되어 있으나 그중 인적자원에 국한하지는 않고 있다.

【문제 15】 다음 중 건설용역업이 아닌 것은?

① 엔지니어링업 ② 전문건설업
③ 건축설계업 ④ 감리전문업

해설 건설용역업에는 엔지니어링업과 건축설계업 및 감리전문업이 있다. 전문건설업은 건설업의 영역에 속한다.

【문제 16】 다음 중 건설업법상 건설업에 해당하지 않는 것은?

① 전기통신공사업 ② 소방설비공사업
③ 문화재수리업 ④ 전문건설업

해설 전문건설업은 건설업의 영역에 속한다.

정답 ▶ 12-④, 13-④, 14-①, 15-②, 16-④

【문제 17】 건설사업관리(CM)의 업무영역에 해당하지 않는 것은?

① 사업기획　　② 타당성조사
③ 건축설계　　④ 유지관리

해설 유지관리는 발주자나 건축주의 영역이다.

【문제 18】 입력(Input)을 출력(Output)으로 변환시키는 상호 관련되거나 상호 작용을 하는 활동의 집합을 무엇이라 하는가?

① 프로세스　　② 품질경영시스템
③ 경영자원　　④ 품질경영

해설 입력을 출력으로 변환시키는 상호 관련되어 상호작용을 하는 활동의 집합을 프로세스라 하며, 프로세스의 입력은 다른 프로세스의 출력으로 작용한다.

【문제 19】 2025년 현재 적용되는 ISO9000 규격은 몇 년도 기준의 한국산업규격으로 사용하고 있는 것인가?

① 1994　　② 1999
③ 2000　　④ 2015

해설 현재 사용되고 있는 ISO9000 규격은 2015년 판 규격이다.

【문제 20】 조직의 품질방침과 목표를 수립하고 그 목표를 달성하기 위한 시스템을 무엇이라 하는가?

① 품질경영시스템　　② 환경경영시스템
③ 안전보건경영시스템　　④ 성과관리시스템

해설 품질방침과 목표를 수립하고 그 목표를 달성하기 위한 경영시스템은 품질경영시스템이다.

【문제 21】 품질규격에 프로세스모델(Process-Model) 규격을 적용한 시기는 언제부터인가?

① 1994　　② 1999
③ 2000　　④ 2015

해설 ISO9001 : 2000년 규격부터 프로세스 모델 규격에 의한 PDCA사이클이 적용되었다.

정답 ▶ 17-④, 18-①, 19-④, 20-①, 21-③

【문제 22】 품질경영시스템의 운용에서 품질경영 7대 원칙은 언제부터 적용되었는가?

① 1994　　② 1995
③ 2000　　④ 2015

해설 품질경영의 7대 원칙은 ISO9000 : 2015년부터이며, 고객중시, 리더십, 인원의 적극참여, 프로세스접근법, 개선, 증거기반 의사결정, 관계관리이다.

【문제 23】 품질경영시스템의 운용에서 품질경영 7대 원칙에 해당하지 않는 것은?

① 고객중시　　② 자원중시
③ 리더십　　④ 인원의 적극참여

해설 품질경영의 7대 원칙은 ISO9000 : 2015년부터이며, 고객중시, 리더십, 인원의 적극참여, 프로세스접근법, 개선, 증거기반 의사결정, 관계관리이다.

【문제 24】 프로세스의 정의에 해당되지 않는 것은?

① 입력을 출력으로 변환시키는 상호 관련되거나 상호작용하는 활동의 집합
② 프로세스의 입력은 다른 프로세스의 출력이다.
③ 프로세스는 가치를 부가하기 위해 통제된 조건 하에서 계획되고 수행된다.
④ 결과로 산출된 제품의 적합성이 반드시 경제적으로 검증된다.

해설 프로세스의 정의는 입력을 출력으로 변환시키는 상호 관련되거나 상호작용을 하는 활동의 집합이다.

【문제 25】 심사계획수립과 심사 실시 및 부적합보고서는 누가 발행하는가?

① 인정기관　　② 인증기관
③ 교육기관　　④ 조직

해설 품질인증은 조직이 인증기관에 신청하여 인증기관이 심사계획을 수립하거나 실사를 실시하며 심사 중 부적합이 발생되는 경우 부적합보고서가 발행된다.

정답 ▶ 22-④, 23-②, 24-④, 25-②

【문제 26】 시정조치의 단계에 해당하지 않는 것은?

① 원인분석 ② 대책수립
③ 조치계획수립 ④ 효과확인

해설 부적합에 대한 시정조치란 부적합의 재발 방지를 위한 원인분석 대책수립 시정 효과 확인의 단계를 거친다.

【문제 27】 부적합(Nonconformity)이란 "품질에 악영향을 주는 조건, 상황으로서 규정된 요구사항으로부터 벗어나는 것"으로 정의된다. 그렇다면, 규정된 요구사항에 해당되지 않은 것은?

① 고객요구사항 ② 법적/규제적 요구사항
③ 계약사항 ④ 지침사항

해설 부적합은 규정된 요구사항을 벗어나는 것이며, 이에는 고객요구사항, 법적 또는 규제적 요구사항, 계약사항 등이 포함되어 있다.

【문제 28】 부적합이 발생되었을 경우 이의 처리방법이 아닌 것은?

① 현 상태 특채
② 재작업
③ 폐기
④ 고객에게 통보 후 그대로 사용

해설 부적합이 발견되면 현 상태에서 승인 후 특채하거나 재작업을 하거나 수리보수를 하여 사용하거나 반품 또는 폐기 처분한다.

【문제 29】 ISO9000 시리즈 규격과 패밀리 규격이 통합된 시기는?

① 1995 ② 1998
③ 2000 ④ 2015

해설 ISO9001, ISO9002, ISO9003의 규격이 통합되어 프로세스모델 규격으로 적용된 시기는 2000년부터이다.

정답 ▶ 26-③, 27-④, 28-④, 29-③

【문제 30】 다음 중 품질경영의 수단으로 사용되지 않은 문서는?

① 품질보증(QA) ② 품질관리(QC)
③ 품질기획(QP) ④ 전사적품질경영(TQC)

해설 품질경영은 품질기획(QP), 품질보증(QA), 품질개선(QI), 품질관리(QC)와 같은 수단에 의해 품질경영시스템 내에서 실행하는 전반의 관리기능에 관한 활동이다.

【문제 31】 회사(조직)의 품질경영시스템 수립 정책 및 원칙에 따른 문서체계 중 최상위 문서는?

① 품질경영매뉴얼 ② 품질절차서
③ 프로세스맵 ④ 계획서

해설 품질문서 중 최상위 문서는 품질매뉴얼이다.

【문제 32】 교육훈련 계획 수립과 운영 방법에 적합하다고 보기 어려운 것은?

① 교육훈련 필요성 파악 ② 교육훈련계획수립
③ 교육훈련 효과 확인 ④ 교육훈련수료

해설 교육훈련 필요성 파악, 교육훈련계획수립, 교육훈련 효과 확인, 교육훈련자격부여 등이 있다.

【문제 33】 ISO9001규격 요구사항에 따라 문서화된 정보를 작성하거나 갱신하는 경우 그 적절함을 보장하는 방법이 아닌 것은?

① 식별 및 내용
② 형식
③ 적절성 및 충족성에 대한 검토
④ 작성자의 선택

해설 문서 및 정보의 작성과 갱신은 그 순서 및 항목별로 갱신절차에 따라야 한다.

정답 ▶ 30-④, 31-①, 32-④, 33-④

【문제 34】 ISO9001 규격요구사항에 따라 문서화된 정보의 관리 방법에 해당되지 않은 것은?

① 문서 및 정보의 배포, 접근, 검색, 사용

② 가독성 보존을 위한 보관 및 보존

③ 변경관리

④ 작성 및 갱신관리

해설 문서 및 정보는 조직의 내·외부 사항이므로 특정한 조직 내에서의 관리방법만으로는 불충분하다.

【문제 35】 다음 중 일반적인 회사의 표준문서가 아닌 것은?

① 품질매뉴얼 ② 품질경영절차서

③ 품질지침서 ④ ISO9001 규격

해설 회사의 표준문서란 조직 내에서 수립한 매뉴얼, 절차서, 지침서, 계획서를 말한다.

【문제 36】 다음 중 문서화된 정보(documented information)가 아닌 것은?

① 관련 프로세스를 포함하는 품질경영시스템

② 설계도서

③ 조직에서 운영하기 위해서 만든 정보(문서화)

④ 달성된 결과의 증거(기록)

해설 설계도서는 특정되지 않는 한 참고문서이다. 조직의 시스템문서를 통해 수행한 업무수행 결과물은 문서화된 정보이다.

【문제 37】 회사의 표준문서에 의해 수행된 다음의 기록 중 관리대상이 아닌 것은?

① 고객지급품 관리기록 ② 자재수불대장

③ 설계검토, 검증기록 ④ 수입검사 및 시험기록

해설 자재수불대장은 중요한 품질기록이라 볼 수가 없다. 품질기록은 공사를 수행한 결과기록물로서 품질하자발생시 중요한 증거물이 된다.

정답 ▶ 34-④, 35-④, 36-②, 37-②

【문제 38】 다음의 문서화된 정보 중 기록 문서에 해당되는 것은?

① 품질경영시스템 문서

② 국내표준

③ 회사 내 업무수행 기준 문서

④ 설계도면, 시방서

해설 품질기록은 업무수행 결과 문서로서 증거자료이다.

【문제 39】 조직의 품질경영시스템에 포함하여야 할 사항이 아닌 것은?

① 조직의 규모, 활동프로세스

② 프로세스의 복잡성과 상호작용

③ 인원의 역량

④ 조직의 방침과 목표 및 실행계획

해설 조직이 구축할 품질시스템의 문서화할 정보의 정도는 조직의 규모와 업무특성에 따라 달라질 수 있다.

【문제 40】 품질경영시스템의 프로세스 접근방법이 아닌 것은?

① 요구사항 충족의 이해와 일관성

② 가치 부과 측면의 프로세스 미고려

③ 효과적인 프로세스 성과달성

④ 데이터와 정보평가에 기반한 프로세스개선

해설 품질경영시스템에서 프로세스 접근 방법은 가치부과 측면을 고려하여야 한다.

【문제 41】 다음 중 고객(customer)에 해당하지 않는 것은?

① 소비자 ② 최종사용자

③ 소매업자 ④ 서비스 제공자

해설 고객이란 개인 또는 조직을 위해 의도되거나 그들에 의해 요구되는 제품 또는 서비스를 받을 수 있는 개인이나 조직을 말한다.

정답 ▶ 38-③, 39-④, 40-②, 41-④

10.2 미션 및 비전과 추진전략

【문제 42】 고객의 요구 및 조직의 정체성과 존재 이유로서 적합한 것은?

① 미션(Mission) ② 비전(Vision)
③ 전략(Strategy) ④ 방침(Policy)

해설 미션(Mission)이란 조직의 임무, 목표, 과제를 뜻하며, 조직의 정체성, 존재의미, 사명이다.

【문제 43】 비전(Vision)에 대한 정의로 적합하지 않는 것은?

① 조직이 달성해야 할 목표를 가시화한 것이다.
② 조직의 미래관을 말한다.
③ 조직의 미래를 형상화한 것이다.
④ 조직의 임무, 사명을 말한다.

해설 비전은 조직이 달성해야 할 목표를 가시화한 것으로서 미래관, 꿈을 갖고 앞일을 생각하는 것이나 미래의 형상화된 개념이다. 조직의 임무, 사명, 정체성 등은 미션(Mission)이다.

【문제 44】 다음 중 공유된 비전의 특징이 아닌 것은?

① 도전적이다.
② 공동의 이익을 제시한다.
③ 가시적이다.
④ 목표의식이 없다.

해설 공유된 비전은 조직구성원 상호간에 신뢰감을 형성하고, 도전의식을 제고하며 새로운 변화를 수용할 뿐만 아니라 목표달성에 적극 기여할 수 있다. 또한 조직의 비전은 공동의 이익을 제시하며 가시적이고 도전적이다.

정답 ▶ 42-①, 43-④, 44-④

【문제 45】 다음 중 ISO9000 규격문서의 품질방침 수립과 관계없는 것은?

① 조직의 목적과 상황에 적절해야 한다.

② 품질목표 설정의 틀을 제공한다.

③ 적용되는 요구사항 충족에 대한 의지표명

④ 품질목표 달성을 위한 노력

해설 품질방침 수립의 전제 조건은 조직의 목적과 상황에 적절하고 목표설정의 틀을 제공하며 요구사항 충족을 위한 의지가 표명되어야 한다.

【문제 46】 미션과 비전설정의 목적이 아닌 것은?

① 조직역량을 결집하여 시너지 창출에 도움이 된다.

② 체계적인 목표 및 추진계획수립이 가능하다.

③ 방침에 따른 목표와 성과달성에 기여할 수 있다.

④ 조직구성원에게는 목표달성수준을 정할수가 없다.

해설 조직역량을 결집하여 시너지 창출과 목표 및 추진계획수립이 가능하고 목표달성 성과에 기여할 수 있다. 또한 미션과 비전은 조직역량을 집결할 수 있고 방침에 따른 전략과 목표 및 추진계획 수립이 가능하며 목표와 성과달성에 기여할 수 있다.

【문제 47】 조직의 환경분석 방법으로 내·외부적 영향요인에 대한 분석방법이 아닌 것은?

① 기회요인 ② 위협요인

③ 강점요인 ④ 규제적요인

해설 조직의 환경분석 방법으로 외부적 요인과 내부적 요인으로 분류하고 그 영향요인의 결과에 따라 조직의 임무와 전략을 수립할 수 있다. 규제적 요인은 규정된 요구사항이긴 하나 SWOT분석기법은 아니다.

정답 ▶ 45-④, 46-④, 47-④

【문제 48】 ISO9001:2015년 규격에서 "규정된 요구사항"에 해당하지 아니한 것은?

① 발주자와 체결한 계약문서
② 계약문서에 포함된 설계도서
③ 현장시공용 참고문서
④ 법적 규제적 요구사항

해설 규정된 요구사항이란 고객의 요구사항을 포함한 법적, 규제적 요구사항과 사회적 요구사항을 포함한다.

【문제 49】 조직의 최고경영자가 품질에 관한 회사의 총체적 의지와 실천 방향이 뜻하는 것은?

① 품질방침
② 품질목표
③ 임무
④ 추진계획

해설 품질방침은 경영자에 의해 품질에 관한 총체적 의지와 실천방향을 말하며 품질목표는 최고경영자가 품질방침에 따라 목표가 달성되었는지 측정할 수 있도록 조직 내에서 수립한 정량적 달성기준을 말한다.

【문제 50】 품질방침에 대한 의사소통방법으로 적합하지 않는 것은?

① 문서화된 정보로 이용 가능해야 한다.
② 조직 내에서 의사소통되고 이해되어야 한다.
③ 발주자에게는 전달할 필요가 없다
④ 해당 시 관련 이해관계자에게 이용 가능해야 한다.

해설 품질방침은 조직 내에서 설정하고 목표를 수립하여 서비스 제공 목표 실현을 위해 필요한 것이므로 관계되는 모든 이해관계자가 이용이 가능해야 한다.

정답 ▶ 48-③, 49-①, 50-③

【문제 51】 품질목표 수립방법에 해당되지 않는 것은?

① 품질방침과 일관성이 있어야 한다.

② 목표달성을 위한 상호간의 의사소통은 불필요하다.

③ 적용되는 요구사항이 고려되어야 한다.

④ 측정이 가능해야 한다.

해설 조직은 품질경영시스템의 목표수립은 관련 기능, 계층 내에서 모두 이해할 수 있도록 수립되고 문서화 되어야 한다.

【문제 52】 조직의 목표(objectives)에 대한 지표 설정 시 4가지 관점에 해당하지 않는 것은?

① 재무적 관점(financial perspective)

② 고객 관점(customer perspective)

③ 비즈니스프로세스 관점(internal business or process perspective)

④ 공급자 관점(supply perspective)

해설 조직의 목표설정 시 고려해야 할 사항 중 케플란과 노턴에 의해 주창한 BSC지표 설정을 위한 4가지 관점은 재무적 관점, 고객 관점, 내부프로세스 관점, 학습 및 성장 관점이 있다.

【문제 53】 다음 중 품질목표를 달성하는 방법을 기획할 때 조직이 정해야 할 사항이 아닌 것은?

① 달성대상 ② 필요자원

③ 완료시기 ④ 달성과정

해설 품질목표 달성방법 기획 시 정하여야 할 사항은 달성대상과 시기, 책임자, 필요자원, 결과평가 방법 등이 있다.

정답 ▶ 51-②, 52-④, 53-④

10.3 경영자원 평가와 의사소통

【문제 54】 조직이 고객에게 서비스를 제공하기 위한 기반구조에 해당되지 않은 것은?

① 건물 및 연관된 유틸리티

② 장비(하드웨어, 소프트웨어 포함)

③ 정보통신기술

④ 외주업체 인력

해설 조직이 고객에게 서비스를 제공하기 위한 기반구조에는 반드시 외주업체 인력이 포함될 필요는 없는 것이다.

【문제 55】 조직이 교육훈련계획 수립 시 고려해야 할 사항에 해당되지 않는 것은?

① 학력 ② 자격

③ 교육훈련 ④ 경력

해설 자격은 특수한 업무를 수행하는 법적 인원을 제외하고는 반드시 고려해야 할 사항은 아니다.

【문제 56】 품질에 영향을 주는 특수한 업무(공정)에 해당되지 않는 것은?

① 품질검사 ② 품질시험

③ 용접작업 ④ 콘크리트타설

해설 특수공정 또는 특별공정이란 작업 중에는 부적합의 여부를 확인하기 어렵고 작업이 완성된 후에 그 하자 여부를 확인할 수 있는 업무를 말하며 일정한 수준의 숙련과 자격이 요구된다.

정답 ▶ 54-④, 55-②, 56-④

【문제 57】 다음 중 경영자원에 해당되지 않는 것은?

① 품질에 영향을 미치는 업무를 수행하는 인적자원

② 프로세스에 제공되는 특수한 기술이나 기능

③ 프로세스 활동에 제공되는 재료 또는 자재

④ 프로세스 활동과 무관한 재정적 자원

해설 경영자원이란 조직이 고객에게 서비스를 제공하기 위해 활용되는 모든 인적자원과 프로세스에 제공되는 재료, 자재, 기술, 자원 등이다.

【문제 58】 다음 중 자원파악 시 고려해야 할 사항이 아닌 것은?

① 인적자원 ② 작업환경

③ 품질심사원 ④ 시설/장비

해설 자원의 파악에는 인적, 물적 자원이며, 이 자원에는 특수한 자격을 갖춘 자원이 될 필요는 없다.

【문제 59】 다음 중 품질경영시스템을 실행하기 위한 경영자원이 아닌 것은?

① 인력 ② 재원

③ 장비 ④ 안전

해설 경영자원이란 조직이 고객에게 서비스를 제공하기 위해 활용되는 모든 인적자원과 프로세스에 제공되는 재료, 자재, 기술, 자원 등이며, 안전은 업무환경 요소이다.

【문제 60】 다음 중 품질경영시스템 운영 시 내·외부 의사소통을 위해 결정해야 할 사항이 아닌 것은?

① 의사소통내용 ② 의사소통시기

③ 의사소통방법 ④ 의사소통관리대장

해설 내·외부 의사소통을 실현하는 결과물은 의사소통대장이나 이는 의사소통 시 결정할 사항은 아니다.

정답 ▶ 57-④, 58-③, 59-④, 60-④

【문제 61】 ISO9001:2015의 제7.4항 의사소통에서는 조직의 품질경영시스템과 관계되는 커뮤니케이션 요구사항을 고려할 때 다양성에 해당 되지 않는 것은?

① 성별　　② 한글
③ 문화　　④ 장애

해설 조직은 제공되는 서비스의 고객이 누구냐에 따라 그에 적합한 커뮤니케이션을 원활하게 실현해야 하므로 특정국가의 언어만으로는 커뮤니케이션을 원활히 행할 수가 없다.

【문제 62】 내·외부 이해관계자들의 의견을 품질경영에 반영하기 위한 중요사항이 아닌 것은?

① 성과달성도를 전달하고 보고하는 과정
② 목표와 세부목표 수립과정
③ 내부감사 및 경영검토결과 전달
④ 부적합에 대한 전달과정

해설 부적합에 대한 의사전달은 고객이 요구하거나 필요한 경우에 한하는 것이며, 조직 내에서의 해결 과정과 조직 외부로의 전달과정으로 구분된다.

【문제 63】 서비스를 제공하는 조직이 동일한 형태의 반복되는 고객 불만사항이 발생되는 경우 어떠한 조치를 취해야 하는가?

① 시정조치　　② 예방조치
③ 내부감사　　④ 경영검토

해설 부적합이 발견되면 그 원인이 무엇인지에 대한 분석과 대책수립, 시정, 효과 확인의 과정이 필요하다. 시정조치는 현재의 부적합 사항에 대한 것이며, 예방조치는 잠재되어 있는 부적합 사항에 대한 조치 방법이다.

정답 ▶ 61-②, 62-④, 63-①

【문제 64】 의사소통 수립 시 고려할 사항이 아닌 것은?

① 법규 및 그 밖의 요구사항
② 비시각적 정보의 조직 내에서 생성된 정보와 일치 여부
③ 품질경영시스템과 무관한 조직 내의 정보
④ 적용 가능한 문서화된 정보

해설 의사소통은 품질경영시스템의 적절한 이해와 직접 관계된 것이며 문서화된 정보는 의사소통의 증거물이다.

【문제 65】 다음 중 문서화된 정보관리 활동이 아닌 것은?

① 배포, 접근, 검색 및 사용
② 가독성 보존을 위한 보관 및 보존
③ 변경관리, 보유, 폐기
④ 작성, 승인, 등록

해설 조직은 조직에서 사용하는 품질경영시스템 관련 문서와 기록을 관리하여야 한다.

정답 ▶ 64-③, 65-④

10.4 고객정보 · 계약 · 설계관리

【문제 66】 다음 중 고객과의 의사소통에 포함되지 않는 것은?

① 서비스 관련 정보제공
② 계약 또는 주문의 취급
③ 고객재산의 관리
④ 조직 내의 정보제공

해설 조직 내의 정보제공은 고객 요구사항으로 사전에 요구되는 경우가 아니면 고객과의 의사소통에 포함되지 않는다.

【문제 67】 고객요구 및 기대정보 파악 시 고려할 정보가 아닌 것은?

① 시장조사　　② 계약요구사항
③ 공사비 정보　　④ 경쟁상대 분석

해설 공사비 정보는 고객 요구나 기대사항에 대한 파악 정보가 아니다.

【문제 68】 서비스 요구사항 검토는 어느 단계에서 수행하는가?

① 도급계약 후　　② 견적참여 시
③ 공사완료 시　　④ 도급계약체결 전

해설 계약검토는 도급계약을 체결하기 전에 조직이 수용할 것인지 여부를 검토하는 행위이다.

【문제 69】 고객의 제품 및 서비스 요구사항에 포함되지 않는 것은?

① 주문서　　② 시방서
③ 설계도면　　④ 견적서

해설 견적서는 조직이 고객의 요구나 기대사항을 기반으로 제공되는 서비스 비용을 미리 산출하는 것이다.

정답 ▶ 66-④, 67-③, 68-④, 69-④

【문제 70】 다음 중 고객 요구사항이 아닌 것은?

① 고객이 구두로 설명한 것
② 고객과의 계약상 규정된 것
③ 협의되지 아니한 고객의 특수한 주문사항
④ 법적 또는 강제 요구사항

해설 고객 요구사항이란 고객이 명시적으로 요구한 사항 또는 명시적이지는 않으나 고객의 기대사항으로서 의무적 요구나 기대사항을 포함한다.

【문제 71】 조직은 이전에 규정한 요구사항과 상이한 계약이나 주문의 해결 방법은?

① 상이한 요구사항은 구두로 기억해 둔다.
② 상이한 요구사항은 문서로 작성한다.
③ 법적으로 문제가 없는 경우 별도로 거론하지 않는다.
④ 고객 요구사항의 변경은 고객이 수락하기 전에 고객의 승인을 받는다.

해설 조직은 이전에 규정한 요구사항과 상이한 계약 및 주문사항은 해결되었음을 보장하여야 하며, 그 방법은 카탈로그와 같은 정보를 검토하는 것으로 대신 할 수 있다.

【문제 72】 설계계획서 수립에 반영해야 할 사항이 아닌 것은?

① 작업일정
② 설계검토검증, 타당성 평가방법
③ 건축물의 구조검토 방법 및 합격판정 기준
④ 설계입력서

해설 설계입력서는 설계 요구사항 충족을 위한 설계에 필요한 수단과 정보를 말한다.

【문제 73】 설계입력의 전제조건이 아닌 것은?

① 설계문서는 개발 목적에 충분하고 모호하지 않아야 한다.
② 상충되는 설계입력은 해결되어야 한다.
③ 문서화된 정보를 보유할 필요는 없다.
④ 지속적인 검증 및 유효성 확인이 필요하다.

해설 설계 및 개발입력은 문서화된 정보를 보유하여야 한다.

정답 ▶ 70-③, 71-④, 72-④, 73-③

【문제 74】 설계 및 개발 입력사항에 해당되지 않는 것은?

① 기능, 성능/성과요구사항
② 이전 유사 설계로부터 도출된 정보
③ 법적, 규제적 요구사항
④ 설계검토 및 검증보고서

해설 설계검토 및 설계검증보고서는 설계입력사항이 아니다.

【문제 75】 설계변경 절차에 포함될 사항이 아닌 것은?

① 설계변경의 주체
② 설계변경의 작성, 검토, 승인권자의 권한 명확화
③ 설계변경실시
④ 변경문서의 배포

해설 설계변경은 검토 및 승인권자에 의해 변경되고, 변경된 문서는 관련조직에 배포하고 이력관리를 하여야 한다.

【문제 76】 설계변경을 위한 문서화된 정보가 아닌 것은?

① 설계와 개발변경
② 설계변경 검토결과
③ 설계성과품의 관리
④ 부정적 영향을 예방하기 위한 조치

해설 설계성과품은 설계와 개발변경 전후에 대하여 구분하여 이력관리가 필요하다.

【문제 77】 다음 중 설계와 관련된 각종 법규, 시방서, 계약문서를 무엇이라 하는가?

① 설계입력서 ② 설계용역서
③ 설계계획서 ④ 설계출력서

해설 설계와 관련된 각종 문서, 데이터는 설계작업을 위한 근거문서이다. 설계출력서는 설계입력서에 의해 수행된 출력문서를 말한다.

정답 ▶ 74-④, 75-③, 76-③, 77-①

【문제 78】 다음 중 설계성과물의 검증방법이 아닌 것은?

① 대체계산
② 기존에 입증된 설계와의 비교
③ 다른 설계와의 비교
④ 시험과 실증

해설 설계검증은 적절한 설계단계에서 각 설계입력자료와 단계별 설계결과물이 일치하는지 여부를 확인하는 것이다. 또한 설계검증은 설계출력서가 설계입력서와 비교하여 이상이 없는 경우이다.

【문제 79】 다음 중 설계입력자료에 해당하지 않는 것은?

① 계약검토결과
② 설계지침, 설계시방서
③ 시공계획서
④ 고객 불만사항 분석결과

해설 설계입력서에는 고객 및 또는 발주자의 모든 요구사항과 법적, 규제적 요구사항 및 기술적 요건 등이 해당된다. 설계입력은 설계의 특수성을 고려한 것이며 계획서는 설계입력자료가 아니다.

【문제 80】 다음 중 설계검토 사항이 아닌 것은?

① 입력자료의 적절성
② 입력자료의 설계반영 여부
③ 현장 시공가능성, 경제성
④ 설계의 효율성

해설 설계검토는 그 단계에 관련된 모든 설계기능 조직의 대표자에 의해 설계출력물에 대한 검토이다. 또한 설계검토는 고객 요구사항이며 설계입력사항에 대한 검토이다.

정답 ▶ 78-③, 79-③, 80-④

【문제 81】 다음 중 설계유효성 확인 서류가 아닌 것은?

① 준공허가서
② 품질기록서
③ 설계변경도면
④ 설계와 관련된 하자처리결과

해설 설계유효성은 고객의 요구나 기대에 최종적으로 부합하는가를 확인하기 위한 절차이다. 설계변경도면은 설계도서가 변경된 것이지 설계 유효성이 확인된 서류나 문서는 아니다.

【문제 82】 다음 중 설계도서의 검토는 어느 시기에 수행하는 것이 적절한가?

① 모든 설계 성과물이 출력되는 단계마다
② 공사착공 후
③ 공사준공 전
④ 공사준공 후

해설 설계도서에 대한 검토는 설계가 진행되는 모든 단계마다 검토하는 것이며, 필요에 따라 검토시점을 정하여 수행할 수가 있다. 설계검토는 고객 요구사항을 충족할 수 있는 모든 단계에서 가능하다.

【문제 83】 설계 및 개발변경과 관련하여 조직이 보유하여야 할 문서화된 정보가 아닌 것은?

① 설계와 개발변경
② 설계검토 결과
③ 설계변경의 검토
④ 부정적 영향을 예방하기 위해 취해진 조치

해설 설계변경 검토는 설계변경의 승인의 문서화된 정보를 보유하여야 한다.

정답 ▶ 81-③, 82-①, 83-③

10.5 공급자 평가·구매관리

【문제 84】 건설회사의 협력회사 평가방식이 아닌 것은?

① 서면평가 ② 대면평가

③ 실시평가 ④ 정기평가

해설 건설업체들은 협력회사 평가 시 서면평가,실시평가.샘플평가,정기평가등의 평가방식을 채택하고 있다. 즉 조직은 그들의 고객에게 제공되는 서비스의 품질향상을 위하여 공급자 선정, 등록, 사후평가방식을 활용하고 있으며 평가방식으로는 서면평가가 일반적이다.

【문제 85】 공급자(협력회사) 평가항목으로 가장 우선 시 되는 사항은 무엇인가?

① 품질, 납기, 가격 ② 관련실적

③ 관련경험 ④ 서비스 지원능력

해설 공급자 평가항목 중에는 가격, 납기, 품질, 경험, 지원능력, 재무상태 등 다양한 평가항목이 있다.

【문제 86】 일반적으로 시공협력업체 평가를 위한 등록서류에 해당하지 않는 것은?

① 건설업면허증사본 ② 공사실적현황

③ 기술자자격보유현황 ④ 공사표준단가표

해설 시공협력회사는 대부분 전문건설업체, 용역업체들로서 건설업 면허, 기술자 보유현황, 실적증명서, 본지사 약도 등이다. 공사표준단가표 등은 협력업체 평가 및 등록서류에는 해당하지 아니한다.

【문제 87】 협력회사를 평가할 경우의 고려사항이 아닌 것은?

① 공급자별 평가방법 및 절차 ② 공급자 승인요건 결정

③ 우수공급자 사전장정 ④ 공급자 사후평가

정답 ▶ 84-②, 85-①, 86-④

해설 공급자 평가는 조직이 고객에게 제공하는 서비스를 충족하기우하여 평가서류를 접수 받아 평가하고, 해당되는 경우 협력회사로 등록 관리한다. 협력회사 사후평가는 별도의 사후평가 절차를 수립하여 평가기준에 부합하는 경우에 한하여 평가를 실시한다.

【문제 88】 조직은 협력업체와 의사소통하기 전에 조직의 요구사항을 협력업체에 전달해야 할 사항이 아닌 것은?

① 협력업체가 제공하는 프로세스
② 제품 및 서비스의 승인
③ 요구관련 조직의 역량
④ 협력업체 현장의 수행활동

해설 조직이 보유한 인원의 역량은 협력회사에 전달할 필요가 없다.

【문제 89】 조직의 외부공급자 관리 프로세스가 아닌 것은?

① 외부공급자의 평가　　② 외부공급자의 재평가
③ 공급자의 프로세스 평가　　④ 공급자의 프로세스 문서화

해설 공급자의 제공되는 프로세스는 확인할 필요는 있으나 별도로 문서화할 필요는 없다.

【문제 90】 다음 중 자재구매 협력업체 평가서류로 적당하지 않는 것은?

① 대리점계약서　　② 공장등록증
③ 납품실적현황　　④ KS허가증사본

해설 자재협력회사는 전문건설업체 와는 달리 구매형태에 따라 그 특성이 있으므로 평가서류에 유의한다. 자재구매협력회사는 대리점계약서, 공장등록증, ks표시 허가증사본 등이 있다.

【문제 91】 표준품으로 각종 산업규격에 따라 대량 생산되는 품목을 무엇이라 하는가?

① 규격품목　　② 제작품
③ 자재의뢰사　　④ 자재청구서

해설 규격품목이란 산업규격(ks, jis 등)에 따라 대량 생산되는 일반 품목을 말한다. 규격품목은 각국마다 사용되고 있는 자국의 산업규격에 따라 대량 생산되는 일반 품목이다.

정답 ▶ 87-④, 88-③, 89-④, 90-③, 91-①

【문제 92】 구매관리 프로세스 수립 시 고려해야 할 사항이 아닌 것은?

① 자격이 부여된 공급자 ② 보급관리 요구사항들

③ 구매데이터 ④ 의사소통

해설 구매관리절차는 건축생산활동에 필요로 하는 자재, 물품구입 판매를 위한 구매업무 절차이다. 구매업무에 관련된 업무절차를 표준화 하여 양질의 구매품을 적기에 구매하고 고품질 시공활동을 원활하게 하는 데 목적이 있다.

【문제 93】 다음 중 구매문서에 해당되지 않는 것은?

① 주문서 ② 계약서

③ 견적조건 ④ 설계도서

해설 구매문서란 발주자의 요구사항에 부합한 구매할 사항이 명시된 문서이다. 구매문서에는 발주자를 대신하여 구매하고자 하는 구매데이터가 적시된 문서를 말한다.

【문제 94】 구매문서 작성 시 고려해야 할 사항이 아닌 것은?

① 품질요건 ② 구매정보

③ 작업중지점 ④ 불합격품 처리절차

해설 구매문서에는 품질요건, 샘플심사방법, 작업중지점, 합부판정기준 등이 포함되어 있다. 구매정보는 구매문서 작성 시 고려할 사항은 없다.

【문제 95】 구매품의 입회검사 방법이 아닌 것은?

① 검사 시기 ② 검사방식

③ 구매품 검증 ④ 합부판정기준

해설 공급자는 필요시 구매품에 대한 입회검사를 필요로 하며 이 검사방식에는 검사 시기, 방식, 합부판정기준 등 검증에 관한 사항이 있다. 구매품 검증은 고객의 요구 시 또는 공급자의 자율적 판단에 따라 이루어지는 것이다.

【문제 96】 구매품 검증 이행 시 필요사항이 아닌 것은?

① 외주업체 현장검증의 명확화 ② 대응관련부서 통보

③ 자체 검증 ④ 공급자 자체 검증

정답 ▶ 92-③, 93-③, 94-②, 95-③

해설 구매품 검증은 우리 회사의 고객에 의한 검증 활동으로 명시하고 고객이 검증을 요구하는 경우 이에 협조한다. 구매품은 외주업체에서 발생되는 사항이므로 자체 검증은 해당되지 않는다.

【문제 97】 다음 중 자재청구서에 포함될 사항이 아닌 것은?

① 품명　② 단위
③ 규격　④ 납기

해설 자재청구서는 구매하고자 하는 자재의 명칭과 규격, 단위, 단가 등이 명시된 청구서(양식)이다.

【문제 98】 자재검수 방법이 아닌 것은?

① 계약서와 일치여부　② 수량 및 규격의 정확성
③ 파손 및 포장 상태　④ 자재비용에 관한 사항

해설 자재검수는 현장소장 책임 하에 현장 자재담당자에 의해 그 적격여부를 판정하여 인수하는 것이다. 자재비용은 검수 항목에 반드시 포함되어 있지는 않다.

【문제 99】 다음 중 구매문서에 해당 되지 않는 것은?

① 설계도면　② 견적서
③ 시방서　④ 계약서 또는 주문서

해설 구매DATA에는 구매 할 자재, 장비, 물품 등의 품명, 규격, 수량, 단가, 성능 등이 기록된 문서이다.

【문제 100】 다음 중 자재청구서에 기재되는 사항이 아닌 것은?

① 품명, 규격　② 수량, 단가
③ 금액, 납기일　④ 시방서

해설 자재청구서, 구매의뢰서, 구매요구서 등에는 구매하고자 하는 제품명, 규격, 수량, 단가 등이 명시되어 있다. 시방서는 고객에 의해 요구되는 요구사항의 하나로서 자재청구서는 아니다.

정답 ▶ 96-③, 97-④, 98-④, 99-②, 100-④

【문제 101】 건설현장에 자재나 장비가 반입될 때 검사하는 방법을 무엇이라 하는가?

① 인수(반입)검사 ② 중간검사
③ 입회검사 ④ 최종검사

해설 고객 또는 고객을 대신하는 사람에 의한 검사는 반입검사(인수검사), 중간검사, 최종검사로 구분된다. 입회검사는 해당공정이 진행되는 경우 고객 또는 발주자를 대신하여 현장 입회를 하여 검사하는 행위를 말한다.

【문제 102】 현장 공정 검사 시 현재의 부적합에 대한 처리절차에 해당되지 않는 것은?

① 부적합의 원인부석 ② 대책수립
③ 예방조치 ④ 효과확인

해설 부적합은 규정된 요구사항에 위반되는 것을 말하며, 이 경우, 부적합의 발생원인, 대책수립, 시정, 효과확인 등의 처리가 있다.

【문제 103】 다음 중 규정된 요구사항이란?

① 계약사항 ② 법적 요구사항
③ 시방사항 ④ 품질문서

해설 규정된 요구사항이란 고객과의 서비스 제공을 하기로 한 주문사항, 즉 계약사항, 설계도서, 법적 요구사항 등을 포함한다.

【문제 104】 구매품의 최종 검증 책임은 누구에게 있는 것인가?

① 고객(발주자) ② 조직(공급자)
③ 공급자의 외주업체 ④ 감독자

해설 구입자가 구매품의 품질을 직접 검증했어도 공급자는 최종책임을 면제받는 것이 아니다. 외주업체에 대한 품질 책임은 어떠한 경우에도 공급자의 책임이다.

정답 ▶ 101-③, 102-③, 103-④, 104-④

10.6 공사계획 수립과 시공관리

【문제 105】 건설기술진흥법상 건축공사의 품질관리계획 수립과 적용대상 및 범위는?

① 건축연면적 3,000제곱미터, 다중이용시설 10,000제곱미터 이상
② 건축연면적 660제곱미터, 다중이용시설 연면적 30,000제곱미터 이상
③ 건축연면적 500제곱미터, 다중이용시설 10,000제곱미터 이상
④ 건축연면적 100제곱미터, 다중이용시설 연면적 5,000미터 이상

해설 건설공사의 품질관리계획과 품질시험계획은 건설기술진흥법시행령 제89조에 의해 그 적용범위를 정하고 있으며, 건축연면적 660제곱미터, 다중이용시설 연면적 30,000제곱미터 이상이다.

【문제 106】 건설기술진흥법상 토목공사의 품질관리계획서 수립대상 범위는?

① 총공사비가 5억 원 이상인 토목공사
② 총공사비가 2억 원 이상인 토목공사
③ 총공사비가 1억 원 이상인 토목공사
④ 총공사비가 5천만 원 이상 토목공사

해설 건설기술진흥법 제89조에 의해 그 적용범위를 정하고 있다. 토목공사의 품질관리계획서 수립대상은 총공사비 5억 원 이상이다.

【문제 107】 건설기술진흥법상 중점품질관리 방법에 문서화가 필요한 사항이 아닌 것은?

① 중점품질관리 대상 결정
② 작업에 이용되는 장비의 기준 및 승인방법
③ 작업자의 자격기준 및 자격인증방법
④ 하도급자의 자격 결정

해설 건설기술진흥법상 부적합 공사로 판명되면 시정이 어렵고 많은 노력과 경비가 소요되므로 문서화된 품질관리 방법을 정해놓고 있다. 그러나 하도급자의 자격은 공급자 조직이 설정하는 것으로서 건설기술진흥법상 중점 품질관리 항목으로 문서화를 요구하지 않고 있다.

정답 ▶ 105-②, 106-①, 107-④

【문제 108】 건설기술관리법상 품질관리계획에 부적합공사의 관리방법에 해당되지 않는 것은?

① 부적합공사의 특성 식별방법
② 부적합공사의 상태 문서화방법
③ 부적합의 검토 및 분석과 부적합의 원인 결정방법
④ 부적합의 시정조치 방법

해설 건설기술진흥법 시행령 제89조의 품질관리계획에 부적합공사의 품질관리계획서에는 각 항목별 문서화된 정보를 규정하고 있다. 부적합의 시정조치 방법은 부적합이 발생 시 원인분석 대책수립, 시정조치, 효과확인 등의 절차적 방법이 법령에는 규정되어 있지 않다.

【문제 109】 건설기술관리법시행령상 품질계획서에 고객자산관리계획에 해당되지 않는 것은?

① 고객재산의 파악 및 수급계획방법
② 고객재산의 검사 및 시험방법
③ 고객재산의 손상, 분실 시 처리방법
④ 고객자산의 추적관리방법

해설 건설기술진흥법시행령 품질관리계획수립의 대상 공사에 고객 또는 외부공급자의 재산을 관리하도록 규정하고 있다. 그러나 건설기술진흥법시행령상 품질계획에는 고객자산의 식별이나 추적에 관한 사항은 명문화되어 있지 않다.

【문제 110】 건설기술관리법시행령상 품질관리계획에 설계관리에 대한 문서화된 정보에 해당되지 않는 것은?

① 설계계획수립과 관리방법
② 설계입력요구사항의 문서화와 유지방법
③ 설계관리(검토, 검증, 실현성 확인)의 수행방법
④ 설계출력문서의 관리방법

해설 설계관리에는 설계계획수립, 입력요구사항, 검토 및 검증과 유효성확인, 설계변경의 식별, 검토 및 관리방법이 명시되어 있다.

정답 ▶ 108-④, 109-④, 110-④

【문제 111】 품질관리계획의 변경 시 문서화된 정보에 해당하지 않는 것은?

① 변경의 목적과 잠재적 결과
② 주요자재의 변경내용
③ 품질관리계획서 작성기준
④ 책임과 권한의 부여 또는 재부여

해설 품질관리계획의 변경은 변경의 목적과 잠재적 결과, 품질관리계획서의 작성기준, 자원의 사용 가능성, 책임과 권한의 부여 또는 재부여에 관한 사항을 포함하고 있다.

【문제 112】 현장에서 수립된 품질계획서는 누구에 의해 승인되고 활용되는가?

① 설계자 ② 발주자
③ 감독자 ④ 전문건설업체

해설 품질계획서는 해당 현장에서 작성하여 본사 관련조직에 의해 검토된 후 해당 사업의 감독관에게 제출되어 승인 후 활용한다.

【문제 113】 다음 중 리스크와 기회를 다루는 방법이 아닌 것은?

① 리스크의 회피
② 기회를 잡기위한 리스크의 감수
③ 리스크의 공유
④ 정보에 근거한 의사결정에 의한 리스크 폐지

해설 의사결정에 의한 리스크는 유지되어야 한다.

【문제 114】 자재나 제품의 현장 반입 시 수량·치수·식별표시·외관상태를 검사하는 것을 무엇이라 하는가?

① 인수검사 ② 공정간 검사
③ 최종검사 ④ 착수검사

해설 인수검사 또는 반입검사는 공정의 시작단계에서 자재나 제품이 현장에 반입 시 수행하는 검사이다.

정답 ▶ 111-②, 112-③, 113-④, 114-①

【문제 115】 다음 중 검사 및 시험계획서(Inspection and Test Plan)의 종류에 해당되지 않는 것은?

① 착수용 검사 및 시험계획서

② 반입검사용 검사 및 시험계획

③ 공장 검사용 검사 및 시험계획서

④ 시공공정 관리용 검사 및 시험계획서

해설 검사 및 시험계획은 품목, 자재의 반입 및 제작과 시공이 규정된 요구사항에 만족하게 하기 위한 검사 및 시험을 하기 위한 계획서이다.

【문제 116】 다음 중 검사 및 시험업무 수행자가 아닌 것은?

① 원도급자(시공자) ② 하도급자(전문업체)

③ 고객/감리자 ④ 설계자

해설 검사 및 시험계획은 고객요구 및 또는 법규상, 계약상 요구되는 계획으로서 원도급자, 하도급자 고객이 수행하는 것이다.

【문제 117】 검사 및 시험계획서에 포함되어야 할 사항이 아닌 것은?

① 검사항목 ② 검사 빈도 및 주기

③ 합부판정 기준 ④ 시공결함

해설 검사 및 시험계획서는 공사공종별 검사항목과 검사주기/빈도, 검사방법, 기준, 합부판정기준, 검사결과 기록 등이 포함된다.

【문제 118】 건설공사 중 검사원에 의한 검사(또는 검측) 또는 검사자의 참여가 완료되기 전에는 다음 공사공정으로 진행할 수 없는 단계는 무엇이라 하는가?

① 필수 확인점 ② 입회점

③ 검토점 ④ 완료점

해설 검사나 검측 요원이 입회하지 않고는 후속공정의 작업을 진행할 수 없는 공정을 필수 확인점이라 한다.

정답 ▶ 115-①, 116-④, 117-④, 118-①

【문제 119】 검사 및 또는 시험기준에 해당하지 않는 것은?

① 시방서 또는 특기시방서　　② 설계도면
③ 산업규격　　④ 수량산출서

해설 검사 및 시험기준은 검사 및 시험계획의 각 공정의 진행단계마다 검사나 시험을 해야 하는 기준을 말한다.

【문제 120】 의도된 용도나 적용에 대한 요구사항이 충족되었음을 확인하는 것을 무엇이라 하는가?

① 효율성 확인　　② 적격성 확인
③ 품질검증　　④ 타당성 확인

해설 타당성 확인은 의도된 요구사항의 객관적인 증거를 통하여 확인된다.

【문제 121】 품질하자의 원인 문제의 소재를 관리하기 위한 활동을 무엇이라 하는가?

① 검증관리　　② 타당성관리
③ 추적성관리　　④ 식별관리

해설 추적성은 관리되지 않으면 품질하자 발생 시 수리 및 보수가 어렵다. 추적성은 사용되는 자재나 제품이 완성되어질 최종 목적물에 사용될 시 어느 부위에 사용되었는지 여부를 관리하는 것

【문제 122】 현장에 반입된 제품의 오용을 방지하고 공정중의 자재나 제품구별을 위해 품명, 규격 등을 팻말, 라벨 및 꼬리표 등에 기록하여 부착하는 것을 무엇이라 하는가?

① 타당성관리　　② 추적성관리
③ 식별관리　　④ 검증관리

해설 추적성은 사용되는 자재나 제품이 완성되어질 최종 목적물에 사용될 시 어느 부위에 사용되었는지 여부를 관리하는 것

정답 ▶ 119-④, 120-④, 121-③, 122-②

【문제 123】 다음 중 추적성의 요구대상이 아닌 것은?

① 계약요구사항 ② 법률

③ 의도된 사용 ④ 규정되지 않은 제품

해설 제품 또는 서비스와 프로세스를 적절히 식별하기 위해 추적 요구사항을 파악한다. 모든 자재나 제품이 추적성이 요구되는 것은 아니다.

【문제 124】 다음 중 자재의 식별관리방법이 아닌 것은?

① 식별관리대장 ② 스템프날인

③ 컬러코팅, 페인트 ④ 깃발, 팻말

해설 자재의 식별관리는 입고, 보관, 운반, 작업 시 자재의 표면이나 포장용기에 표시하는 방법을 말한다. 식별관리대장은 식별관리한 이력을 관리하는 방법이다.

【문제 125】 다음 중 철근이나 철강제품의 식별관리방법은?

① 라벨 ② 스템프날인

③ 컬러코팅, 페인트 ④ 각인

해설 철근이나 철강 제품은 작업자가 사용 시 구분될 수 있는 방법이어야 한다. 작업자가 제품 또는 자재의 특성을 구분할 수 있어야 한다.

【문제 126】 다음 중 추적성 관리대상 자재나 제품이 아닌 것은?

① 레미콘 ② 철골 공사 부재

③ 석공사용 부재 ④ 방수재

해설 추적성이 요구되는 자재나 제품은 공사 후 하자가 발생될 경우 이를 수리, 보수하기 위한 공정을 파악할 수 있어야 한다. 방수재는 전체 작업의 시방서에 따라 하자 발생여부 및 작업조건을 관리할 수가 있다.

【문제 127】 다음 중 자재의 식별표시 항목이 아닌 것은?

① 품목명 ② 규격

③ 성적서, 송장 ④ 제조회사명

해설 식별표시의 주목적은 품질하자 발생 시 적용된 자재, 제품, 작업내용과 범위를 알기 위해서이다. 식별표시방법으로서 품목, 규격, 용도, 송장 등은 식별관리 항목이 된다.

정답 ▶ 123-④, 124-①, 125-③, 126-④, 127-④

【문제 128】 다음 중 자재일보에 포함할 사항이 아닌 것은?

① 품명　　② 규격

③ 거래금액　　④ 사용위치

해설 자재일보에는 작업자가 어떤 자재가 어느 위치에 적용되었는지 알기 위함이다.

【문제 129】 다음 중 콘크리트타설 대장의 주요 사용목적이 아닌 것은?

① 타설부위　　② 콘크리트 압축강도

③ 납품회사　　④ 타설시간

해설 레미콘의 타설부위와 특성이 중요하다. 타설시간은 작업환경에 따라 다르다.

【문제 130】 다음 중 철골 부재의 조립일지에 표시되는 사항이 아닌 것은?

① 부재규격　　② 부재번호

③ 조립일자　　④ 조립인부

해설 철골 부재는 공장가공 현장조립 원칙하에 가공된 부재의 위치변경시공을 방지하기 위해서 조립일자별 부재규격, 번호 등이 조립일지에 기재된다.

【문제 131】 다음 중 식별관리 방법이 아닌 것은?

① 라벨, 태그 부착　　② 컬러코드 페인팅

③ 깃발, 팻말표시　　④ 글씨표시

해설 식별 표시방법은 라벨 부착, 페인팅, 팻말표시 등이 있다.

【문제 132】 다음 중 고객지급품의 관리목적이 아닌 것은?

① 고객지급품의 확인

② 혼돈과 부주의한 사용방지를 위한 식별표시

③ 선입선출사용

④ 계약상 관리의 필요성

해설 고객지급품은 고객자산의 검증, 보관, 유지함으로써 지급품이 건설공사에 적정하게 투입되어 고객 요구사항을 만족하도록 하는데 목적이 있다. 고객지급품의 관리는 고객이 지급한 자재의 적절성, 사용, 사용 후 보고 등의 목적이 있다.

정답 ▶ 128-③, 129-④, 130-④, 131-④, 132-④

【문제 133】 다음 중 고객지급품의 관리방법과 절차가 아닌 것은?

① 인수 시 ② 사용 후
③ 사용 중 ④ 취급 중

해설 고객지급품은 공사의 전 과정에 단계별 관리가 필요하다. 고객지급품은 자재인수 시, 작업 시, 작업완료 시에 따라 관리한다.

【문제 134】 발주자가 지급한 제품의 사용계획수립 시 반영해야 할 사항이 아닌 것은?

① 설계도면 ② 예정공정표
③ 계약상 명시된 품목 및 수량 ④ 시방서

해설 지급품 사용계획은 고객이 지급하는 자재 또는 제품의 현장반입, 사용, 사용 후 보고 등에 관한 사항이다. 고객지급품사용계획은 수급자가 지급 받게 되는 자재나 제품의 사용에 관한 것이다.

【문제 135】 발주자가 지급한 자재의 관리 방법 중 중요사항으로 볼 수 없는 것은?

① 자재의 지급일자 ② 자재의 반입검사
③ 자재의 사용 ④ 자재의 반출

해설 발주자가 지급하는 자재는 사용자가 신청에 의해 현장에 반입되는 것이다.

【문제 136】 발주자가 지급한 자재의 사용계획에 포함되지 않는 것은?

① 설계도 ② 공정도
③ 지급품목 ④ 지급일자

해설 고객지급자재는 도급계약상 공사가 진행되는 공정도에 따라 시공자가 신청하여야 할 사항이다.

【문제 137】 건설공사에 사용할 목적으로 도급계약에 의해 발주자가 시공자에게 지급하는 자재 또는 제품을 무엇이라 하는가?

① 지급제품 ② 지급자재
③ 주요자재 ④ 고객지급품

해설 고객이 직접 도급계약 시 주요자재 및 제품을 지급하겠다고 약속한 것은 고객지급품이다.

정답 ▶ 133-④, 134-④, 135-①, 136-④, 137-④

【문제 138】 고객지급품 신청서에 명시해야 할 사항이 아닌 것은?

① 자재 또는 제품의 품목　　② 규격 및 수량
③ 반입일자　　④ 완성일자

해설 고객이 지급하는 자재는 해당 공사의 공정에 따라 완성되는 것이다.

【문제 139】 현장소장이 공사목적으로 발주자로부터 인수된 자재의 종류, 규격, 용도의 동일성, 수량, 시방 조건의 동일성, 파손 여부를 검사하는 행위는?

① 자재의 반입검사　　② 자재의 파손여부 검사
③ 시방조건 충족여부검사　　④ 제품의 성능검사

해설 성능검사는 공인된 시험기관에서 수행하는 것이다.

【문제 140】 고객이 지급한 자재가 품질기준에 위배되는 불량제품인 경우, 시공자의 대책은?

① 고객에게 알리고 사용하거나 반출한다.
② 고객이 지급한 것이므로 그대로 사용한다.
③ 시공자가 임의로 다른 자재를 사용한다.
④ 고객에게 알리고 고객의 요구에 따른다.

해설 고객에게 자재 또는 제품의 품질기준에 위해 됨을 알리고 고객의 요구에 따른다.

【문제 141】 고객재산의 손상, 분실, 부적합발생 시 처리방법이 아닌 것은?

① 해당사항을 고객에게 통보
② 해당기록을 유지
③ 분실, 손상, 부적합의 원인설명
④ 부적합 자재의 추가요청

해설 손상, 분실, 부적합은 먼저 해당사실을 고객에게 알리고 그 이후 고객의 요구사항에 따라 처리한다.

【문제 142】 고객지급품의 관리방법으로 적합하지 않는 것은?

① 손상, 분실, 부적합 여부 확인
② 혼돈과 부주의한 사용 방지를 위한 식별표시

정답 ▶ 138-④, 139-④, 140-④, 141-④

③ 적절한 환경에서의 보관, 장기보관 시 열화검출

④ 부적합 발견 시 폐기처분

해설 부적합이 발견되면 고객에게 알린다.

【문제 143】 고객 지급품이 분실, 손실, 부적합 발견 시의 조치방안으로 적합하지 않는 것은?

① 해당 사항을 기록한다.

② 해당 사항을 고객에게 통지한다.

③ 기록 내용을 관리한다.

④ 해당 사항은 고객이 지급한 것이므로 현장에서 그대로 사용한다.

해설 고객이 지급하여도 적합한 지급품이 아니면 사용되지 않아야 한다.

【문제 144】 시공자가 공사의 착수에 앞서 공사방법 및 절차 등에 대하여 경영자원을 활용하여 건설공사를 실행하기 위해 사전에 기획한 문서를 무엇이라 하는가?

① 공정계획　　② 공사계획

③ 시공계획　　④ 착공계획

해설 시공계획은 공사착수 전 공사를 수행하기 위해 수립하는 공사계획문서이다.

【문제 145】 다음 중 건설공사를 수행하기 위한 경영자원에 해당하지 않는 것은?

① 인력(사람)　　② 자재, 장비

③ 비용　　④ 공정

해설 공정은 공사의 일정이다.

【문제 146】 다음 중 시공계획서 수립의 법적근거가 아닌 것은?

① 건설공사 감독 업무지침

② 건설공사 사업관리방식 검토기준 및 업무수행지침

③ 표준시방서 공무행정요건

④ 도급계약에 첨부되는 설계도면

해설 설계도면은 공사수행기준이 되는 문서이긴 하나 시공계획 수립의 법적근거는 아니다.

정답 ▶ 142-④, 143-④, 144-③, 145-④, 146-④

【문제 147】 시공계획서의 작성은 누가 하는 것인가?

① 시공자 ② 설계자
③ 감독자 ④ 발주기관

해설 건설공사감독자는 시공자가 수립한 시공계획서를 제출받은 날로 부터 7일 이내에 검토, 승인하여야 한다.

【문제 148】 시공계획서의 종류에 해당하지 않는 것은?

① 총괄시공계획서 ② 공종별시공계획서
③ 변경시공계획서 ④ 시공계획서

해설 시공계획서는 시공계획서의 종류의 하나로는 볼 수 없는 것이다.

【문제 149】 시공계획서 중 품질시험계획에 대한 최종승인권자는 누구인가?

① 설계자 ② 시공자
③ 감독자 ④ 발주자

해설 품질시험계획의 최종승인권자는 발주자이다.

【문제 150】 다음 중 시공계획 수립 시 사전검토 사항으로 적절하지 않는 것은?

① 계약조건 숙지
② 현장여건 파악
③ 시공방법과 시공순서의 결정
④ 준공계획 결정

해설 시공계획은 도급계약에 의해 설계도서, 현장여건, 설계변경, 인력, 장비, 자재, 기술을 어떻게 투입하여 완성할 것인지에 대한 전반적인 계획이다.

【문제 151】 다음 중 시공계획서에 포함되어야 할 사항으로 적합하지 않는 것은?

① 공사공정표 ② 품질관리대책
③ 공사착공계획수립 ④ 안전대책 및 환경대책

해설 공사 착공은 시공자와 관할 지자체에서 수행하여야 할 사항이다.

정답 ▶ 147-①, 148-④, 149-④, 150-④, 151-③

【문제 152】 시공계획 수립 시 공정관리계획에서 공기만회대책은 어떤 경우에 수립하는가?

① 전체 공정대비 20% 지연되었을 경우
② 전체 공정대비 10% 지연되었을 경우
③ 전체 공정대비 10%, 월 공정대비 5% 이상 지연되었을 경우
④ 전체 공정대비 5% 이상 공기지연이 발생되었을 경우

해설 공기만회대책은 전체 공정대비 10%, 월 공정대비 5% 이상 공기지연이 되었을 경우 수립한다.

【문제 153】 다음 중 특별공정의 관리방법으로 적절치 않는 것은?

① 자격이 부여된 인원에 의해 작업을 수행
② 공정파라미터에 대한 지속적인 감시 및 통제
③ 공정, 장비, 인원에 대한 관리
④ 공정운영의 자격부여

해설 공정, 장비, 인원은 반드시 자격이 부여된 자에 의해 수행하여야 한다.

【문제 154】 일반적인 건설공사의 시공계획 수립 시 중점품질관리 절차에 포함되지 않는 것은?

① 품질관리수준의 결정
② 작업자에 대한 자격기준 및 자격인정
③ 작업에 사용되는 장비에 대한 기준 및 승인
④ 중점품질관리대상의 결정

해설 중점품질관리가 필요한 공종은 품질관리가 소홀해지기 쉽거나 하자발생빈도가 높으며, 부적합으로 판명될 경우 시정이 어려워 많은 노력과 경비가 소요되는 공종을 말한다.

【문제 155】 건설공사의 설계도서, 시방서, 공정계획을 검토하여 중점품질관리대상으로 선정하여야 할 항목이 아닌 것은?

① 시공 후에는 시정조치가 어려운 공사 공종
② 품질관리가 어려운 공종

정답 ▶ 152-③, 153-③, 154-①

③ 품질하자 발생빈도가 높은 공사공종

④ 시정조치 시 많은 경비가 소요되는 공사공종

해설 건설공사공종 중 품질관리가 소홀해지기 쉬운 공종으로서 하자발생 빈도가 높고 하자발생시 시정조치가 어려우며 비용이 과다하게 소요되는 공종을 중점품질관리대상 공종이라 한다.

【문제 156】 품질에 영향을 미치는 요인을 감시, 통제하기 위한 방법 중 적절하지 않는 것은?

① 작업자재　② 작업환경

③ 작업온도　④ 공정특성

해설 중점품질관리방법으로 제작 및 측정설비의 정확도 유지, 품질요건을 만족시킬 수 있도록 작업자의 기능, 능력, 기술을 향상하고 관리하기 위한 교육훈련 등이 필요하다.

【문제 157】 고객이 요구하는 시공품질을 공사기간 내 준공되도록 계획하고 공정을 안정된 상태로 유지하기 위한 관리활동은?

① 착공관리　② 공정관리

③ 준공관리　④ 특수공정관리

해설 공사 중 품질하자나 시정조치가 어려울 뿐 아니라 계약공기를 준수하기 위한 일련의 일정 관리활동을 공정관리라 한다.

【문제 158】 작업 중에는 품질하자 발생이 어려우나 공사가 완료된 후 품질하자를 확인할 수 있는 공종을 무엇이라 하는가?

① 특별공종　② 일반공종

③ 품질하자발생공종　④ 완성검사공종

해설 특별공종이란 중점품질관리대상 공종으로 작업 중 하자 여부를 확인하기 어려운 공종을 말한다.

정답 ▶ 155-②, 156-①, 157-②, 158-①

10.7 시공품의 적합성 측정관리

【문제 159】 조직은 고객의 요구사항이나 기대가 어느 정도 충족되었는지 조사하는 방법을 무엇이라 하는가?

① 설문조사 ② 고객만족도조사
③ 현장조사 ④ 고객정보조사

해설 고객 요구사항 및 계약 요구사항의 충족여부는 실현되는 성과물의 측정과 평가에 의한다.

【문제 160】 다음 중 조직이 측정하거나 모니터링 해야 할 사항이 아닌 것은?

① 제공되는 서비스의 적합성 ② 고객만족도
③ 품질경영시스템의 효과성 ④ 제공되는 서비스의 불량률

해설 조직은 그들이 모니터링 해야 할 중요사항은 제공되는 서비스이며, 이를 위해 고객만족도조사 등과 품질경영시스템의 효과성이다.

【문제 161】 다음 중 고객모니터링 방법이 아닌 것은?

① 고객설문조사
② 인도된 제품 또는 서비스에 대한 고객피드백
③ 고객과의 미팅, 시장점유율 분석
④ 일반사용자의 설문조사

해설 일반사용자의 설문조사는 제공되는 서비스에 대한 모니터링이 아니다.

【문제 162】 조직이 모니터링 및 측정한 결과의 분석과 평가의 목적은?

① 고객만족을 미 실현한 경우 그 원인분석 재발방지를 위한 시정조치
② 측정 및 모니터링 업무 준수를 위함
③ 만족을 실현하는 경우, 성과개선 결과로 활용
④ 차기 측정 및 모니터링 자료 확보를 위함

정답 ▶ 159-②, 160-④, 161-④, 162-①

해설 고객만족도 조사는 제공되는 서비스의 지속적 개선을 위한 시정조치 예방조치 활동이다.

【문제 163】 조직의 품질경영시스템 성과평가 이유가 아닌 것은?

① 품질경영시스템의 지속적인 유효성 및 적절성 확인
② 품질경영시스템의 지속적인 개선을 위한 문제점 발굴
③ 품질경영시스템의 평가를 통해 경영자의 검토와 피드백 활동 전개를 위해 필요
④ 시스템의 계속적인 적용 여부 검토 자료로 활용

해설 품질경영시스템은 기획, 실행, 문제점 발굴, 개선조치가 선순환 되어야 한다.

【문제 164】 품질경영시스템의 적절성과 유효성을 평가하기 위한 가장 기준이 되는 문서는?

① 국제표준화기구의 품질규격 요구사항
② 회사에서 구축한 표준문서
③ 외부 조직의 품질표준문서
④ 협력업체가 제공하는 품질표준문서

해설 품질경영시스템의 평가는 국제품질표준(ISO9000) 조직의 규모 및 복잡성과 업무특성에 적합하게 구비되어 효과적으로 실행되어 가므로 ISO9000 규격문서가 중요하다.

【문제 165】 국가표준 및 소급성 유지를 위하여 측정장비의 정도 변위를 규정에 따라 검사하는 것을 무엇이라 하는가?

① 측정 ② 검 · 교정
③ 시험 ④ 점검

해설 검 · 교정이란 건설현장에서 사용되는 측정 장비의 정확도를 관련 기관에 의해 검사하는 것을 말한다.

【문제 166】 국제표준 또는 국가표준에 소급가능한 측정표준이 없는 경우의 조치방법은?

① 필요한 경우 조정이나 재조정할 것
② 교정상태를 결정할 수 있도록 식별
③ 교정 및 검증이 불필요하므로 그대로 사용

정답 ▶ 163-④, 164-①, 165-②, 166-④

④ 측정결과를 무효화시킬 수 있는 조정으로부터 보호

해설 국제 또는 국가표준이 없는 경우에는 교정 또는 검증에 사용하는 근거로서 필요한 경우 조정이나 재조정 또는 측정결과를 무효화시킬 수 있는 조정으로부터 보호 되어야 한다.

【문제 167】 다음 중 점검대상 측정기가 아닌 것은?

① 검사 및 시험용 소프트웨어
② 검사 및 시험용 하드웨어
③ 교정 검사가 불필요한 건설장비
④ 국가표준 비존재 등으로 교정 검사가 곤란한 측정 장비

해설 일반적인 건설장비는 작업의 정확도 정밀도를 요하는 것이 아니므로 교정검사 대상기기가 아니다.

【문제 168】 다음 중 국가공인기관에서 주기적으로 교정검사를 받아야 할 계측기기는?

① 레벨기 ② 트랜지트
③ 광파기 ④ 버니어갤리퍼스

해설 교정검사는 국가표준이 있는 경우, 이 기준에 의해서 측정하는 장비이며, 이는 공사 공종별로 필요한 장비가 있다. 광파기는 좌표측량, 거리, 각도를 측정하는 계측 기기로서 국가공인기관에 2개월 마다 점검을 받아야 한다.

【문제 169】 건설현장의 공사수행 시 요구되는 계측기기 이력카드에 기재하여야 할 사항이 아닌 것은?

① 장비명 ② 교정일자 및 교정결과
③ 장비 사용자명 ④ 유효일자

해설 교정장비 이력카드에는 장비의 이력을 기재하나 사용자의 이름은 기재하지 아니 한다.

【문제 170】 건설공사 시 검사, 측정 및 시험 장비를 무엇이라 하는가?

① 측정장비 ② 시공장비
③ 계측기 ④ 검사장비

해설 건설공사 시 검사, 측정, 시험 장비를 통틀어 계측기기라 한다.

정답 ▶ 167-③, 168-③, 169-③, 170-③

【문제 171】 규정된 요구사항(Specified Requirement)의 불충족 또는 불일치를 무엇이라 하는가?

① 부적합　　② 품질하자

③ 결함　　④ 제품하자

해설 ISO9000 "기본 및 용어"에 의하면, 부적합(Nonconformity)이란 "품질에 악영향을 주는 조건, 상황으로서 규정된 요구사항으로부터 벗어나는 것"으로 정의된다.

【문제 172】 건설현장에서 공사 중 규정된 요구사항의 벗어남이 발생되면 처리해야 할 방법이 아닌 것은?

① 특채　　② 수리

③ 보수　　④ 재검측

해설 부적합이 발견되는 경우, 특채, 수리, 보수, 재작업 등의 방법으로 처리한다.

【문제 173】 다음 중 부적합에 대한 용어의 정의가 맞는 것은?

① 품질 요구사항과 사회적 요구사항

② 계약 요구사항과 공급자가 명시한 요구사항

③ 품질에 악영향을 주는 조건, 상황으로서 규정된 요구사항으로부터 벗어나는 것

④ 제품의 안전성이 결여되어 합리적인 기대에 불충분함

해설 부적합이란 품질에 악영향을 주는 조건, 상황으로서 품질요구사항과 사회적 요구사항으로부터 벗어남을 의미한다.

【문제 174】 ISO9001 규격요구사항과 계약요구사항 및 공급자가 명시한 요구사항에 해당되는 것은?

① 규정된 요구사항　　② 품질요구사항

③ 사회적 요구사항　　④ 결함(defect)

해설 품질요구사항이란 품질규격인 ISO9001 규격요구사항과 계약요구사항 및 또는 공급자가 명시한 요구사항을 모두 포함한다.

정답 ▶ 171-①, 172-④, 173-③, 174-②

【문제 175】 부적합으로 판명되었으나 고객과의 협의 및 안전성 평가 후 채용하여 사용하는 것은?

① 재작업(Rework) ② 특채(use-as-is)
③ 결함(Defect) ④ 수리(Repair)

해설 특채란 부적합이긴 하지만 고객과 협의 또는 안전성을 평가하여 사용하는 것을 말한다.

【문제 176】 검사 및 검측(시험)계획서에 의해 공사현장의 자재반입 시에 실시하는 검사는?

① 반입검사 ② 중간검사
③ 최종검사 ④ 완성검사

해설 반입검사는 건설공사를 수행하기 위해 현장에 자재가 반입될 때 그 적합성 여부를 검사하는 행위를 말한다.

【문제 177】 건설현장의 자재 반입검사 시 부적합이 발생된 경우의 조치방법이 아닌 것은?

① 반품 ② 특채
③ 수리 후 특채 ④ 1회에 한하여 사용

해설 부적합이 발생되면 그 처리방법을 고객에게 먼저 알려야 하며, 이때 품질에 영향이 미치는 정도를 최소화 하도록 수리하여 채택하거나 반품을 해야 한다.

【문제 178】 부적합으로 판명되었으나 고객과의 협의 및 안전성 평가 후 채용하여 사용하는 것을 무엇이라 하는가?

① 특채 ② 수리
③ 재작업 ④ 결함

해설 부적합이 채용되기 위해서는 고객과의 협의 및 안전성 평가가 이루어져야 한다.

정답 ▶ 175-②, 176-①, 177-④, 178-①

【문제 179】 부적합품이 규정된 요건을 만족하지 못하고 품질요구사항을 모두 충족하지는 못하나 안전하고 신뢰할 수 있을 정도로 보수하는 것을 무엇이라 하는가?

① 수리(Repair) ② 특채
③ 재작업 ④ 보수 후 특채

해설 보수를 하여도 규정된 요구사항을 벗어나지만 사용할 수 있도록 보완하는 것을 수리라 한다.

【문제 180】 의도하지 않은 사용이나 규정된 요건에 적합하도록 부적합한 사항을 해소하기 위해 새로 작업하는 것을 무엇이라 하는가?

① 재작업(Rework) ② 수리
③ 특채 ④ 결함

해설 재작업은 부적합의 정도가 심하여 기존 작업을 철거하고 새로 처음부터 작업을 하여 규정된 요구사항에 충족하도록 하는 것을 말한다.

【문제 181】 다음 부적합의 처리방법으로 옳지 않는 것은?

① 처분방안이 결정된 부적합은 신속히 처분한다.
② 수리 또는 재작업이 실시된 제품은 다음 공정으로 넘어가기 전에 수리 또는 재작업 결과가 검사되도록 한다.
③ 부적합의 해당 처분 결정사항은 관련부서에 통지한다.
④ 부적합의 원인분석을 하여 시정한다,

해설 부적합의 처리방법이 결정되면 이에 따라 처리하고 처리결과는 검사되어야 하며 최종적으로는 관련부서에 통보되고 그 결과문서는 관리되어야 한다.

【문제 182】 부적합이 발생되었으나 복구를 통하여 부적합이 완전히 해소되어 규정된 요건을 충족시키는 복구조치는 무엇이라 하는가?

① 현상태 특채 ② 재작업(Rework)
③ 수리(Repair) ④ 폐기(Disposal)

해설 재작업은 해당 작업이 부적합하여 규정된 요구사항으로 변경하도록 하기 위한 조치이다.

정답 ▶ 179-①, 180-①, 181-④, 182-②

10.8 경영시스템 평가와 관리

【문제 183】 심사의 3형식에 해당되지 않은 것은?

① 외주업체심사 ② 내부품질심사
③ 인증기관심사 ④ 인정기관심사

해설 일반적인 심사의 형식은 제1자, 제2자, 제3자 심사가 있다. 인정기관심사는 인정기관이 인증기관을 심사하는 것이다.

【문제 184】 다음 중 내부품질심사의 목적이 아닌 것은?

① 품질경영규격에서 요구하고 있음
② 품질경영시스템의 적합성 및 유효성을 평가하기 위함
③ 외부기관에서 발견하기 전에 자체적으로 부적합을 시정하기 위함
④ 주기적으로 품질감사를 하기 위함

해설 내부품질심사는 조직이 스스로 품질경영시스템을 수립하여 실행하는 과정 및 결과가 적합한지 여부를 확인하여 개선하기 위한 것이다.

【문제 185】 품질심사의 3원칙에 해당하지 않는 것은?

① 질문 ② 관찰
③ 확인 ④ 검토

해설 품질심사는 피심사자를 상대로 질문을 하고 관찰을 하며, 필요시 보여 달라고 하여 증거물을 확보하는 것이다. 즉, 심사자가 피심사자에게 질문하고 관찰하며, 증거물을 확보하는 것이다.

【문제 186】 내부품질심사 시 시작회의에 포함되는 사항이 아닌 것은?

① 감사팀, 감사부서 상견례
② 감사목적 및 범위 설명

정답 ▶ 183-④, 184-④, 185-③

③ 감사일정 구분설명
④ 심사원의 질문

해설 시작회의는 심사원과 피심사자 사이에 심사의 원칙과 방법을 설명하는 자리이다.

【문제 187】 내부품질심사 시 심사자가 피심사자에게 객관적인 증거를 확보하는 방법에 해당하지 않는 것은?

① 공식, 비공식 기록문서
② 피심사자의 동의가 확보된 업무관찰사항
③ 인정이 서명된 구술지 진술사항
④ 명문화되지 않는 설명사항

해설 객관적인 증거확보는 공식, 비공시 기록문서와 피감사자의 동의를 구한 복사 문서 등이 있다.

【문제 188】 내부심사 일정계획 수립 시 고려해야 할 사항이 아닌 것은?

① 심사의 형태 및 인원수
② 단위업무심사시간
③ 심사보고서작성 일수, 시간
④ 규제요건 문서

해설 내부심사는 심사자가 조직 내의 각 기능 및 현장에 대하여 규격요건에 부합되게 시간을 맞추어 심사하는 것이다. 품질경영시스템의 규제요건 문서는 심사자가 준비하여야 할 문서이다.

【문제 189】 내부품질심사자가 준비하여야 할 문서에 해당되지 않은 것은?

① 규제요건 문서
② ISO9001 규격집
③ 품질매뉴얼 및 절차서
④ 시방서, 설계도면

해설 시방서 및 설계도면은 해당업무와 직접적으로 관련이 있는 부서의 업무수행기준 문서로서 심사와는 무관하다.

정답 ▶ 186-④, 187-④, 188-④, 189-④

【문제 190】 내부품질심사 중 부적합사항을 합의할 수 있는 시점으로 적당하지 않는 것은?

① 종결회의 시 ② 심사완료시점
③ 정리회의 시 ④ 발견 즉시

해설 부적합은 규정된 요구사항에 위반되는 것으로 피심사자로부터 증거물을 확보하여야 한다.
종결회의 시는 부적합이 결정된 사항을 공개하는 자리이다.

【문제 191】 품질향상을 위해서 필요한 요건을 기술하였다. 다음 중 합당하지 않는 것은?

① 전 사원이 정성들여 일한다.
② 전 사원 주인의식을 갖는다.
③ 품질의 질은 사람에 있다.
④ 기술 역량이 우수한 인원을 채용한다.

해설 품질관리는 전사적으로 필요한 것이며 특정한 사람에 의해서만 해결되는 것은 아니다.

【문제 192】 내부심사 시 체크리스트의 필요성이 아닌 것은?

① 심사규격 요건에 의한 일관성 있는 질문 유지
② 심사시간의 관리
③ 세련된 심사의 진행
④ 피심사자에게 사전준비를 위한 정보제공

해설 내부심사 체크리스트는 심사자가 규격요구사항의 해당항목을 누락 없이 원활하게 질문하기 위해 필요한 문서이다.

【문제 193】 객관적인 증거(Objective Evidence)라 볼 수 없는 것은?

① 제품 또는 서비스의 품질에 관한 사실
② 품질경영시스템 요소의 보유 및 그 실행된 내용
③ 관찰, 측정 또는 시험에 근거하고 있으며 확인 가능한 것
④ 시공 부분이 매몰되어 있어 추측하는 품질수준

정답 ▶ 190-①, 191-④, 192-④, 193-④

해설 객관적 증거란 관찰, 측정, 시험 또는 기타 수단을 통하여 얻어진 사실에 기초한 기록, 문서기록, Soft Ware, 성적서, 사물자체 등을 말한다.

【문제 194】 품질경영시스템 심사의 3가지 포인트에 해당되지 않는 것은?

① 업무절차가 규정되어 있고 책임과 권한이 명확한가?

② 업무절차에 따라 업무가 진행되고 있는가?

③ 업무절차대로 실시한 일을 증명할 수 있는 문서·정보가 남겨져 있는가?

④ 업무절차와 관련된 국제표준규격은 구비되어있는가?

해설 국제표준규격은 품질경영시스템 심사와는 별개의 표준문서이다.

【문제 195】 품질방침 및 목표에 관련한 품질경영시스템의 상태와 적절성에 대한 최고경영자의 공식적인 평가행위는?

① 개선조치 ② 경영검토

③ 시정조치 ④ 예방조치

해설 경영검토란 조직이 수립하여 운영 중인 품질경영시스템에 대하여 최고경영자에 품질방침 및 품질목표의 충족성과 효과성의 보장을 위하여 계획된 주기로 조직의 품질경영시스템을 검토하는 것을 말한다.

【문제 196】 다음 중 시정조치에 관한 사항으로 적합한 것은?

① 방침 및 목표가 개선되도록 시정하는 행위

② 현재의 부적합에 대한 원인분석, 대책수립, 시정, 효과확인을 하는 것

③ 잠재적인 부적합의 원인분석, 조치 효과를 확인하는 것

④ 현재의 부적합에 대한 원인분석과 시정을 하는 것

해설 시정조치란 현재의 부적합에 대하여 원인분석, 대책수립, 시정, 효과확인의 단계적 활동을 말한다.

정답 ▶ 194-④, 195-②, 196-④

【문제 197】 다음 중 경영검토 입력사항에 해당되지 않는 것은?

① 이전 경영검토사항
② 조직 내 외부의 이슈의 변경
③ 내부심사결과
④ 수행되는 프로세스

해설 경영검토는 시스템의 유효성 및 적절성을 확인하여 지족적인 개선활동의 성과를 포함하는 것이므로 현재의 프로세스로만 간주할 수가 없다.

【문제 198】 경영검토 출력사항에 해당되지 않은 것은?

① 개선기회
② 품질경영시스템의 변경에 관한 모든 필요사항
③ 자원의 필요성
④ 부적합의 현황

해설 경영검토는 품질경영시스템을 수립하여 이행한 경과 문제점들에 대한 개선사항들이 포함되어야 한다. 부적합의 현황은 조직에 의해 개선조치가 이루어진 사항이 아니다.

【문제 199】 다음 중 경영검토보고서의 구성항목이 아닌 것은?

① 내부심사결과 ② 고객 불만사항
③ 현장검사 및 검측사항 ④ 이전경영검토 조치사항

해설 현장검사 및 검측사항은 단위공공별 검측 실적 사항이다.

【문제 200】 다음 중 조직의 품질방침설정에 해당되지 않은 것은?

① 조직의 특성 및 목적
② 품질요구사항의 충족
③ 일반적인 타사의 품질방침 및 목표
④ 조직의 관련계층별 의사소통

해설 품질방침은 미션 및 비전에 따라 조직의 특성 및 계층별 업무기능에 부합되어야 한다.

정답 ▶ 197-④, 198-④, 199-③, 200-③

【문제 201】 다음 중 내부심사 및 또는 인증심사 시 확인되는 중부적합(Major Nonconformity)에 해당되는 사항이 아닌 것은?

① 품질경영시스템의 누락
② 품질경영시스템의 전반적인 미시행
③ 여러 개의 경부적합의 누적
④ 업무절차상 1개의 항목의 단순한 불일치

해설 중부적합은 시스템이 규격요구사항에 부합되게 수립되어 있지 않거나 수립되어 있어도 실행이 안되거나 여러 개의 경부적합이 반복적으로 발생되는 경우에 해당된다.

【문제 202】 품질경영시스템 수립 및 운영 시 경영대리인의 역할이 아닌 것은?

① 품질경영시스템의 프로세스 수립과 실행 및 유지됨의 보장
② 품질경영시스템의 성과 및 개선의 필요성에 대한 보고
③ 조직전체에 걸쳐서 고객 요구사항에 대한 인식증진 보장
④ 내부심사결과의 시정조치 책임

해설 시정조치의 책임은 조직의 각 기능별 책임자에 의해 시행된다.

【문제 203】 의사소통은 발신자로부터 수신자에게 의사전달에 대한 프로세스이다. 다음 중 내부 의사소통 수단이 아닌 것은?

① 팩스 ② 메모
③ 전자우편 ④ 제안서

해설 제안서는 공급자 조직이 고객에게 전달하는 문서화된 정보이다.

정답 ▶ 201-④, 202-④, 203-④

10.9 통합경영시스템의 운영

【문제 204】 다음 중 공급자에 대한 안전보건경영시스템의 국제규격은 무엇인가?

① ISO45001 ② ISO9001
③ ISO14001 ④ BS5750

해설 안전보건규격은 기업의 산업재해예방을 위한 국제표준규격이다. ISO45001규격은 기업의 산업재해를 예방하고 안전한 작업장을 조성할 수 있도록 하기 위해 근로자의 안전과 보건의 유지와 증진을 목표로 하고 있다.

【문제 205】 다음 중 공급자에 대한 환경경영시스템의 국제규격은 무엇인가?

① ISO45001 ② ISO9001
③ ISO14001 ④ BS5750

해설 1996년 6월 제4차 ISO/TC207총회(브라질 리우)에서 환경오염문제를 시발로 ISO14001 규격이 제정되었다. ISO14001은 범세계적인 환경오염문제를 시발로 많은 논란과 회의 끝에 국제적인 차원에서 환경을 관리하는 방법에 대한 표준화한 것

【문제 206】 1987년 최초로 국제표준화기구(ISO)에서 제정되어 그동안 많은 기업들이 내·외부적인 필요에 의해 운영해 온 품질경영시스템 규격은?

① ISO9001 ② ISO45001
③ ISO45001 ④ BS5750

해설 ISO9001 표준은 공급자에 대한 품질경영시스템의 국제 표준이다.

【문제 207】 ISO9001과 ISO14001 및 ISO45001의 규격요구사항 간 병용성을 확보하기 위한 규격요구항목의 차이점을 설명한 요구항목이 아닌 것은?

① ISO9001과 14001은 리더십에 대한 요구사항만 존재하고 근로자의 협의와 참여는 없다.

정답 ▶ 204-①, 205-③, 206-①

② ISO9001의 제6항 기획에는 변경의 기획지원이 있으나 ISO14001 및 45001에는 변경의 기획지원이 없다.

③ ISO14001 및 ISO45001의 제8항에는 운용 및 기획관리와 비상시 대비대응만 존재한다.

④ ISO9001 제8항에는 비상시 대비 및 대응 이외 설계개발, 생산 및 서비스제공, 제품출시, 산출물의 관리가 있다.

해설 ISO9001 항에는 비상시 대비대응이 없으며, 대신 재품 및 서비스의 요구사항 및 설계 개발, 생산 및 서비스 제공, 제품출시, 산출물의 관리가 있다.

【문제 208】 ISO9001과 ISO14001 및 ISO45001의 통합 필요성이 아닌 것은?

① 규격 간 효율성, 유연성 확보

② 경영시스템의 복잡성 및 안전성 확보

③ 시스템 간 이행의 효율성 및 유지관리비용 과다 문제 해결

④ 기업의 사회적 책임문제 강조

해설 시스템 운영의 복잡성 효율성 및 유지관리비용의 경감 등이 통합의 중요사항이다.

【문제 209】 다음 중 통합경영시스템의 특성이 아닌 것은?

① 대내·외적인 기업이미지 제고

② 고객에게 제품 및 서비스에서 통합인증을 고려하였음을 입증

③ 품질, 환경, 안전보건 성과의 측정이 가능

④ 유해성 파악 및 평가가 난이함

해설 매뉴얼 및 절차를 통합하여 추가되는 요구항목만 반영함으로써 시스템의 단순화 효율화가 가능하다. 통합매뉴얼 및 절차로도 유해성 파악과 평가가 가능하다.

【문제 210】 조직의 안전보건 방침과 일관성 있는 안전보건경영시스템의 운영목적은?

① 안전보건 성과의 지속적인 개선

② 법적 및 기타 요구사항의 충족

③ 안전보건 목표의 달성

④ 안전사고의 방지

해설 안전사고는 안전보건시스템의 수립과 이행에 따라 예방하는 데 도움을 준다.

정답 ▶ 207-④, 208-④, 209-④, 210-④

【문제 211】 건설공사 중 천재지변 등 부득이한 사유 발생 시 그 사유가 소멸된 때를 기준으로 보고해야 할 사항이 아닌 것은?

① 사고발생 일시 및 장소

② 사고발생 경위와 대책수립 내용

③ 피해상황(사망자, 부상자수)

④ 긴급조치사항

【문제 212】 건설기술진흥법시행령 제99조의 안전관리계획수립 기준에 해당하지 않는 것은?

① 건설공사개요 및 안전관리조직

② 공정별 안전점검계획 및 안전관리계획

③ 안전교육 및 비상시조치계획

④ 작업자의 안전 장구 지급계획

해설 작업자의 안전장구는 안전관리계획 속에 모두 포함되어 있다.

【문제 213】 1960년대부터 90년대까지 환경오염 확산을 방지하기 위해 선언한 회의는?

① 서울회의 ② 영국회의

③ 브라질 회의 ④ 스웨덴회의

해설 브라질 리우회의에서 1996년 6월 제4차 ISO/TC207총회(브라질 리우)에서 ISO14001이 공포되었다.

【문제 214】 다음 중 환경경영의 기본정신이 아닌 것은?

① 조직의 자율성과 지속적개선 및 대중에의 신뢰성 표방

② 지구환경보호의 실질적, 예방적 또는 자발적 수단으로 제품, 활동, 서비스의 전 과정 활동에 적용

③ 조직경영전반에 대한 환경경영체재를 평가, 감사, 인증할 수 있는 국제환경규격

④ 환경사고 발생을 예방

해설 환경경영은 조직이 제공하는 환경경영활동을 체계적으로 관리하는 국제환경규격이며, 환경사고는 활동의 결과로서 예방효과를 기대하는 것이다.

정답 ▶ 211-④, 212-④, 213-③, 214-④

【문제 215】 다음 중 환경측면 파악의 범위가 아닌 것은?

① 과거, 현재 및 미래의 잠재적인 환경영향요소

② 직접, 간접적 환경영향요소

③ 정상, 비정상, 사건, 사고 비상사태의 환경요소

④ 환경사고 발생을 예방

해설 환경측면 파악은 조직이 제공하는 제품 또는 서비스의 활동과정에서 발생될 수 있는 모든 환경적 요인을 파악하는 것이다.

【문제 216】 건설사업추진 시 건설공사의 특성과 사업환경 간 상호작용에 의해 발생되는 환경적인 영향요소가 아닌 것은?

① 수질, 대기 오염물질 배출

② 소음, 진동 발생

③ 토양오염, 에너지, 천연자원 활용

④ 온도, 습도의 변화

해설 환경경영은 조직이 제공하는 환경경영활동을 체계적으로 관리하는 국제 환경 규격이며, 환경사고는 활동의 결과로서 예방효과를 기대하는 것이다.

【문제 217】 다음 중 건설현장 콘크리트타설과 직접적으로 관련이 되는 환경영향은?

① 산업폐기물관리법 ② 소음진동발생

③ 비산분진발생 ④ 토양오염발생

해설 환경영향은 공사의 공종별 활동으로 발생되는 영향 인자들이다. 해당 공종의 작업활동으로 발생되는 환경 유발 인자에 해당된다.

【문제 218】 환경목표수립 시 고려해야 할 사항이 아닌 것은?

① 관련법규와 기타 요건

② 식별된 중대한 환경측면

③ 환경방침 실현을 위한 구체적인 계획

④ 환경관리인력

해설 환경목표는 환경영향평가의 결과이며 환경방침과 법규, 중대한 환경영향, 기술적 재정적, 사업적 요구치와 이해관계자의 관점을 평가한 후 목표를 수립하여야 한다.

정답 ▶ 215-④, 216-④, 217-①, 218-④

【문제 219】 환경경영추진계획 수립 시 포함하여야 할 사항이 아닌 것은?

① 환경목표 및 세부목표
② 중대한 환경영향
③ 투자예산 및 추진일정
④ 개선내용 및 성과지표

해설 환경경영추진계획은 환경목표달성을 위해 수립하는 것이다. 중대한 환경영향은 환경영향평가 시 고려하여야 할 요소로서 평가결과는 반드시 추진계획수립에 반영되어야 할 사항이다.

【문제 220】 환경경영추진계획의 변경이 필요한 경우를 열거한 사항이 아닌 것은?

① 환경방침, 목표, 세부목표가 변경된 경우
② 내부 환경감사 결과 부적합이 발생된 경우
③ 건설프로젝트의 신규 및 수정 활동이 필요한 경우
④ 경영검토 결과 개선을 필요로 하는 경우

해설 수립된 환경목표 및 추진계획이 현재의 사업내용 및 목적에서 유발되는 환경목표와 상이한 경우는 환경목표의 변경이 필요하다. 환경목표 및 추진계획의 변경은 환경영향평가 결과와 무관하게 목표 및 세부목표의 변경 필요성이 있는 경우에 필요하다.

【문제 221】 비상사태 대비 및 대응을 위한 조치계획항목이 될 수 없는 것은?

① 환경 악영향 예방 또는 완화하기 위한 조치계획
② 실제 비상상황에 대응하기 위한 시나리오 구비
③ 비상상황발생을 완화하기 위한 잠재적 환경영향에 대한 조치
④ 단순히 가동 중지 또는 오작동이 악영향을 미치지 않고 복구

해설 비상사태란 공사 중 예기치 못할 비상상황이 발생되어 사고로 이어져 많은 인명피해와 비용손실을 유발할 가능성이 있는 상황을 말한다.

정답 ▶ 219-③, 220-①, 221-④

10.10 기타 품질관리

【문제 222】 품질에 대한 요구사항을 만족시키기 위해 사용되는 운영기법 및 활동을 무엇이라 하는가?

① 품질경영(QM) ② 품질관리(QC)
③ 품질보증(QA) ④ 품질감사

해설 품질에 대한 요구사항을 만족시키기 위해 사용되는 운영기법 및 활동은 품질관리이다.

【문제 223】 품질에 대한 요구사항을 만족시킬 것이라는 적절한 신뢰감을 주기 위하여 품질경영시스템 내에서 계획되고 실행되는 체계적인 활동을 무엇이라 하는가?

① 품질경영(QM) ② 품질관리(QC)
③ 품질보증(QA) ④ 품질기획(QI)

해설 품질경영시스템 내에서 계획되고 실행되는 체계적인 활동은 품질보증이다.

【문제 224】 품질방침에 규정된 요구사항 중 경영자가 명확히 하고 문서화해야 할 사항이 아닌 것은?

① 품질방침 ② 품질목표
③ 품질의지 ④ 품질수단

해설 경영자는 조직의 미션 및 비전에 따라 품질방침을 정하고 이에 연계된 품질목표를 정하여야 하며 이를 위해서는 품질에 대한 강력한 의지가 구비되어야 한다.

정답 ▶ 222-②, 223-③, 224-④

【문제 225】 인증기관에 의해 실시되는 사후 심사에서 가장 중점적으로 보는 것은?

① 내부감사실적

② 품질시스템의 관리능력

③ 품질하자

④ ISO9000규격 요구사항

해설 인증기관은 ISO9000 요구사항 뿐만 아니라 주관조직이 품질경영시스템을 수립하고 이행하며 지속적인 개선 의지를 갖추고 있느냐를 확인하는 것이다.

【문제 226】 ISO9000 규격의 인증형식과 거리가 먼 것은?

① 품질시스템 심사 ② 로트심사

③ 전수검사 ④ CE마크인증심사

해설 CE마크 심사는 ISO9000과는 무관하다.

【문제 227】 ISO9000 인증 효과로 볼 수 없는 것은?

① 품질에 대한 고객의 신뢰감이 좋아진다.

② 국제규격 인증획득으로 국외거래가 쉬워진다.

③ 고객에 대한 입회검사가 없어진다.

④ 모든 업무가 문서화되고 책임과 권한에 따른 업무수행이 가능하다.

해설 고객의 요구 및 기대사항에는 해당되는 입회검사를 보다 더 명확히 하게 됨으로써 신뢰를 받을 수 있다.

【문제 228】 ISO9000 인증 필요성과 거리가 먼 것은?

① 품질향상을 위해 필요하다.

② 기업경쟁력이 강화될 수 있다.

③ 책임과 권한에 따른 업무분담이 명확해진다.

④ ISO9000 인증은 반드시 받아야 할 사항이다.

해설 ISO9000 인증은 모든 개별조직이 인증유지를 강제하는 것은 아니며, 조직이 필요에 의해 인증체계를 확립하는 것이다.

정답 ▶ 225-②, 226-④, 227-③, 228-④

【문제 229】 ISO9000 인증 추진업무는 주로 어느 부서에서 추진하는가?

① 전 사원　　② 핵심추진요원

③ 품질부서장　　④ 경영책임자

해설 품질경영시스템의 수립과 운영은 조직의 모든 부서에서 운영된다.

【문제 230】 ISO9000 인증 획득 순서는?

① 문서화 – 실행 – 내부감사 – 인증심사

② 실행 – 문서화 – 내부감사 – 인증심사

③ 문서화 – 실행 – 인증심사 – 내부심사

④ 실행 – 문서화 – 인증심사 – 내부감사

해설 ISO9000 인증절차는 조직 특성에 맞는 매뉴얼과 절차를 수립하고 운영하며, 또한 내부감사를 통해 시스템을 보완한 후 제3자인 인증기관의 심사에 의해 인증서를 발급받게 된다.

【문제 231】 규정된 요구사항이 충족되었다는 것을 객관적인 증거의 조사 및 제공에 의해 확인된 것을 무엇이라 하는가?

① 검증　　② 유효성 확인

③ 검토　　④ 객관적인 증거

해설 규정된 요구사항은 고객 요구사항, 법적사항, 계약사항 등으로서 이 요구사항은 객관적인 증거를 통해 검증할 수 있는 것이다.

【문제 232】 ISO9000 규격의 태동 배경으로 미국 품질인증제도의 모태가 된 것은?

① BS5750　　② ANSI Z1.15

③ 50 CFR 10　　④ MIL-Q-9858 A

해설 ISO9000 규격의 태동 모태는 미국의 국방성 규격이다.

정답 ▶ 229-①, 230-①, 231-①, 232-④

【문제 233】 계약검토사항에 대한 내용이 아닌 것은?

① 고객과의 계약 전 요구사항을 만족시킬 수 있는지 검토 후 계약
② 품질 및 납기는 고려할 필요가 없이 계약
③ 계약변경은 조직 내 관련 부서에서 먼저 검토
④ 계약검토 기록은 품질기록으로 유지

해설 계약검토와 계약변경 검토는 고객과의 계약 또는 변경계약 전 검토 후 계약을 하거나 변경계약을 하는 행위에 대한 요구사항

【문제 234】 설계출력에 대한 설명으로 맞지 않는 것은?

① 설계출력문서는 설계입력요건을 만족해야 한다.
② 합부판정기준을 포함하거나 인용하고 있을 것
③ 관련법규 요구사항은 설계검증 사항이 아니므로 제외
④ 제품안전성 및 적절한 기능수행에 중대한 설계특성을 파악

해설 고객 요구사항에는 관련법규나 규제 요구사항도 포함된다.

【문제 235】 다음 중 설계출력에 대한 설명 중 틀린 것은?

① 설계출력문서는 입력요건을 만족시켜야 한다.
② 합격판정기준을 포함하거나 인용하여야 한다.
③ 설계특성, 제품의 안전성을 나타내도록 하여야 한다.
④ 설계출력문서는 개정될 수 없다.

해설 설계출력문서는 설계입력요구사항의 충족을 위해 설계가 진행되는 단계마다 변경될 수 있으며, 변경되는 사항은 관련조직에 의해 승인되어야 한다.

【문제 236】 설계가 출력되는 단계마다 설계출력물이 제대로 되었는지 대체계산을 실시한다든지 확인하는 것을 무엇이라 하는가?

① 설계검토　　② 설계변경
③ 설계검증　　④ 설계유효성관리

해설 설계검증이란 설계가 출력되는 각 단계마다 다른 방법으로 설계출력물이 적절한지 여부를 검증하는 행위를 말한다.

정답 ▶ 233-②, 234-③, 235-④, 236-③

【문제 237】 같은 내용의 부적합과 고객 불만사항이 계속적으로 재발될 때 어떠한 조치를 취하여야하는가?

① 경영검토회의　　② 시정조치
③ 예방조치　　④ 내부감사

해설 동일한 형태의 부적합이나 고객 불만사항이 반복되는 경우, 부적합의 근본원인이 무엇인지를 분석하고 대책을 수립하고 시정을 하며 효과를 확인하는 것이다.

【문제 238】 부적합이 자주 발생하여 그 원인분석과 대책수립을 한 후 시정을 하는 행위를 무엇이라 하는가?

① 시정조치　　② 인증심사
③ 예방조치　　④ 내부감사

해설 시정조치란 현재의 발생된 부적합의 원인분석, 대책수립, 시정, 효과 확인의 단계를 거친다.

【문제 239】 품질향상을 위해 필요한 조건에 합당하지 않는 것은?

① 전 사원이 모든 정성을 들여 품질관리 활동을 실행한다.
② 전 사원이 모든 고객에게 제공되는 서비스의 프로세스 활동에 참여한다.
③ 품질은 조직 내의 경영자원에 의한 활동에 달려 있다.
④ 품질은 기술수준이 우수한 직원의 채용에 달려 있다.

해설 품질향상은 조직이 수행하는 경영시스템의 활동이며 구성원 각각의 품질경영 활동에 의해 실현된다.

【문제 240】 설계 및 개발에 의한 완성된 성과품이 고객 요구사항과 일치하는지 확인하는 시험을 무엇이라 하는가?

① 설계검토　　② 설계검증
③ 설계유효성 확인　　④ 출력검토

해설 설계성과물이 최종적으로 고객 요구사항과 법적 규제적 요구사항 및 안전성 등을 충족하고 일치하는지 여부를 확인하는 행위는 설계유효성 확인이다.

정답 ▶ 237-②, 238-①, 239-④, 240-③

【문제 241】 문서 및 데이터 관리에 대한 설명으로 틀린 것은?

① 발행 전에 적정성이 검토되고 승인되어야 한다.
② 고객으로 부터 접수받은 시방서나 전자매체도 포함된다.
③ 유효본만 사용하고 무효본은 신속히 사용되지 않아야 한다.
④ 폐지된 문서는 참고용이라도 신속히 제거되어야 한다.

해설 폐지된 문서는 사용되지 않도록 제거되어야 하나, 참고용인 경우 별도의 관리방법을 정하여 관리한다.

【문제 242】 ISO9000 규격요건 중 특수업무수행자로서 자격부여가 필요한 자가 아닌 것은?

① 설계검증자 ② 외주업체 평가자
③ 검사원 ④ 전산요원

해설 특수업무수행자는 품질경영시스템 수립 시 학력, 훈련, 경험에 기초하여 자격을 부여한다.

【문제 243】 다음 중 설계검증 방법이 아닌 것은?

① 시험 및 실증
② 기 입증 된 설계와의 비교
③ 대체 계산
④ 설계 유효성 확인

해설 설계유효성 확인은 설계출력물의 최종단계에서 확인하는 행위이다.

【문제 244】 다음 중 자재나 제품이 현장에 반입될 때 수량, 치수, 식별표시 및 외관 형태 등이 발주자의 요구조건에 일치하는지 여부를 판단하기 위해 수행하는 검사를 무엇이라 하는가?

① 공정검사 ② 공장검사
③ 반입검사 ④ 최종검사

해설 시공현장에 자재나 제품이 반입될 때 수행하는 검사를 인수검사 또는 반입검사라 한다.

정답 ▶ 241-④, 242-④, 243-④, 244-③

【문제 245】 품질경영시스템 문서 중 최상위의 문서에 해당하는 것은?

① 품질매뉴얼 ② 품질지침서
③ 품질절차서 ④ 품질계획서

해설 매뉴얼은 최상위 문서이며, 절차서는 품질업무 수행을 위한 시행문서, 그리고 품질계획서는 프로젝트 수행문서이다.

【문제 246】 건설공사의 시공이 설계도서, 시방서, 관련법규 대로 시공되는지 여부를 확인하는 시험은 다음 중 어느 것에 해당하는가?

① 관리시험 ② 선정시험
③ 자재시험 ④ 시공시험

해설 건설공사의 시공이 설계도서, 시방서에서 요구하는 내구성, 기능도 및 건설공사의 품질확보에 관한 관계 법령의 규정에 적합한지를 확인하는 시험을 시공시험이라 한다.

【문제 247】 다음 중 품질기록에 대한 설명 중 옳지 않는 것은?

① 모든 품질기록은 해독이 가능하여야 한다.
② 열화나 손상을 최소화하고 적절한 환경을 구비하여야 한다.
③ 모든 품질기록은 즉시 검색할 수 있어야 한다.
④ 품질기록은 인쇄본만 허용되고 전자매체는 허용되지 않는다.

해설 품질기록은 업무를 수행한 결과물로서 인쇄본 이외 전자매체도 허용된다.

【문제 248】 훈련(Training)에서 요구하는 내용과 일치하지 않는 것은?

① 필요한 훈련을 파악하는 절차를 확립하고 유지해야 한다.
② 품질에 영향을 주는 업무를 수행하는 모든 인원에 대하여 훈련을 실시해야 한다.
③ 품질에 영향을 주는 업무를 수행하는 인원은 훈련 및 경력에 따라 자격이 부여되어야 한다.
④ 해당 훈련기록은 유지되어야 한다.

해설 품질에 영향을 주는 업무를 수행하는 인원은 어떠한 훈련과 경력 및 학력이 필요한지 먼저 파악을 하여야 한다.

정답 ▶ 245-①, 246-④, 247-④, 248-③

제11장

부록 II 건축품질관리 용어해설

11.1 품질 용어

11.2 수주 · 견적 · 입찰 용어

11.3 재건축 · 재개발 관련 용어

11.4 주택설계 · 견본주택 관련 용어

11.5 자재 · 구매 · 공급자 관련 용어

11.6 공사 및 공정 · 시험 관련 용어

11.7 품질경영시스템 심사 관련 용어

11.1 품질 용어

1. 제품(Product)

특별한 언급 없이 "제품" 또는 "서비스"라 함은 다음을 가리킨다.

① 활동 또는 공정의 결과(유형의 제품, 서비스 도면 사용설명서와 같은 무형의 제품)

② 활동 또는 공정(서비스의 제공 또는 제조공정의 가동과 같은 것)

2. 품질(Quality)

제품 또는 서비스가 명시되어 있는, 또는 묵시적 요망(Needs)을 만족시키는 능력과 관련이 있는 특징 또는 특성의 총체【ISO8402:1994】

① 만족할 수 있는 품질을 경제적으로 달성하는 활동에는 품질 루프(품질 스파이럴) 모든 단계에서의 활동이 필요하다. 품질 루프(품질 스파이럴) 중 여러 단계의 품질에 대한 기여는 때로는 강조를 위해 개별로 채택된다. 보기를 들면 '설계 품질', '제조 품질', '서비스 품질'

② 문헌에 따라서는 품질은 '사용 적합성', '목적과의 합치성', '고객 만족도' 혹은 '요구사항에 대한 적합성'으로 되는 수도 있다.

③ 품질요구는 시간에 따라 변할 수 있으므로 주기적 검토가 필요하다.

④ 품질은 비교를 위한 우수함의 정도(Grade)나, 기술적 평가를 위한 정량적 관점으로만 사용되지 않으며, 이러한 경우 해당 의미를 갖는 형용사를 사용한다.

3. 등급(Grade)

같은 용도의 의도된 제품 또는 서비스에 다른 몇 가지 요구를 포함하는 특징 또는 특성을 구분하거나 순위를 표시하는 것

4. 품질 루프, 품질 스파이럴(Quality Loop, Quality Spiral)

요망의 파악에서 이들의 요망이 충족되고 있는지의 평가 등의 다양한 단계에 이르기까지 제품 또는 서비스의 품질에 영향을 주는 상호 관련되는 활동의 개념적 모델

5. 품질 방침(Quality Policy)

경영자에 따라 공식적으로 표명된 품질에 관한 조직의 전반적인 의도 방향

6. 품질경영(Quality Management)

① 품질방침, 목표를 정하고, 이들의 품질기획(QP), 품질관리(QC), 품질보증(QA), 품질개선(QI)과 같은 수단에 의해 품질시스템 내에서 실행하는 전반적 관리 기능에 관한 활동 【ISO8402】

② 품질경영에 관한 책임은 최고 경영자에게 있지만, 바람직한 품질을 달성하기 위하여 조직의 모든 사람들의 참여가 필요하며, 품질경영에서는 경제적 관점이 고려된다.

7. 품질보증(Quality Assurance)

① 품목이 품질에 대한 요구사항을 만족시킬 것이라는 적절한 신뢰감을 주기 위하여, 품질시스템 내에서 필요에 따라 입증·실행된 계획되고 체계적인 모든 활동

② 조직내부에서는 품질 보증은 경영의 한 도구이다. 계약에 의한 경우 품질 보증은 구매자에게 공급자에 대한 신뢰감을 주는데 도움이 된다.

8. 품질관리(Quality Control)

① 품질에 대한 요구사항을 만족시키기 위하여 사용되는 운영 기법 및 활동

② 경제적 효과를 낳기 위해 품질 루프의 모든 단계에서 공정을 모니터링하고, 불만족스러운 결과에 대한 원인을 제거하기 위한 운영기법 및 활동을 포함한다.

9. 품질경영시스템(Quality Management System)

① 품질경영을 실행하기 위한 조직의 구조, 책임, 절차, 공정 및 자원

② 품질경영시스템은 품질목표를 만족시킬 수 있을 만큼 포괄적이어야 한다.

③ 품질경영시스템은 1차적으로 조직 내부 경영적 필요를 만족시키도록 설계된다. 계약상 또는 심사목적을 위해 품질시스템 요소의 실행에 대한 실증이 요구되기도 한다.

10. **품질계획서(Quality Plan)**

개개의 제품, 서비스, 계약 및 프로젝트에 대하여 품질업무, 자원 및 활동 순서를 정한 문서 【ISO8402】

11. **품질심사(Quality Audit)**

품질경영 활동 및 그에 관련되는 결과가 계획과 합치되고 효과적으로 실시되어 목적 달성에 적절한 것인지를 결정하기 위하여 시행하는 체계적이고 독립적인 조사, 대표적인 품질 감사로는 품질경영시스템 또는 그 요소, 변형된 공정, 제품 혹은 서비스에 대한 것이 있지만 이에 한하지 않는다. 이 감사는 흔히 '품질경영시스템 감사', '공정 품질 감사', '제품 품질 감사', '서비스 품질 감사'라고 불린다.

12. **품질경영검토(Quality Management Review)**

품질방침에 따라 설정되는 새로운 목표와 품질 경영시스템의 상황에 대하여 최고경영자가 시행하는 공식적인 평가

13. **설계심사(Design Review)**

설계요건을 만족시키고 문제점을 명확히 하고, 해결책을 제시하기 위해 설계 내용에 실시하는 공식적이고 종합적으로 문서화 된 체계적인 조사

14. **검사(Inspection)**

제품 또는 서비스의 한 가지 또는 몇 가지의 특성을 측정, 시험, 계측 등을 통해 규정된 요구 사항과 비교하여 적합 여부를 판정하는 활동

15. **추적성(Traceability)**

어느 한 품목 혹은 활동을 동류인 것과 비교하여 이력, 용도 또는 소재지를 기록의 식별에 따라 추적할 수 있는 능력

16. **특별 채용(특채)(Concession, Waiver)**

이미 제조 규정된 요구 사항에 적합하지 않은 일정량의 재료, 부품 또는 비품을 사용하거나 다음 공정의 투입하는 문서에 의한 승인

17. **신뢰성(Reliability)**

일정한 기간 동안과 조건 하에서 요구되는 기능을 발휘할 수 있는 품목의 능력. "신뢰성"이란 용어는 요구 기능을 완수하는 확률 또는 비용을 표시하는 특성으로도 사용된다.

18. **부적합(NonConformity)**

규정된 요구사항을 만족시키지 못하는 것

19. **결함(Defect)**

의도된 사용의 요구사항을 만족시키지 못하는 것

20. **시방서(Specification)**

제품 또는 서비스에 적합한 요구 사항을 기술한 문서

21. **교정 검사(Calibration)**

계측기기의 오차값을 측정하고 필요시 기타 계측 특성을 측정하기 위해 실시하는 모든 활동

22. **수요자/고객(Client/Customer)**

감사(심사)를 요청하는 사람 또는 단체, 상황에 따라 고객이 감사(심사)단체, 피감사(심사)자 또는 제3자가 될 수 있다.

23. **공급자(Supplier)**

제품, 공정 또는 서비스에 대하여 책임을 지고 품질보증의 시행을 보장할 수 있는 당사자

24. **객관적 증거(Objective Evidence)**

제품과 서비스의 품질 또는 품질시스템의 요소나 문서화된 요건의 현존과 시행에 관련된 사실에 대한 질적·양적 정보, 기록, 진술로써 관찰·측정·시험을 근거로 하며 확인 가능한 것들이다.

25. 규정된 요건(Specified Requirement)

회사가 품질에 관하여 만족시켜야 할 요구사항

26. 문서(Document)

달성해야 하는 활동에 대한 서면 기술

27. Rework와 Repair의 차이

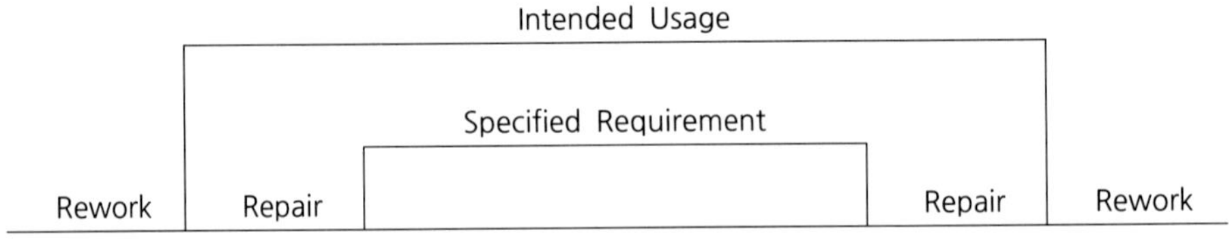

① Rework

처음의 작업절차를 다시 거치도록 하여(공정에 재투입 등) 원래 목적했던 품질수준(규정된 요건)을 달성할 수 있는 경우

② Repair

원래 목적했던 품질수준(규정된 요건)을 완벽하게 달성하지는 못했지만, 사용할 수 있을 정도로 품질을 높이는 것

28. 부적합(NonConformity)과 결함(Defect)

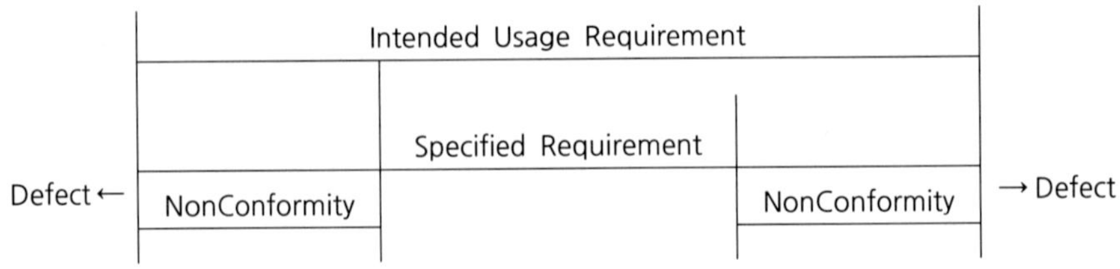

① Defect

해당 검사가 Intended Usage Requirement에 의하여 수행된 경우에 사용.

② NonConformity

해당 검사를 Specified Requirement에 의하여 수행한 경우에 사용.

29. 품질기록(Quality Record)

활동의 수행 또는 결과의 달성에 대한 객관적 증거를 제공하는 문서

Document와 Record 비교

구분	품질문서	품질기록
용도	품질행위/활동통제	품질시스템 수행의 증거
시점	사용 중(진행)	사용 후(완료)
개정	가능	불가능
관리방법	작성, 검토, 승인, 발행, 배포, 구본회수, 변경관리	파악, 수집, 색인, 파일링 보관, 유지, 보존, 폐기

30. 회사 표준

관리표준과 기술표준의 통칭

31. 관리 표준

회사의 경영, 조직, 인사, 경리, 품질시스템의 기본사항에 대한 운영, 관리, 절차 등을 정한 것으로써 전사적으로 중요한 관리사항의 구체적인 실시사항 및 운영방법에 대해 규정한 것을 말한다.

32. 기술 표준

시방서와 같이 공사, 공정, 제작물, 자재, 용역 등에 요구되는 각종 설계기준, 시공기준 작업 방법, 절차 및 특기사항에 관한 기술적인 요구사항을 규정한 것을 말한다.

33. 품질경영시스템 문서(이하 "품질문서"라 한다.)

① 회사의 품질관련 업무수행에 기준이 되는 품질보증매뉴얼, 품질관리절차서, 품질관리지침서, 부서업무매뉴얼, 현장품질계획서, 현장품질관리절차서, 시공기준서를 총칭한 것

② 품질 관련 요구사항을 정하거나 품질에 영향을 미치는 업무의 수행, 관리 및 확인 방법을 정하는 문서

34. 품질경영매뉴얼(QM : Quality Management Manual)

품질경영시스템의 기본사항을 정한 것으로, 품질에 중대한 영향을 미치는 업무에 대한 품질방침과 기본원칙을 규정한 문서

35. 품질경영절차서(QP : Quality Management Procedure)

품질매뉴얼에 준하여 업무수행에 필요한 세부사항과 통일된 절차, 방법, 기준 등에 관한 총칭을 말한다.

36. 지침서(Instruction)

업무지침서 등과 같이 업무수행에 필요한 구체적인 방법이나 수단 등을 상세히 문서화 한 지시서

37. 품질계획서(QP : Quality Plan)

특정한 건설 PROJECT나 계약의 품질경영시스템에 대한 기본사항을 정한 것으로 품질에 중대한 영향을 미치는 업무에 각 요소별의 방침과 기본원칙을 규정한 문서

38. 시공기준서(CS : Constrution Standard)

공사, 공정, 제작물, 자재, 용역 등에 요구되는 각종 설계기준, 시공기준, 작업방법, 절차, 특성, 성능, 치수, 검사 및 특기사항에 관한 기술적인 요구사항을 명시한 문서

39. 검사 및 시험계획서(ITP : Inspection and Test Plan)

품질에 중대한 영향을 미치는 공사, 공종, 공정 및 작업에 요구되는 각종 검사, 시험, 검사·시험기준, 관련문서 및 기록에 관한 기술적인 요구사항을 명시한 문서

40. 공사기록

① 현장 공사수행에 따라 생산되는 제반 문서 및 기록

② 공사기록은 품질기록을 포함한다.

41. 품질기록

요구되는 품질의 성취와 품질시스템의 효과적인 운영의 객관적 증거를 제공하는 문서

① 품질기록은 품질 요건에 대한 전반적 수행의 객관적 증거를 제공하며(예 : 시공기록) 품질시스템 요소활용(예 : 품질시스템 기록)의 효과성을 제공한다.

② 품질기록 목적의 일부는 실현, 추적성, 예방과 시정조치이다.

③ 품질기록은 서류, 마이크로 필름, 컴퓨터 데이터베이스 등의 방법으로 유지·관리한다.

42. 보관

품질기록의 사용빈도가 높아 작성부서 및 사용부서에서 단기적(회계연도)으로 관리하는 것

43. 보존

사용빈도는 높지 않으나 향후 사용을 예측하여 작성 및 보존부서에서 장기적으로 관리하는 것

44. 방침(Policy)

최고경영자에 의해 공식적으로 표명된 조직의 의도 및 방향

45. 품질방침(Quality policy)

품질에 관한 방침, 일반적으로 품질방침은 조직의 전반적인 방침과 일관성이 있어야하고 조직의 비전과 미션에 정렬될 수 있으며, 품질목표를 설정하기 위한 틀을 제공한다.

46. 시스템(system)

상호 관련되거나 상호 작용하는 요소들의 집합

47. 경영시스템(Management-system)

방침과 목표를 수립하고 그 목표를 달성하기 위한 프로세스를 수립하기 위한, 상호 관련되거나 상호작용을 하는 조직 요소의 집합

48. 프로세스(Process)

의도된 결과를 만들기 위해 입력을 사용하여 상호 관련되거나 상호작용하는 활동의 집합

49. **목표(Objective)**

달성해야 할 결과, 목표는 전략적, 전술적 또는 운영적일 수 있다.

50. **데이터(Data)**

대상에 관한 사실

51. **정보(Information)**

의미 있는 데이터

52. **객관적 증거(objective evidence)**

사물의 존재 또는 사실을 입증하는 데이터, 객관적 증거는 관찰, 측정, 시험 또는 다른 수단을 통해 얻을 수 있다.

53. **문서(document)**

정보 및 정보가 포함된 매체, 기록, 시방서, 정차문서, 설계도면, 보고서, 표준 등이 해당된다.

54. **문서화된 정보(documented information)**

조직에 의해 관리되고 유지되도록 요구되는 정보 및 정보가 포함되어 있는 매체

55. **품질경영(quality management)**

품질에 관한 경영, 품질경영에는 품질방침과 품질목표의 수립, 그리고 품질기획, 품질보증, 품질관리 및 품질개선을 통해서 이러한 품질목표를 달성하기 위한 프로세스의 수립이 포함될 수 있다.

56. **조직(organization)**

조직의 목표달성에 대한 책임, 권한 및 관계가 있는 자체의 기능을 가진 사람 또는 사람의 집단

11.2 수주 · 견적 · 입찰 용어

1. PQ(Pre-Qualification) : 입찰참가자격 사전심사제도

공사입찰 시 참가자의 기술능력, 관리능력, 경영상태 등을 종합 평가하여 공사의 특성에 따라 입찰 참가 자격을 사전에 심사하는 제도로서 적용대상은 100억 이상 대형공사에 주로 사용된다.

2. ESC(ESCalation) : 물가연동제로 인한 공사금액 증액

3. 설계금액 : 발주처에서 설계된 금액

4. 기초금액 : 발주처에서 단가 구성의 적정선을 재조사하여 조정한 금액

5. 예정가(예가) : 조달청 및 각 발주처의 최종 결재권자에 의해 입찰 직전 확정된 금액

6. 설계 · 시공일괄입찰(Turn-Key)

① 발주자는 열쇠만 돌리면 건축물을 사용할 수 있다는 뜻에서 유래된 것으로 시공사가 공사의 기획, 조사, 토지 조달, 설계, 시공, 기계기구 설치, 시운전 등의 발주자가 필요로 하는 모든 것을 일괄 도급받는 계약방식을 말한다.

② 새로운 플랜트 공사나 원자력 공사 등 주로 특정 공사에 사용되는 방식이다.

7. 대안 입찰

발주될 설계도상의 공종 중, 대체 가능한 공종에 대하여 당초 설계의 기본 방침의 변경 없이 동등 이상의 기능 및 효과를 가진 방안으로 대체하여, 예정가격에 비하여 유리하고, 당초 예정공기를 초과하지 않는 공법으로 제안하는 입찰방식

8. 부대입찰

발주자가 입찰자로 하여금 하도급 할 공종, 하도급 가격 등을 결정한 하도급자 계약서를 입찰서에 첨부해서 입찰하도록 하는 제도

9. 적격심사 낙찰제

발주자가 덤핑입찰, 담합입찰을 방지하기 위하여 입찰 참여 희망업체 중 기술력, 공사실적, 경영 상태 등을 기준으로 1차 입찰 참여업체를 정하고, 그 중 가장 적당한 업체에게 낙찰이 되도록 하는 제도. 적격업체 선정 시에는 공사수행능력, 투찰가격 등을 기준으로 하여 평가함

10. 제한적 최저가 낙찰제

입찰금액 중 예가금액의 88% 직상위 업체가 낙찰사로 결정되는 방법, 100억 미만 공사낙찰제도

11. 고객만족(customer satisfaction)

고객의 기대가 어느 정도까지 충족되었는지에 대한 고객의 인식

12. 역량/적격성(competence)

의도된 결과를 달성하기 위한 지식 및 스킬을 적용하는 능력

11.3 재건축·재개발 관련 용어

1. 용지

아파트 등 개발사업에 직접적으로 제공되는 활용 가능한 토지

2. 택지

택지개발촉진법에 따라 개발 공급되는 주택건설용지 및 공공시설용지

3. 기부채납

일정한 공익목적을 위하여 기부하는 토지 또는 시설을 국가 또는 지자체가 판단하여 받는 행위로 주로 각종 인·허가 시에 이루어짐

4. 전용부담금

① 농지 또는 임야를 국가 또는 지자체의 허가를 받아 택지 등으로 전용하고자 하는 경우에 부과되는 부담금

② 대체농지 조성비 및 대체 조림비와 병행하여 부과됨

5. 인·허가

주택건설 등의 행위를 하기 위하여 국가 또는 지자체로부터 인가 또는 허가를 받는 행위

6. 사용 검사

아파트를 완공하여 관할관청에 아파트를 사용(입주)할 수 있는가를 검사받는 행위

7. Claim

계약자(입주자)가 계약조건 및 품질하자로 인해 분쟁이 발생되어 회사를 상대로 소송 등을 일으키는 것을 말함

8. 재건축조합

주택건설촉진법 제3조 제9호에 의거 대통령이 정하는 노후, 불량한 주택을 철거하고 그 철거한 대지 위에 주택을 건설하기 위하여 기존주택의 소유자가 설립한 조합

9. 재개발조합

주택개량 재개발 사업을 위해 도시재개발법 제9조에 따라 토지 또는 건축물의 소유자가 설립한 조합

10. 신탁 등기

재건축사업에서 사업계획승인을 신청하기 위하여, 각 조합원 재산(토지)의 관리 또는 처분을 재건축조합에 신탁하는 계약에 따른 등기

11. 지주공동사업

토지를 소유하고 있는 자(지주)와 당사가 공동으로 사업을 추진하여 지주에게 일정한 수익을 창출하여 주고, 당사는 건축공사를 수행함으로써 이익을 추구하는 사업

12. 공부

국가기관 또는 국가의 각 하부기관에서 작성하여 보유하고 있거나 기록으로 보존하고 있는 각종 문서 또는 정보자료 중 토지 및 건축물과 관련된 도시계획 확인원, 토지대장, 지적도, 건축물 관리대장 등의 서류

13. 계약

민간 부분의 공사도급계약 등과 같이 내용 전반에 대하여 구체적이고 확정적인 사항을 상호 협의에 의거 문서로 체결하는 행위

14. 협약

사업진행 전반에 걸쳐 포괄적이고 기본적인 사항만을 위주로 하여 쌍방간의 합의에 의거 문서로 체결하는 행위. 필요시 추가사항에 대하여 별도 약정을 체결하거나 구체적인 사항 확정 후 본계약을 체결할 수도 있다.

15. 약정

계약 또는 협약체결 후 추가 합의나 보완사항 발생 시 상호협의에 의거 문서로 체결하는 행위

16. 가계약

민간부문의 공사 도급계약과 같이 구체적이고 확정적인 사항을 위주로 하되 부분적으로 미확정 부분이 있거나 불확실한 사항이 있을 경우 상호 합의에 의거 문서로 체결하는 행위. 추후 미확정 부분이나 불확실한 사항이 명확해진 이후 본 계약을 체결할 수 있다.

11.4 주택설계·견본주택 관련 용어

1. 사업성 검토 용 기본계획

주택사업부의 택지매입 및 사업계획 수립을 위한 기본 계획업무

2. 기본설계

기획설계 및 사전결정 심의신청 등에 따른 설계

3. 실시설계

사업승인 신청 및 착공신고용 도면 작성에 따른 제반 설계

4. 사전결정 심의제도

사업계획 승인신청 전 당해 지역에 주택건설이 법에 의해 허용되는지 여부를 사업승인권자에게 심 의 신청하는 제도

5. 자체사업

회사에서 택지를 매입하여 시행하는 모든 PROJECT

6. 수주 사업

택지소유주와 공동으로 시행하는 모든 PROJECT

7. 재개발·재건축 사업

노후, 불량주택의 재건축 및 재개발 사업을 시행하는 모든 PROJECT

8. 인·허가 업무

주택사업 시행을 위하여 관계법령에 의거 사업승인권자의 인가 또는 허가를 득하기 위하여 수행하는 모든 대관청 업무

9. 설계변경

사업승인취득 이후 발생되는 설계도서의 변경

10. 준공설계

공사가 준공되어 그 준공된 과정 및 상태대로의 설계도서를 변경 또는 수정

11. 기본설계도

실시설계를 위하여 작성하는 도면

12. 실시설계도

기본설계도를 상세히 작성하여 공사비를 산출하고 입찰 및 시공을 하기 위한 도면

13. 시공도 (Shop-Drawing)

실시설계도를 참고로 하되 계약조건 및 시방서, 현지여건에 맞게 작성된 도면

14. 표준도

실시설계시 시간 단축을 위하여 많이 사용되는 구조물도를 미리 작성한 도면

15. 기본계획 업무

건립 요청된 전시대상 견본 가구 수에 의해 산출된 적정 건립규모와 외관 및 전면 FAÇADE형태 등을 계획하는 설계업무를 말한다.

16. 실시설계업무

견본주택 건립 및 축조신고 업무에 필요한 도서의 작성업무를 말한다.

17. 실행예산 편성

견본주택 건립에 필요한 공종별 수량산출 및 공사 원가 산출업무를 말한다.

18. 가설건축물 축조 신고용 도서

가설건축물 축조신고에 필요한 설계도서는 위치도, 배치도, 설계개요서, 평면도, 입면도, 주 단면도, 투시도 등이며 건립 해당지역의 허가관청기준에 따른다.

19. 인·허가 업무

견본주택 건립허가를 득하기 위해 시행하는 제반 대관청 허가를 말한다.

20. 견본세대 건립 위치

해당 현장소장이 당해 현장에 공급하는 평형에 따라 건립하는 동 중에서 가장 적합하다고 판단되는 층수 및 호수를 결정한 견본세대의 건립장소를 말한다.

21. 기본계획업무

건립 선정된 전시 대상 견본세대 평형의 마감시공 공정계획 및 시공회사 선정을 말한다.

23. 견본시공 업무

정해진 마감자재 및 건가구류를 기본계획에서 수립되어진 공정 순으로 시공하는 업무를 말한다.

24. 견본세대 축조 신고

견본세대 축조신고에 필요한 설계도서는 위치도, 배치도 및 평면도 등이며 건립 해당지역 허가관청의 기준에 따른다.

11.5 자재 · 구매 · 공급자 관련 용어

1. 자재의 종류(용도에 따른 구분)

- 자재
  - 직접자재
    - 주자재
    - 잡자재
  - 간접자재
    - 가설재
    - 공기구
    - 기자재
    - 비품

2. 자재

공사에 직접 투입되어 공사목적물을 구성함으로써 성질상 완전 소모되며, 환수가 불가능한 물품

3. 주자재

공사 목적물 완성에 직접적으로 투입하는 자재

4. 잡자재

공사에 부수적으로 투입되는 주자재 이외의 자재 (예) 못, 철선 등

5. 가설재

공사의 목적물을 형성하지 않고 보조적으로 사용되며 수회 재사용이 가능하고 자재의 재질에 따라 철재가설재와 목재가설재로 구분된다.

① 철재가설재 : 단관PIPE, SUPPORT, BEATTY 등

② 목재가설재 : 각재, PANEL, EURO FORM 등

6. 공기구

공사에 투입되었으나 완전 소모되는 것이 아니라 1년 이상의 내구연한을 가진, 공사에 소요되는 도구일체 (예) 진동기(VIBRATOR), 함마드릴, 브레커 등

7. 기자재

공사에 투입되어 능률향상 및 기술적인 측정 등의 보조역할을 하는 기구
(예) 시험기구, 측량기 등

8. 비품

현장 운영관리에 소요되는 집기 일체 (예) 책상, 의자, 소파 등

9. 사급자재

회사에서 직접 구매하여 조달하는 자재

10. 고객지급자재(고객자산)

정부기관 및 공공기관, 발주자가 공사 발주하여 공사계약조건에 따라 공급해주는 자재
(예) 철근, 레미콘, 시멘트, 아스콘 등

11. 협력업체 지입자재

협력업체가 계약에 의해 해당공사용으로 지입하여 사용하는 자재

12. 구매

공사수행에 있어서 공정계획을 달성할 수 있도록 공사수행에 필요한 자재를 양호한 거래 선으로부터 적품, 적기, 적량, 적정가로 조달하기 위한 제반 관리 활동

13. 전용

창고 및 현장에서 보관 또는 사용 중이거나 사용완료 후 발생된 잉여자재가 타현장으로 전출·입되어 사용되는 것을 말함

14. 검수

계약에 의거 납품 또는 제작된 자재가 계약조건(수량, 규격, 시방 등)과의 일치여부를 양적, 질적으로 검사하는 것을 말하며, 일정한 시험을 필요로 하는 특수자재에 대해서는 지정된 시험기관의 검사서가 첨부되어야 하고 수입 납품되는 자재에 대해서는 수입면장이 첨부되어야 한다.

15. 사용료(감가상각비)

기업이 소유하는 고정자산은 사용기간 또는 시간이 경과됨에 따라 그 가치가 감소하게 되는 데 그 감소분을 비용으로 계산하여 기간 손익에 산입 즉, 현장의 공사원가에 투입하고 고정자산 취득 시에 기 지출된 자금의 회수과정을 의미한다.

16. 선입선출법

먼저 입고된 품목이 먼저 출고된다는 가정에 따른 평가방법

17. 이동평균법

새로운 구매가 이루어질 때마다 그때까지 남은 재고의 평균단가를 다시 계산하고, 출고 단가는 출고 시점의 평균단가를 적용하는 방법

18. 유휴자재

보유자재의 사용이 완료되었거나 타현장으로 전출 가능한 가설재 및 기공구

19. 잉여자재

공사에 사용하고 남은 물량으로 납품처에 반입이 불가능한 소모자재

20. 불용자재

잔존가치나 수명이 있다고 인정되는 자재로써 경제적 또는 질적(규격상) 활용성이 상실되었다고 판단되는 자재

21. 폐자재

노후 또는 손상된 자재로써 원래의 형태나 규격으로 환원하기에는 경제적으로 불리 또는 불가능하여 폐기상태에 있는 자재

22. 잔폐물

공사 중 부수적으로 발생되는 잔재 및 불순물

23. 손실

자재가 손상, 변형 또는 변질되어 자재의 성능 및 효용가치가 현저히 저하된 상태

24. 망실

고의, 태만, 부주의 등의 관리미비로 인하여 현물이 없어진 경우

25. 협력회사

협력회사 등록평가 기준결과 일정 기준자격이 있어 등록판정을 받은 회사(전문업체)

26. 미등록협력회사

협력회사 등록평가 기준결과 일정 기준자격에 부합되지 않아 등록이 안 된 회사, 등록이 탈락되거나 등록이 안 된 상태에서 시공 중인 회사(전문업체)

27. 협력업체

발주자에게 서비스를 공급하는 회사와의 협력을 원칙으로 하여 당사에서 요구하는 구매 물품 또는 구매상품의 품질 및 공급능력을 갖춘 공급업체의 총칭

28. 실사 대상업체

실사를 할 필요성이 있다고 판정된 업체

29. 실사 제외업체

실사를 할 필요성이 없다고 판정된 업체

30. 임시 거래업체

긴급거래 또는 특수품목 등으로 1회성의 구매 또는 6개월을 한도로 거래하는 상태로 기간 종료 후 자동 거래 중단되는 업체와의 거래를 말한다.

31. 거래중단업체

다음의 사유로 거래가 단절된 업체

① 업체평가결과 거래 불가능 등급 판정

② 회사의 소요가 없어져서 거래가 중단

32. **협력회사 평가용어**

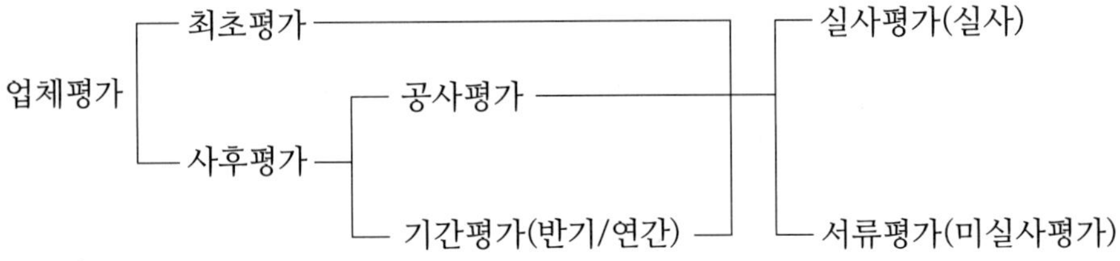

33. **평가**

업체의 거래 자료를 취합, 분석하고 정해진 기준에 따라 등급을 결정하는 일련의 과정

34. **실사평가(실사)**

업체에 대하여 심사자격을 인증 받은 요원이 정해진 심사기준으로 현지에서 하는 평가

35. **서류평가**

업체에 대하여 서류를 가지고 정해진 심사기준으로 하는 평가

36. **최초평가**

신규업체와의 거래가 필요하여 협력관계를 유지할 수 있는지의 여부를 판단하기 위한 평가

37. **사후평가**

등록된 정규업체의 평가결과에 대한 지속성을 확보하기 위하여 하는 평가

38. **공사평가**

시설재 업체에 대하여 매 공사건 완료 시 실시하는 평가

11.6 공사 및 공정·시험 관련 용어

1. 실행예산

실행예산이란 적정한 공사비를 투입하여 계획된 이익을 추구하고, 최상의 품질을 실현하고자 다목적용으로 작성되는 공사비이다. 목표예산으로, 손익을 사전에 분석하여 공사 수주의 적부를 판단할 수 있는 지침서이다. 현장에서의 각종 공사에 투자되는 직접공사비와 경상비, 각종 공과금 등 실제 투자되는 금액에 대한 예산으로서 실행예산의 목적은 시공기법을 연구하고 합리적인 공사관리와 적정한 예산관리에 의하여 달성된다고 할 수 있다.

2. 기성고

공사 중 일정기간 동안에 생산된 요소 즉, 물자, 장비, 인력 등을 투입해서 얻어지는 생산량(Products)을 기성(旣成)이라 하며, 기성을 화폐단위로 치환한 계수치를 말한다. 즉, 기성고는 일정한 기간 동안의 생산량(Productivity)으로 표현된다. 도급기성이란 일정기간의 생산성을 도급공사의 금액 단위로 책정한 것을 말한다.

3. 공정표(Project Schedule)

현장공정현황의 체계적 관리를 위해 작성하며 Bar-Chart 또는 Network형식이 있다.

4. 주공정표(Project Master Schedule)

공사 주요 일정을 명시하기 위한 최상위 공정표

5. 상세공정표(Detail Schedule)

공정관리 체계에 있어서 최하위 공정표로써 시공관리 공정표를 기준으로 각 공사담당자가 작성한다.

6. 검사(Inspection)

특정품목을 일련의 물리적, 화학적, 환경적 운전 조건하에 둠으로써 특정요구조건과 일치 여부를 결정하기 위한 검증 방법의 한 요소 발주자/감리자가 실시하는 검사에 대해서는 "검측"이라는 용어를 사용하기도 한다.

7. 시험(Test)

제품 또는 서비스에 대해 1개 이상의 특성을 계측, 조사, 검사, 측정하는 활동이며, 적합성을 결정하기 위한 규정된 요건과 이들 특성들을 비교하는 활동

8. 검사점(Inspection Point)

입회점(Witness Point)과 작업중지점(Hold Point)을 총칭하는 용어

9. 입회점(Witness Point)

제작 및 설치과정 중에 지정된 자에 의해 입회가 요구되는 검사 또는 시험단계 지정된 자가 검사나 시험에 입회하지 않아도 그의 동의를 얻어 다음 단계의 작업이 수행될 수 있다.

10. 작업중지점(Hold Point)

어느 특정 작업의 진행 중에 다음 작업이 진행되기 전 지정된 자의 검사 또는 시험이 요구되는 단계 지정된 자의 직접 검사나 시험 없이는 다음 단계의 작업이 진행될 수 없다.

11. 공장검사

현장 반입 전 공장에서 실시하는 검사로써 제작공정을 중점 검사함

12. 인수검사

자재/제품의 현장 반입시 수량, 치수, 식별표시 및 외관상태를 검사

13. 공정간 검사

시공 중에 자재 및 제품이 품질 요구조건에 일치하는지 확인하기 위해 실시하는 검사

14. 최종검사

공사 완료 시 시공물에 대해 품질요건과 일치함을 확인하기 위해 실시하는 검사

15. 인수검사(Receiving Inspection)

자재의 현장반입 시 발주자 요구조건에 일치함을 판단하기 위해 수행하는 검사

16. 선정시험

건설공사의 설계 또는 시공을 위하여 필요한 토질조사시험, 유기물함량시험, 골재원시험 등의 기타 사전조사를 위한 시험과 건설공사에 사용될 재료(자재 및 부재를 포함) 선정을 위하여 설계자가 시행하고, 설계변경시에는 시공자가 시행하는 시험

17. 관리시험

건설공사에 사용되는 재료와 건설공사의 시공이 설계도서, 시방서 및 건설공사의 품질확보에 관한 관계법령의 규정에 적합하게 이루어지고 있는지의 여부에 대하여 시공자가 시행하는 시험

18. 검사시험

건설공사의 품질 확보여부를 확인하기 위한 선정시험 및 관리시험이 적정하게 실시되고 있는지 또는 실시되었는지의 여부에 대하여 발주자 혹은 발주자의 위탁을 받은 시험 대행기관에서 시행하는 시험

19. 자재시험

건설공사에 사용되는 재료가 설계도서, 시방서 및 건설공사의 품질 확보에 관한 관계법령의 규정에 적합한지 확인하는 시험

(예) 레미콘 슬럼프시험, 철근의 인장시험, 벽돌의 압축강도시험 등

20. 시공시험

건설공사의 시공이 설계도서, 시방서에서 요구하는 내구성, 기능도 및 건설공사의 품질확보에 관한 관계 법령의 규정에 적합한지를 확인하는 시험

21. 의뢰시험

선정 및 관리시험 종목 중 외부 공인시험기관에 시험실시를 의뢰하는 시험

22. 자체시험

선정 및 관리시험 종목 중 현장 시험실에서 자체적으로 실시하는 시험

23. 시험기

현장 및 시험실에서 지질조사, 시공상태, 공사품질을 확인하기 위하여 질량 및 무게, 부피, 유체유량, 밀도, 힘, 온도, 습도, 재료의 물성 등을 측정하는데 사용하는 기기를 말한다.

24. 계측기

현장 및 시험실에서 공사품질, 현장 환경조건, 시공상태를 확인하기 위하여 진동 및 충격, 압력 및 진공, 유체유량, 시간 및 주파수, 속도 및 회전수, 전기, 전자파, 자기, 음향 및 소음, 광도 및 복사, 분광 및 색채, 광학, 레이저, 방사선 등을 측정하는데 사용하는 기기를 말한다.

25. 잡기재

위의 시험기, 계측기에 수반되는 소모성 물품 및 보조 기자재를 의미한다.

26. 검·교정

규정된 조건하에 계측기, 계측시스템 혹은 재료측정이나 참고재료에 의해 제시된 측정치와 참고표준에 의해 제시된 값과의 상관관계를 확립하는 전반적인 행위

27. 교정검사

국가표준의 소급성 유지를 위하여 기업에서 사용하는 계측기를 국가인정 교정검사 기관에 의뢰하여 교정을 받는 행위

28. 정도검사

계측기의 규정된 정밀, 정확도 유지를 위하여 국가인정 교정검사기관에서 소정의 교정절차에 따라 교정된 기준계와 비교 시험하여 계측기의 정밀도를 확인하는 행위

11.7 품질경영시스템 심사 관련 용어

1. 품질경영시스템 심사

품질경영체계의 유지관리 및 효율성을 확인하거나, 중요품질문제 발생에 따른 조치를 위한 품질심사로써 심사 대상에는 회사 내 조직과 협력업체를 포함하며, 내부품질심사자는 자격을 갖춘 회사 내 임직원을 원칙으로 하며, 필요 시 회사 외부인을 포함할 수 있다.

2. 심사원(Audit)

품질경영시스템 심사를 수행하기 위한 자격 및 권한이 부여된 사람

3. 피심사자

감사대상조직

4. 부적합(NonConformity)

규정된 요건에 불충족, 부적합하거나 그 이상의 품질특성 또는 품질경영시스템 요소가 규정된 요건에 결핍되거나 이탈됨을 뜻한다.

5. 시정조치(Corrective Action)

현재의 부적합, 결함 또는 기타의 바람직하지 않은 상황의 재발방지를 위하여 원인을 조사하고 제거하기 위한 제반조치 행위

6. 예방조치(Preventive Action)

부적합사항 잠재적인 원인을 제거하여 재발을 방지하기 위한 제반 조치 행위

7. 품질경영검토

품질방침 또는 품질목표와 관련하여 품질시스템의 적합성과 상태에 대한 최고경영자의 공식적인 평가【ISO 8402】

① 품질경영 검토는 품질방침의 검토를 포함한다.

② 품질감사 결과는 품질경영검토에 가능한 입력사항 중의 하나이다.

③ "최고경영자"란 용어는 조직의 경영을 맡아서 품질시스템을 검토하는 사람

저자

배 대 권

학력
- 한양대학교 대학원 건축공학과 박사 졸업

소속
- 서울고등법원 상임전문심리위원 및 감정관리위원(2025.03 ~ 현재)
- 서울중앙지방법원 조정위원(2025.04 ~ 현재)

경력
- (주)세기경영기술연구원 대표이사 역임
- 세기코리아컨설팅 대표 역임
- 한양대, 한경국립대 건축공학과 겸임교수 역임
- 한솔LCD, (주)한양, 한솔건설 건축과(부)장 역임

수훈(상)
- 은탑산업훈장 수훈(대한민국 제1853호, 대통령, 2024)
- 국토부장관상 수상(제18855호, 국토부장관, 2017)

자격
- 건축시공기술사(96148070032H, 1996)
- ISO9000심사원(KA 0251, 1996)

주요저서
- 건설사업의 경영과 관리(기문당, 2012)
- 건축제도와 계약관리(기문당, 2012)
- 건축적산과 원가관리(기문당, 2012)
- 프로세스경영과 성과관리(한국법제연구원, 2004) 외 16권

대표논문 및 연구과제
- Improving Quality by Managing IAO9000 Audit Nonconformity in Korean Construction Industry(한양대, 박사학위논문)
- Classfing Audit of ISO9000 in Architectural Desing and Engineering Firms(2005, JAABE)
- Analysis in the ISO9001 Audit Results of Construction Management Firms(2006, CMAA)
- 건설공사 점검분야 부패위험성진단(2005, 국가청렴위원회)
- 소방시설 점검분야 부패위험성진단(2006, 국가청렴위원회)
- 건설신기술 중장기 발전전략 수립(2017, 국토교통과학기술진흥원)
- 행정중심복합도시 이전계획수립(2004, 한국법제연구원)
- 공동주택 난방효율 및 층간소음 해결을 위한 바닥난방시스템 개발(2015, 중소기업청)

건설업 종사자를 위한 **건축품질관리**

2025년 8월 20일 1판 1쇄 인쇄
2025년 8월 25일 1판 1쇄 발행

저 자	배 대 권
발 행 인	전 혜 자
발 행 처	예 학 사
주 소	서울특별시 성동구 무학봉28길 4 (5층)
전 화	02)2296-9333(대)~4
팩 스	02)2296-9335
출판등록	1994. 4. 2.(4-254)
I S B N	978-89-89668-75-6 93540
정 가	38,000원

검인생략